Felicitas Gruber

Zapfig

Der Roman

Kurz vor Fasching wird es noch mal zapfig kalt im schönen München. Der eisige Februar lässt jedem das Blut in den Adern gefrieren. Vielleicht ist auch das ein Grund, warum die Stimmung zwischen Dr. Sofie Rosenhuth und ihrem Joe zu kippen droht. Ihr Ex möchte wieder mit ihr zusammenziehen, aber ist es nicht viel zu früh, nachdem sie die Beziehung schon einmal so gründlich in den Graben gefahren haben? Und überhaupt – Wohnungssuche in München? Im gentrifizierten Giesing fast aussichtslos.

Mitten im Gefühlschaos wird die Leiche einer jungen Frau gefunden: Nathalie Grimm, Sekretärin in der Giesinger Privatbrauerei Rößlbier, die sehr erfolgreich von der Seniorchefin Uschi Roßhaupter geführt wird. Stets ganz am Puls der Zeit hat sie vor Kurzem eine Fusion mit der Brauerei Heusinger zum Abschluss gebracht, um größere Marktanteile zu erzielen.

Doch Sofies und Joes Ermittlungen ergeben, dass die anstehende Hochzeit von Nathalie und Juniorchef Tobias von so manchem in der Brauerei nicht gutgeheißen wurde. Aber musste Nathalie, die zudem schwanger war und an einer Blutkrankheit litt, deshalb eines gewaltsamen Todes sterben?

Sofie und Chefin Elke Falk stehen nach der Obduktion der Leiche vor einem Rätsel, doch Sofies unbestechlicher Nasenflügel beginnt auf einmal wie verrückt zu jucken …

Die Autorinnen

Felicitas Gruber ist das Pseudonym der Autorinnen Brigitte Riebe und Gesine Hirsch. Brigitte Riebe ist promovierte Historikerin und begeistert seit vielen Jahren mit ihren historischen Romanen ihre zahlreichen Leserinnen und Leser. Gesine Hirsch ist Kunsthistorikerin und entwickelte die erfolgreiche Serie *Dahoam is Dahoam* für das Bayerische Fernsehen mit. Beide Autorinnen leben in München, wo auch ihre Krimireihe mit der sympathischen Rechtsmedizinerin Dr. Sofie Rosenhuth spielt.

Felicitas Gruber

Zapfig

Ein Fall für die Kalte Sofie

DIANA

Von Felicitas Gruber sind im Diana Verlag erschienen:
Die Kalte Sofie (Band 1)
Vogelfrei (Band 2)
Blaues Blut (Band 3)
Zapfig (Band 4)

FSC
www.fsc.org
MIX
Papier aus verantwortungsvollen Quellen
FSC® C014496

Verlagsgruppe Random House FSC® N001967

2. Auflage
Originalausgabe 03/2017

Redaktion: Robert Fischer
Umschlaggestaltung: t. mutzenbach design, München
Umschlagmotive: © Borisb17; flowerstock Nadiia Ierokhina;
furtseff/Shutterstock
Satz: Leingärtner, Nabburg
Druck und Bindung: GGP Media GmbH, Pößneck
Printed in Germany

ISBN 978-3-453-35851-5

www.diana-verlag.de
Besuchen Sie uns auch auf www.herzenszeilen.de
Dieses Buch ist auch als E-Book lieferbar.

Wer sich nicht in Gefahr begibt,
kommt darin um.
Herbert Achternbusch

Für Moni, die Giesingerin

Prolog

Kurz nach Mitternacht hat sie auch das hinter sich. Zwar ist sie jetzt hundemüde und die Füße brennen, als schleppe sie bereits zwanzig Kilo mehr mit sich herum, aber ihr Junggesellinnenabschied war einfach grandios. Alle haben sie ihren Teil dazu beigetragen: Ricci, mit der es sich so herrlich ablästern lässt, Katja, die gern einen über den Durst trinkt, Simone, die die Kamera mitlaufen ließ, und Manu, von der sie sich alle die Haare stylen lassen. Quer durch die Stadt sind sie gezogen, haben getrunken, gegessen, wildfremde Kerle angeflirtet und sich dabei halb totgelacht. Auch Annette war mit dabei. Die war sogar die Ausgelassenste, obwohl sie selbst einmal mit Tobias verbandelt war.

Bei dem Gedanken, dass sie ihm schon in drei Tagen das Jawort geben wird, stockt Nathalie der Atem. Er, der Juniorchef vom Giesinger Rössl-Bräu, und sie, die Kleine aus der Buchhaltung – es ist fast wie im Film, nur viel, viel aufregender.

Alle hätte er haben können. Alle! Die beeindruckende Liste seiner weiblichen Eroberungen liest sich wie ein Auszug aus dem *Who is who* der Münchner Schickeria. Und für wen hat er sich schließlich entschieden? Für sie!

Nachdem Nathalie herausgefunden hatte, dass er auf Schneewittchen steht, war es eigentlich ganz einfach.

Ihre Haare sind nun viel dunkler, die Lippen sehr rot geschminkt, und ihr Teint schimmert hell wie feines Porzellan.

Was sie mit ihren Brüsten angestellt hat, um auch im Dirndl eine gute Figur zu machen, ist ihr kleines Geheimnis. Und sie weiß natürlich, dass gutes Aussehen allein noch nicht ausreicht, um ganz nach oben zu kommen. Deshalb hat sie ihn erst mal ordentlich wuschig gemacht, dann hingehalten, wieder angelockt und weggestoßen – so lange, bis er endlich mürbe war und die Frage aller Fragen stellte.

Wie sehr die anderen Mädels sie um ihn beneiden!

Genau das sollen sie auch gefälligst tun!

Ihr Blick fällt auf das Brautkleid, das am Schlafzimmerschrank hängt und ein kleines Vermögen gekostet hat. Bezahlt hat es ihre Schwiegermutter in spe, zähneknirschend, denn sie hat ja keine Eltern mehr, die das übernehmen könnten. Geschweige denn sie selbst: Von einem solchen Kleid wagte sie bislang höchstens zu träumen.

Am liebsten hätte Nathalie sich das Kleid jetzt gleich noch mal angezogen, um die kühle Seide und das zarte Gespinst der Brüsseler Spitzen auf der Haut zu spüren. Aber das lässt sie lieber, um den edlen Stoff zu schonen.

Sie hat darauf geachtet, dass das Kleid lange Ärmel hat, damit niemand ihre Blutergüsse sieht. Tobias soll eine makellose Braut bekommen, der er dann ganz zuletzt das alte Perlencollier mit der Diamantschließe anlegen kann, das alle Hochzeiterinnen der Familie Roßhaupter seit jeher getragen haben.

Sie muss kichern, als sie daran denkt, wie sehr er von *ihrem* Geschenk überrascht sein wird. Nicht einmal seine Mutter ahnt etwas davon. Nur Manus Blick ist heute einige Male prüfend über ihren Bauch geglitten. Vielleicht, weil sie selbst schon zwei Kinder hat?

Noch sieht man nichts, und das wird zum Glück auch eine ganze Weile so bleiben. Nur ihrer Kollegin, mit der sie sich das Büro teilt, ist dummerweise aufgefallen, dass ihr mehrmals schlecht geworden ist. Als sie kalkweiß von der Toilette kam, sprach ihre Kollegin sie direkt darauf an. Aber die wird dichthalten, das hat sie Nathalie hoch und heilig versprochen. Was hätte sie auch davon, es in die Welt hinauszuposaunen? Über kurz oder lang werden es ohnehin alle merken. Aber dann ist sie bereits *Frau Nathalie Roßhaupter*. Sie kann es kaum erwarten, endlich diesen Namen zu führen.

Mit einiger Mühe schält sie sich aus den Skinnyjeans und schlüpft mit einem erleichterten Seufzer in die alte Jogginghose. Dann zieht sie sich noch dicke Wollsocken an.

Sobald sie mit Tobias unter einem Dach leben wird, kann sie natürlich nicht mehr so herumrennen. Aber jetzt sieht sie ja keiner.

Nathalie beugt sich stöhnend nach vorn. Ihr war das heute alles zu viel. Zwar fiel keinem der Mädels auf, dass in ihrem Glas immer nur Saft war. Aber trotzdem geht es ihr gar nicht gut.

Ob das scharfe Thai-Curry daran schuld ist, das ihr plötzlich nicht mehr geschmeckt hat?

Es sticht und zwickt scheußlich in ihrem Leib. Sie hält es auf der durchgesessenen Couch nicht mehr aus, wechselt auf den Sessel und beginnt gleich darauf, ruhelos durch ihre zwei kleinen Zimmer zu wandern. Aber auch die Bewegung hilft hier nicht.

Eine Weile steht sie am Fenster.

Es hat wieder zu schneien begonnen. Dicke Flocken fallen von einem sternlosen Himmel, hüllen die schlafende Stadt in Weiß.

Nathalie fröstelt. Nicht nur wegen des Schnees, sondern auch, weil sie auf einmal das Gesicht ihrer künftigen Schwiegermutter vor sich sieht. Dünne, zusammengekniffene Lippen. Kalter Blick. Stets zurückhaltend-reserviert.

Natürlich weiß Nathalie, dass sie Uschi Roßhaupters Erwartungen niemals genügen wird. Doch welche Frau könnte das schon?

Nathalie überlegt, ob ihr ein Entspannungsbad helfen würde, verwirft die Idee aber sofort wieder. Herr Meier, der über ihr wohnt, wird schnell grantig, wenn nachts noch das Wasser rauscht.

Sie fühlt sich etwas benommen.

Hätte sie die heiße Schokolade vielleicht doch lieber stehen lassen sollen, die alle bei Ricci zur Stärkung schlürften, bevor sie hinaus in die Kälte zogen?

Das Ziehen in ihrem Bauch wird immer schlimmer. Ob sie eine Schlaftablette nehmen soll, um endlich Ruhe zu finden?

Aber das kann sie ja nun nicht mehr.

Eine Blutuntersuchung zur Geschlechtsbestimmung ist erst in ein paar Wochen möglich. Wird es ein Mädchen, ist es zum Glück nur halb so schlimm, auch wenn das Ungeborene wohl ebenfalls den Familienfluch erbt. Und wenn es ein Junge wird? Dann müssen sie alle sehr, sehr tapfer sein …

Tobias ahnt noch nichts. So oft schon wollte sie ihm alles schonend beibringen, aber dann gab es doch nie den richtigen Moment dafür.

Was für überwältigende Gefühle das waren, als in ihrem Schwangerschaftstest die beiden hellblauen Striche auftauchten. Unbeschreibliches Glück. Und größte Angst. Denn jeder medizinische Eingriff, bei dem Blut fließt, bedeutet für Nathalie ein enormes Risiko. Das gilt natürlich erst recht für eine

Geburt. Aber macht die Medizin nicht ständig Fortschritte? Darauf baut sie, denn alles muss gut werden, und deshalb wird sie sich ihrem Liebsten vielleicht erst anvertrauen, wenn das Kleine an ihrer Brust liegt.

Nathalie wickelt sich enger in den Schal, den Manu ihr geliehen hat. Irgendetwas ist mit ihren Augen. Sie kann auf einmal nicht mehr ganz klar sehen, und jetzt bekommt sie auch noch Schüttelfrost. Dabei sind die Heizungen ohnehin schon alle voll aufgedreht – der Februar ist heuer so frostig wie schon seit Jahren nicht mehr. Es wird wirklich Zeit, dass sie aus dieser Wohnung ausziehen kann, in der sich nicht einmal die Fenster richtig schließen lassen! In Tobis geräumigem Haus könnte sie jetzt in die Sauna gehen, um schnell wieder warm zu werden. Hier muss sie sich mit einer lausigen Wärmflasche begnügen.

Was sind das für Flecken?

Fassungslos starrt Nathalie auf das Laminat.

Blut!

Allein das Wort verursacht schon Panik bei ihr, und da ist *sehr* viel Blut, wie sie feststellt, als sie es unter quälenden Krämpfen auf die Kloschüssel schafft. Sie tupft und wischt, stopft sich eine halbe Rolle Papier zwischen die Beine, doch es hört nicht auf, wird sogar noch schlimmer. Mühsam schiebt sie den geborgten Schal zur Seite. Sogar der ist schon lange nicht mehr sandfarben. Überall wird es jetzt rot, es rinnt und tropft; auch auf den hellen Boden.

Aber sie ist doch schwanger?

Schwangere bluten nicht, es sei denn …

Nein, das kann, das *darf* nicht sein!

Ihre Zähne schlagen aufeinander. Sie zittert am ganzen Körper, alles scheint sich zu drehen, und sie kann kaum noch einen klaren Gedanken fassen. Aber sie weiß, dass sie jetzt jemanden braucht, der sich sofort um sie kümmert.

»Hilfe«, murmelt sie zunächst verzweifelt, dann schreit sie so laut sie kann: »Hilfe!«

Aber wer soll sie schon hören, mitten in der Nacht?

Mühsam fixiert sie den kleinen Apothekenschrank an der gegenüberliegenden Wand. Hat sie überhaupt noch Nachschub? Früher hatte sie dort immer alles griffbereit, aber mit der Schwangerschaft, den Hormonen, ist sie nachlässig geworden.

Sie muss sofort nachsehen.

Wenn sie es schafft, bis zum Waschbecken zu kommen, könnte sie sich dort mit der einen Hand festhalten und mit der anderen die Tür des kleinen Schranks öffnen. Ganz unten hat sie das Faktorpräparat versteckt. Die Einwegspitze herausnehmen, in die Vene stechen – und schon wird es langsam aufhören.

Wenn sie nur nicht so verdammt schwach wäre!

Nathalie nimmt alle Kraft zusammen, stemmt sich nach oben und geht los. Zwei, drei Schritte lang scheint es tatsächlich zu klappen, dann rutscht sie auf den blutverschmierten Fliesen aus. Sie spürt, wie sie fällt, rudert wild mit den Armen und fegt ein halbes Dutzend Parfumflaschen vom Regal. Klirrendes Glas, Scherben. Noch im Fallen kracht ihr Schädel an die Heizung, dann schlägt sie rücklings auf dem Fliesenboden auf.

Ein verführerischer Mix exotischer Düfte erfüllt den Raum.

1

Eiskalter Ärger

Zefix – des war vielleicht zapfig!

Nach der mollig geheizten Wohnung empfand Dr. Sophie Rosenhuth die morgendliche Kälte im Hinterhof wie einen frostigen Biss. Von wegen grandiose Zwiebeltaktik! Spät dran war sie, Kaffee war aus, und im Brotkasten hatte lediglich ein vertrocknetes Scherzl gelegen. Eigentlich wollte sie ja bei Joe übernachten, hatte sich dann aber im letzten Moment doch noch umentschieden. Außerdem fühlte sie sich in ihren vier Kleidungsschichten plus Sturmhaube, die sie unter dem Helm trug, ungefähr so beweglich wie eine perfekt verpuppte Raupe. Am sperrigsten war der wetterfeste Overall in Schlammgrün, den sie allerdings leider geschätzte zwei Nummern zu klein gekauft hatte. Spätestens in diesem Augenblick bereute sie all die kulinarischen Ausrutscher der vergangenen Wochen zutiefst.

Und jetzt auch noch radeln?

Sehnsüchtig glitt ihr Blick zu Vronis Küchenfenster mit den gestärkten Gardinen. Jetzt bei der Tante klingeln, einen heißen Kakao schlürfen, eine Butterbreze genießen und dann gemütlich die U-Bahn nehmen …

Von wegen, meckerte die ihr leider nur allzu bekannte hundsgemeine innere Stimme. *Du kannst doch Menschenmassen mit ihren Morgenausdünstungen nicht ausstehen. Schon vergessen? Und was ist mit dieser fiesen Hüftrolle, die du Vronis Weihnachtsplätzchen zu verdanken hast? Von den Wasabinüsschen ganz abgesehen, von denen du seit Neuestem kaum die Finger lassen kannst. Jetzt auch noch Kakao? Willst du wirklich wie eine Presswurst aussehen, wenn die ersten lauen Frühlingswinde wehen?*

Ohnehin ist Tante Vroni gar nicht da, weil sie doch heute mit ihrem frisch operierten Knie in die Reha kommt. Der Einzige, der dir aufmachen könnte, wäre ihr Liebster, der Flo Denninger. Und der hat mit dem leidigen Schneeschippen jeden Morgen schon genug am Hals.

Also, worauf wartest du? Rauf aufs Fahrrad und dann losgestrampelt zum Institut für Rechtsmedizin!

Seufzend wischte Sofie den Sattel sauber, schaltete das Licht ein, stieg auf und fuhr los.

Sie war entschlossen, dem pulvrigen Neuschnee, der über Nacht reichlich gefallen war, mit ihren stabileren neuen Reifen mutig die Stirn zu bieten. Aber ihr Vorhaben war gar nicht so einfach in die Tat umzusetzen. Schon nach wenigen Metern schlitterte sie auf dem eisigen Belag der Zugspitzstraße. Als sie von einem Auto überholt und dabei ganz nach rechts gedrückt wurde, konnte sie gerade noch den Lenker herumreißen, um nicht am nächsten Verkehrsschild zu landen.

Zum Glück war die Tela, wie die Tegernseer Landstraße von den Münchnern liebevoll genannt wird, offenbar eifrig eingesalzen worden und daher durchaus befahrbar. Aber Sofie passte trotzdem höllisch auf, um nicht mit den Reifen in die Straßenbahnschienen zu geraten und einen Megasturz zu riskieren. Und dann der Giesinger Berg, den sie als Nächstes ansteuerte: trotz Streusalz und Mengen von Splitt eine einzige Rutschpartie!

Immer schneller schoss sie nach unten und konnte nur hoffen, dass die neuen Bremsen auch wirklich hielten, was der freundliche Lockenkopf im Fahrradladen so vollmundig versprochen hatte.

Wenigstens hockte kein bibberndes Murmelchen vor ihr im Körbchen. Der kleine Waisenmops, den sie sich erstaunlich stressfrei mit der oft unleidigen Dr. Elke Falk teilte, war leicht erkältet und hatte daher die letzten Nächte bei eben dieser Kollegin verbracht.

Unten heil angekommen, war sie hellwach und erleichtert zugleich. Kalt war ihr jetzt auch nicht mehr, kein bisschen. Und auf einmal machte es ihr richtig Spaß, durch die Humboldtstraße zu radeln, während links und rechts neben der Fahrbahn Autofahrer erst missmutig ihre Karren aus hohen Schneehaufen buddeln mussten.

Auf der Wittelsbacherbrücke hielt sie einen Moment an und schaute hinunter. Dunkelgrün, mit weißen Gischtkronen schoss die Isar dahin, als wolle sie ihrem keltischen Namen »die Reißende« alle Ehre machen. Von den Stadtstreichern, die im Sommer so zahlreich unter der Brücke gehaust hatten, war nichts zu sehen. Der Winter, der München spät, dafür aber umso heftiger überfallen hatte und seitdem nicht mehr aus seinem frostigen Griff ließ, hatte sie ausnahmslos in die städtischen und kirchlichen Notunterkünfte getrieben.

Wie heilfroh man doch sein musste, wenn man in München gut behaust war, dachte Sofie, als sie weiterfuhr. Joe Lederer und sie gehörten zu diesen Glücklichen. Ihr Ex, der smarte Kriminalkommissar, mit dem sie sich inzwischen wieder so gut verstand, dass sie sogar Pläne schmiedeten, zusammenzuziehen, lebte seit ihrer Scheidung in einer Zweizimmerwohnung, die viel zu klein für sie beide war. Nicht anders verhielt es sich mit Sofies Wohnung: Joe und sie auf so engem Raum? Das würde vielleicht ein Wochenende lang gut gehen, wusste sie, dann flögen gleich wieder die Fetzen.

Aber in München etwas halbwegs Bezahlbares zu finden, in das sie gemeinsam ziehen könnten, schien nahezu unmöglich zu sein. Seit Monaten schon brüteten sie über Zeitungsanzeigen und durchforsteten Immobilienangebote im Netz. Aber was auf dem Papier oder am Bildschirm ganz brauchbar klang, erwies sich in echt entweder als Flop, oder sie wurden gar nicht erst zur Besichtigung vorgelassen, weil die Wohnung längst unter der Hand vergeben war. Bei den städtischen Dienstwohnungen tat sich auch nichts: Niemand schien ausziehen zu wollen, und solange nichts frei wurde, nützten Joe auch alle Ansprüche nichts, die er als Beamter hatte. Abgesehen davon, dass diese Ansprüche auch nicht über eine Zweizimmerwohnung hinausgehen würden, ohne neuerliche Hochzeitsurkunde. Und Letzteres wäre Sofie dann doch ein Schritt zu viel gewesen.

Ohnehin war es vor allem Joe, der darauf drängte, dass sie wieder zusammenzogen. Sie konnte sich das zwar auch durchaus vorstellen – aber wollte sie es auch wirklich? Da war sie sich nicht so sicher. Und überhaupt: Was würde die Tante Vroni dazu sagen, wo sie es doch so geschickt eingefädelt hatte, dass die Sofie, ihr Madl, bei ihr im Hinterhaus wohnen konnte?

Nachdenklich bremste Sofie auf der Kapuzinerstraße und hielt an. Das sympathische Café *gangundgäbe* hatte schon geöffnet. Und gegen einen Milchkaffee auf die Schnelle konnte ja nicht einmal die kritischste innere Stimme etwas einwenden. Kurz entschlossen stellte sie ihr Rad ab, ging hinein und bestellte. Allein schon die Sturmhaube und den Helm für ein paar Momente abzustreifen war die pure Erlösung. Und dann der erste Schluck, warm, weich und zimtduftend – welch ein Genuss!

Was ihr Problem leider nicht löste.

Ebenso wenig wie das lauwarme Vanillecroissant, das sie sich kurz entschlossen dann doch gönnte.

Würde es wirklich gut gehen, wenn Joe und sie noch einmal zusammenwohnten? Schon einmal waren sie dabei gescheitert, das saß Sofie noch immer im Nacken. Ja, sie waren beide älter geworden und hatten in der Zwischenzeit neue Erfahrungen gesammelt – aber blieb man nicht trotzdem immer die Person, die man nun einmal war?

Joe war alles andere als fehlerfrei, das war ihr klar, auch wenn er Stein und Bein schwor, dass er das mit der Treue dieses Mal auf jeden Fall hinbekommen würde. Das allein genügte aber noch lange nicht für ein harmonisches Zusammenleben. Da musste Sofie nur bei sich selbst anfangen. So akribisch sie am Sektionstisch auch war – im Alltag war sie oft ein Schussel, dem so manches danebenging. Was Joe schnell auf die Palme bringen konnte …

Herrgott Zare – die Tante fehlte ihr schon jetzt!

Vronis trockene Art half ihr immer, wenn es darum ging, einen klaren Gedanken zu fassen. Aber jetzt war sie für die nächsten Wochen in der Reha am Chiemsee, und Sofie musste sich selbst helfen. Als ihr das klar wurde, stellte sie ihr Glas so fest entschlossen auf den Tresen zurück, dass die junge blonde Bedienung aufschreckte. Sofie zahlte, wappnete sich erneut mit Haube und Helm gegen die Kälte und verließ das Café. Draußen verhüllte sie auch noch den unteren Teil ihres Gesichts, um die empfindliche Mundpartie zu schützen.

Einen Versuch war es wert. Also würden sie jetzt erst mal gemeinsam weitersuchen, einen Mietvertrag aber nur dann unterschreiben, wenn sie sich beide ganz, ganz sicher waren. Und genau das wollte sie heute Abend mit Joe besprechen.

Sie stieg wieder auf ihr Rad und schlingerte nach ein paar Metern rechts in die Häberlstraße, wo offenbar so gut wie gar nicht gestreut worden war. Auf der Goethestraße besserten sich die Straßenverhältnisse dann so, dass Sofie gleich wieder ihren Gedanken nachhängen konnte.

Auch wenn sie sich Joe nun wieder sehr nahe fühlte, hieß das noch lange nicht, dass sie ihm nun alles hinterherräumen würde. Nachlässig im Zimmer verstreute Wäsche mochte ja ganz anregend sein, wenn es sich im Vorfeld einer heißen Liebesnacht abspielte, im Alltag dagegen war es schlicht und einfach nur lästi…

Ein Krachen ließ sie zusammenfahren.

Beim Abbiegen in die Nußbaumstraße hatte sie eindeutig zu viel Schwung bekommen. Auf der hier wieder spiegelglatten Fahrbahn ließ sich das Fahrrad nicht mehr rechtzeitig bremsen, und so war sie unsanft auf dem nachtblauen Audi vor ihr gelandet. Ihr schwante gleich, wer aussteigen würde, noch bevor die gertenschlanke Frau im steingrauen Lammfellmantel aufgebracht auf sie zugeschossen kam.

»Was soll das denn?«, schäumte sie. »Haben Sie auch nur die geringste Ahnung, was dieser Wagen wert ist? Zudem gehört er meinem Lebensgefährten – was glauben Sie, was der erst dazu sagen wird?«

Sofie schob ihren Mundschutz nach unten. Die eisblauen Augen ihres Gegenübers wurden schmal.

»Sie natürlich! Das hätte ich mir ja gleich denken können.

Wenngleich ich mich über diese alberne Vermummung doch sehr wundern muss …«

Falk schüttelte indigniert den Kopf. Sie bückte sich, um den Zustand von Stoßstange und Nummernschild zu prüfen, fuhr mit ihrem Lederhandschuh alles sorgfältig ab.

»Da und da und da … Kratzer über Kratzer! Sie haben ein nagelneues Auto geschrammt. Ach, was sage ich da, ruiniert haben Sie es mit Ihrem unverantwortlichen Fahrstil. Menschen Ihrer Gewichtsklasse können sich im winterlichen Straßenverkehr ja im Nu zu lebenden Bomben entwickeln!«

»Also, ich seh da so gut wie nix«, erwiderte Sofie. Das mit der Gewichtsklasse saß natürlich trotzdem. Aber das brauchte Dr. Iglu, wie sie die Falk seit Anbeginn heimlich nannte, ja nicht zu wissen. »Und sind Stoßstangen nicht dazu da, so einen Miniaufprall abzufangen?«

»Das hätten Sie wohl gern! Aber das war keineswegs ein Miniaufprall! Wie eine Dampfwalze haben Sie mich gerammt.« Falk reckte sich, um auf Sofie herabzusehen, dann wurde ihre Stimme auf einmal deutlich leiser.

»Nein«, sagte sie wie zu sich selbst, »ich werde mich jetzt nicht weiter aufregen. Meine Nerven brauche ich nämlich für etwas anderes, jetzt, wo so große neue Aufgaben auf mich zukommen. Soll sich doch ein Gutachter um die Details kümmern. Glauben Sie bloß nicht, dass Sie mir so einfach davonkommen!«

Da wurde es Sofie doch langsam etwas mulmig.

»Könnten wir das nicht unter uns regeln? Als Kolleginnen? Es handelt sich doch lediglich um Bagatellen, wenn überhaupt.«

»Bagatellen! Ich hör wohl nicht recht? Die gibt es gar nicht bei dieser Automarke. Und was ist mit Murmel?« Anklagend deutete sie mit dem Finger auf den Rücksitz ihres Wagens, wo der blonde Mops mit der schwarzen Schnauze und den schwarzen Ohren saß. »Zu Tode erschreckt haben Sie mir den armen kleinen Kerl. Wenn er jetzt ein Trauma davonträgt, dann sind ganz allein Sie daran schuld.«

Als wüsste er genau, von wem gerade die Rede war, schoss Murmel aus der halb offenen Tür und wedelte freudig bellend auf Sofie zu. Die bückte sich, so gut es ihre Verpuppung erlaubte, und streichelte ihn, was Murmelchen sichtlich zu genießen schien.

»Also, von einem Trauma kann ich beim besten Willen nichts feststellen.«

Sofie kam langsam wieder nach oben.

»Unser Mopsi ist in allerbester Verfassung. Und was den Wagen betrifft, so …«

»… wüsste ich vielleicht eine Lösung.« Spike Moosbichler, der seinen derzeit azurblauen Irokesenschnitt heute wegen der Kälte mit einem schwarzen Beanie verhüllt hatte, trat näher und lächelte verbindlich. »Mein Freund und So-gut-wie-Schwager Aram ist bei solchen Fingerspitzenarbeiten in der Luxusklasse einsame Spitze. Und preisgünstig wäre er noch dazu.« Er grinste Sofie spitzbübisch an. »Dann hätten Sie beide etwas davon, die liebe Frau Dr. Rosenhuth und die hochverehrte Frau Chefin ebenfalls.«

Elke Falk schien mit sich zu kämpfen, aber schließlich nickte sie, immer noch grimmig. »Meinetwegen«, sagte sie, »aber länger als einen Tag darf es nicht dauern. Denn ich habe nicht die geringste Lust, bei diesem lausigen Wetter zu Fuß zu laufen. Dann nehmen Sie ihn also heute gleich mit, Moosbichler, damit ich schnell wieder mobil bin. Selbstredend werde ich alles mit meiner schärfsten Lupe überprüfen. Darauf können Sie beide Gift nehmen! Und meine Taxiauslagen erstatten Sie mir auch, Frau Rosenhuth.«

»Danke«, sagte Sofie leise zu Spike, während die Falk den Mops zurück ins Auto hievte und weiter zur Garage fuhr. »Ich dachte schon, die verspeist mich roh zum Frühstück, so wie sie heute drauf ist.«

»Gerne.« Der Obduktionsassistent lächelte kurz. »Ihr Schatz, der Zahnarzt, ist doch auf Australientour, und jetzt tut es ihr leid, dass sie nicht auch mitgekommen ist. Da können die Hormone schon mal verrücktspielen. Und wann immer ich helfen kann – jederzeit!«

»Wie geht es Shirin und dem Baby?«, fragte Sofie, während sie ihr Fahrrad vor dem Institut abschloss. Das vordere Schutzblech hatte ein paar kleine Schrammen abbekommen, aber das war ihr im Moment egal. Hauptsache, die Falk veranstaltete nicht mehr so ein großes Tamtam. »Alles in Ordnung? Jetzt müsste es doch eigentlich bald so weit sein …«

»Noch ungefähr einen Monat dauert es«, sagte er und strahlte über beide Ohren. So glücklich wie jetzt hatte Sofie diesen von Kopf bis Fuß tätowierten und gepiercten Kerl noch nie gesehen. »Die Kleine wächst und gedeiht prächtig. Aber für Shirin wird es langsam doch ganz schön beschwerlich. Auch wenn sie immer noch arbeitet – für ausgesuchte Stammkunden jedenfalls. Gefragt ist sie nach wie vor: Es sticht eben keine Tätowiererin in ganz München so perfekt wie sie.«

»Sie soll bloß gut auf sich aufpassen«, erwiderte Sofie.

Inzwischen hatten sie die Stufen erreicht, die hinauf in die Rechtsmedizin führten, und selbst die waren heute teuflisch glatt.

»Die Natur weiß schon, warum sie die Kinder neun Monate im Mutterleib lässt. Also, keine Experimente! Das Baby geht jetzt vor – richten Sie ihr das bitte mit einem lieben Gruß von mir aus.«

»Gebongt!« Spike verschwand irgendwo im Untergeschoss, nachdem sie den Pförtner passiert hatten, der wie immer seine Kreuzworträtsel bearbeitete, während Sofie ein paar Türen weiter in ihr Kabuff ging. Kaum war sie in dem kleinen Raum angelangt, riss sie sich die lästigen Schichten vom Leib, bis sie nur noch Jeans und Shirt trug. Dann fuhr sie sich noch mit den Händen durch die Haare, bis die blonden Locken wieder sprangen.

George, das Skelett mit der edlen Krawatte, das in seiner Ecke stand, wirkte ganz und gar unbeteiligt.

»Woaßt du, was diese Krampfhenna grad eben zu mir gsagt hat?«, fuhr sie ihn an. »*Menschen Ihrer Gewichtsklasse* – so a Schmarrn, oder? Und des, weil i ihr blödes Nummernschild ganz leicht touchiert hob!«

Sie starrte ihn erwartungsvoll an, aber wie immer kam nichts von ihm.

»Was wui ma aa von am Skelett erwarten?«, schnaubte Sofie weiter. »Aber ausnahmsweise hättst du scho mal a bissl aus dir herausgeh kenna, des sog i dir!«

Sie holte einen kleinen Spiegel aus dem Schrank und studierte prüfend ihre Züge.

Blitzende grüne Augen, volle Lippen, rosiger Teint. Na gut, die Kinnpartie hätte vielleicht ein bisschen straffer sein können. Ein paar Kilo weniger würden das Gesamtbild wohl auch besser zur Geltung bringen. Aber sie sah attraktiv, munter und vor allem sehr weiblich aus. Ein Frauentyp, der vielen Männern gefiel und manchen eben ganz besonders – nicht nur einem gewissen Joe Lederer. Auch Charly Loessl, Polizeireporter und Weltenbummler, hatte ihr erst neulich wieder höchst charmant zu verstehen gegeben, dass er mehr als Freundschaft für sie empfand, gerade *weil* sie so war, wie sie eben war. Wenn diese Falk in ihrem Magerwahn also vorzeitig Krähenfüße und tiefe Magenfalten riskieren wollte, dann bitte sehr!

»Do hast di sauba brennt, Miss Iglu«, murmelte Sofie, während sie ein letztes Mal prüfend an sich heruntersah. »Mit dir, da nehm i es no im Schlaf auf!«

Halbwegs getröstet machte sie sich auf den Weg zur Umkleide, wo ihre Utensilien für den Sektionsraum aufbewahrt wurden. Doch auf dem halben Weg dorthin versperrte die Falk ihr mit bedeutsamer Miene den Weg.

»Das Umziehen können Sie sich sparen«, schnarrte sie und wedelte dabei ungeduldig mit einem Smartphone. »Außeneinsatz an einem Tatort. Und das fällt heute in Ihr Ressort!«

Sofie nahm ihr das Smartphone gelassen aus der Hand. »Rosenhuth«, sagte sie. »Mit wem spreche ich bitte?«

»Ach, Sie sind das? Gott sei Dank!« Die männliche Stimme klang erleichtert. »Hier ist Lorenz, Frau Dr. Rosenhuth, Kriminalobermeister Mick Lorenz. Die Manu hat uns schon in aller Früh in die Sommerstraße 9 gerufen.«

»Welche Manu?«, fragte Sofie verblüfft. »Joes Schwester?«

»Genau die. In der angegebenen Wohnung haben wir eine tote weibliche Person vorgefunden. Der Joe, der wartet dort scho auf Sie.«

2

Schneewittchen reloaded

In der Sommerstraße 9 angekommen, hing Manu im zweiten Stock in einem Steppmantel mit gewagtem Leoprint halb über dem Treppengeländer; die Augen vom Weinen gerötet. Seitdem sie immer häufiger bei diversen Teleshoppingsendern einkaufte, hatte sich ihre früher eher spärliche Garderobe eindrucksvoll vermehrt. Mick Lorenz stand neben ihr und starrte besorgt auf ihr wachsbleiches Gesicht.

»Des glaubst du ned!«, stieß sie hervor, als Sofie mit ihrem Tatortkoffer die Stufen heraufgestapft kam. »Gestern Abend, da warn mir no alle am Feiern. Und nur a paar Stunden später muaß ausgerechnet i die Nathalie so finden! Mein schöner neuer Schal, der so teuer war, der schaut vielleicht aus …«

»Sie steht noch immer unter Schock«, meinte Mick anteilnehmend. »Ist ja auch kein Wunder! Selbst unsereins muss bei manch einem Leichenfund ganz schön schlucken. Joe hat mich gebeten, sie heimzufahren. Aber das wollte sie auf keinen Fall. Weil sie unbedingt auf Sie warten wollte.«

»Dein Bruder hat recht, Manu, du solltest dich nach Hause fahren lassen.«

Sanft, aber entschieden schob Sofie Manu zur Seite. »Versuch, an was anderes zu denken. Ich weiß, das ist leichter gesagt als getan, aber probier es zumindest.«

»I kann mi jetzt doch ned in a Auto setzen«, protestierte Manu. »In so einem Kasten, da kriag i ja sofort die Vollkrise! Wenn überhaupt, dann geh i zu Fuß, sonst wird ma nur no schlechter. Außerdem muaß i ohnehin bald los, um meinen Salon aufzumachen. Denn den Ausfall, den ersetzt ma ja koaner …«

»Ein kleiner Spaziergang? Gute Idee! Das lenkt dich ab. Und reden können wir später. Jetzt mach ich erst einmal meine Arbeit, einverstanden?«

Sofie klingelte, und wenig später stand Joe in seinem weißen Schutzanzug vor ihr.

»Servus, Sofie, da bist du ja!«

Er sah sie zärtlich an, und vielleicht wäre sein Blick noch eine Spur zärtlicher gewesen, hätte Sofie die Nacht in seiner Wohnung verbracht.

»Die Spusi ist im Bad schon fertig und jetzt im Wohnzimmer zugange. Es gibt jede Menge Fingerabdrücke, wie die Kollegen sagen. Und du, Manu, du versuchst dich jetzt zu beruhigen, versprichst du mir das?«

Ein zögerliches Nicken. Wenigstens machte sie keine Anstalten, sich mit in die Wohnung zu zwängen.

»Wo ist die Leiche?«, fragte Sofie, nachdem sie den engen Flur betreten hatte. Das Erste, was sie dort sah, waren Schuhe. Überall standen oder lagen High Heels, Stiefeletten, Overknees …

Sofie öffnete ihren Koffer und hüllte sich ebenfalls von Kopf bis Fuß in Weiß. Zuletzt legte sie ihren Mundschutz an.

»Im Bad«, erwiderte Joe. »Schaut ganz schön wüst aus.«

Sofie dachte sofort an den Fall im letzten Sommer, der ihnen allen ordentlich zugesetzt hatte: Damals lag die Leiche in der

Badewanne, umgeben von geschickt platzierten Requisiten, die die Schuld auf den smarten Polizeireporter Charly Loessl lenken sollten, der ihr Ex (und völlig unschuldig) war, wie sich später herausstellte.

Das Wohnzimmer, das Sofie nun durchqueren musste, um ins Bad zu gelangen, war klein und schlicht möbliert. Das meiste stammte aus einem schwedischen Möbelhaus; nur ein paar bunte Kissen auf der beigen Couch verliehen dem Raum einen Hauch von Individualität. Laminatfußboden, ein älterer Flachbildfernseher, ein Sessel, ein viereckiger Tisch, zwei hochbeinige Stühle. Im Regal standen Nippes und ein paar zerfledderte Liebesschnulzen.

Wirkt nicht gerade wie ein gemütliches, für länger eingerichtetes Zuhause, dachte Sofie, eher wie eine Zwischenstation. Ein Eindruck, der sich verstärkte, als die halb angelehnte Tür zum Schlafzimmer ein Brautkleid offenbarte, das sehr teuer aussah. Die Besitzerin dieses seidenen Traums hatte offenbar wirklich andere Pläne gehabt, als noch lange in dieser Wohnung zu verweilen. Pläne, die nun – im Wortsinn – blutig vereitelt worden waren.

»Nathalie Grimm«, konstatierte Joe, der ihr gefolgt war, ungefragt. »Fünfundzwanzig. Angestellt im Giesinger Rössl-Bräu. Am Samstag wollte sie heiraten – und zwar den Juniorchef der Firma, einen gewissen Tobias Roßhaupter. Gestern Abend hat sie mit Manu und vier Kolleginnen ihren Junggesellinnenabschied gefeiert. Dabei muss es ziemlich feuchtfröhlich zugegangen sein. Jedenfalls hat meine Schwester heute früh gleich zwei Aspirin gebraucht, um wieder einigermaßen klar zu werden.«

»Aber daran stirbt man eigentlich ned …«

Sofie stand jetzt auf der Schwelle zum Badezimmer, und

der Anblick, der sich ihr hier bot, erinnerte sie fatal an ihr einstiges Lieblingsmärchen: eine junge Frau mit langem Haar, das wie ein nachtschwarzer Ebenholzfächer auf dem weißen Boden ausgebreitet war. Dazu jede Menge Rot in Form von blutigen Flecken.

»Schneewittchen«, sagte sie leise. »Inmitten des zersprengten gläsernen Sarges.«

Joe nickte.

»Die Splitter dürften von den zersprungenen Parfumfläschchen stammen, die heruntergerissen wurden, als sie gefallen ist – oder niedergeschlagen wurde.«

»Du gehst von Fremdeinwirkung aus?«, fragte Sofie, während sie sich auf die Papierbahn kniete, die die Spusi neben der Leiche ausgelegt hatte.

»Wer stirbt schon einfach so in diesem Alter? Es sei denn …«

»… man stürzt und schlägt dabei mit dem Hinterkopf an etwas Hartes, wie zum Beispiel an die Heizung«, sagte Sofie, während sie den äußeren Gehörgang der Toten begutachtete. »Schau, da ist Blut. Könnte ein Hinweis sein auf einen Schädelbasisbruch. Schwarzhaarig war sie übrigens nicht von Natur aus. Der Haaransatz ist deutlich heller.«

»Die Kollegen haben an der Heizung ebenfalls Blutspuren gefunden«, sagte Joe.

»Siehst du die Blinker um ihre Augen?«, fragte Sofie.

»Nennt ihr das nicht vornehmer ›Brillenhämatome‹?«, fragte Joe zurück.

»Sehr gut! Sie entstehen durch Schläge auf beide Augen oder durch einen Sturz mit frontobasaler Fraktur«, murmelte Sofie. Sie hatte bereits ihr Aufnahmegerät in der Hand, in das sie nun die ersten Sätze diktierte.

»Und daran ist sie gestorben?«, unterbrach sie Joe. »Wieso

sind dann ihre Hosenbeine blutgetränkt und das Wohnzimmer wie das Bad voller blutiger Tapser?«

Sofie zog die Augenbrauen hoch.

»Die exakte Todesursache kann ich dir erst *nach* der Obduktion sagen, das weißt du doch. Jetzt lass mich bitte in Ruhe meine Arbeit machen!«

Die Tote war zierlich gebaut, fast überschlank, bis auf die gut entwickelten Brüste, die ihre Starre offenbar einem Silikonimplantat verdankten. Beine und Arme waren dünn und sehr blass. Als Sofie die Shirtärmel ein wenig nach oben schob, entdeckte sie am rechten Oberarm zwei ausgeprägte Blutergüsse, die sie kurz stutzen ließen.

»Hämatome am rechten Oberarm. Sehen für mich aber älter aus und sind eher zu groß für Festhalteverletzungen durch Zupacken mit der Hand.«

Sie rief den Einsatzleiter der Spurensicherung.

»Wie machen wir das mit den Klamotten, Herr Hauser? Ich wäre dafür, die Leiche an Ort und Stelle zu entkleiden und alles gleich für die weiteren Untersuchungen in Tüten zu asservieren.«

Ohne Kleidung wirkte die Tote noch mädchenhafter. Im Schoß hatte sie ungezählte Lagen durchgeblutetes Toilettenpapier.

»Starke vaginale Blutung«, diktierte Sofie und spürte Joes Blick fragend auf sich ruhen.

»Das muss sie wohl überrascht haben. Jede Frau, die mit so etwas rechnet, würde Tampons oder Binden zu Hause haben«, erklärte sie. »Klopapier ist in so einem Fall immer nur die äußerste Notmaßnahme.«

»Bist dir ganz sicher?«, vergewisserte sich Joe.

»Bin ich.« Sie rollte mit den Augen. »Männer! Was wisst ihr eigentlich?«

»So einiges«, knurrte er zurück. »Wir haben in ihrer Handtasche nämlich einen Notfallausweis gefunden. Da, schau!«

Sofie studierte ihn eingehend.

»*Konduktorin*«, las sie halblaut vor. »*Mittelschwere Hämophilie A. Bei Prophylaxe, Blutungen und operativen Eingriffen ist eine Substitution mit einem F VIII-Präparat erforderlich.*«

Sie sah Joe fragend an.

»Habt ihr so ein Medikament irgendwo in der Wohnung gefunden? Das müssten Einwegspritzen sein. Die kann sich jeder Betroffene mit ein wenig Übung selbst intravenös injizieren.«

»Nein«, erwiderte Joe. »Und wir haben überall gründlich nachgesehen. Aber sie hatte ein Rezept dafür in ihrem Geldbeutel. Anscheinend ist sie nicht mehr rechtzeitig dazu gekommen, es einzulösen.«

»Was wirklich seltsam ist«, meinte Sofie nachdenklich. »Gut, sie war keine aktive Bluterin, sondern nur eine Überträgerin des defekten Gens, aber ihr Gerinnungsfaktor ist laut Ausweis trotzdem zu gering. Menschen mit dieser Krankheit lernen eigentlich von Kindheit an, damit umzugehen. Irgendetwas muss sie völlig aus ihrer Routine gebracht haben.«

»Die geplante Hochzeit?«

»Da würde man doch eher *noch* sorgfältiger sein, oder nicht? Wer will schon sein Lebensglück aufs Spiel setzen?«

Sofie wandte sich erneut der Leiche zu. »Und wenn du mich nach Fremdeinwirkung fragst: Äußerlich kann ich keinerlei vaginale Verletzungen entdecken, die auf ein Sexualverbrechen hindeuten würden.«

»Also Eigenmanipulation?«, sagte Joe ungläubig. »Oder wodurch sonst wurde die Blutung ausgelöst?«

»Wie gesagt, da wirst du dich leider noch ein bisschen gedulden müssen. Erst nach der Sektion kann ich dir dazu Näheres sagen.«

Sofie bestimmte die Temperatur der Leiche und hielt das Ergebnis in ihrem Diktafon fest. Danach stand sie auf und wandte sich wieder an die Kollegen von der Spusi.

»Sie kann jetzt in den Bergesack. Lassen Sie sie in die Nußbaumstraße bringen. Ich nehme sie mir gleich vor, sobald ich zurück im Institut bin.«

»Und der Todeszeitpunkt?«, erkundigte sich Joe, als sie das Bad verließen. »Er muss definitiv nach Mitternacht liegen. Denn laut Manu hat sich die beschwingte Damenrunde erst kurz vor zwölf getrennt.«

»Von der Totenstarre und der Temperatur her könnte es zwischen ein und zwei Uhr gewesen sein«, sagte Sofie. »Aber leg mich bitte in diesem Stadium meiner Untersuchungen nicht darauf fest! War die Wohnung eigentlich abgeschlossen, als deine Schwester heute früh kam?«

Inzwischen standen die beiden wieder im Flur, wo sie sich aus der Schutzkleidung schälten.

»Ja, war sie. Nathalie hat weder auf Manus Dauerläuten hin geöffnet, noch hat sie auf ihre SMS oder Anrufe reagiert. Weil ihr das seltsam vorkam, hat sie bei der Hausmeisterin geklingelt. Die wiederum hat mit ihrem Ersatzschlüssel aufgesperrt, und so haben die beiden die Tote im Bad vorgefunden. Ich denke, sie hatte von innen abgeschlossen, als sie nach Hause kam. Das machen viele Frauen, wenn sie allein sind.«

»Und Verlobte haben in der Regel einen Schlüssel«, überlegte Sofie. »Es könnte also genauso gut auch er gewesen sein, der die Tür verschloss.«

»Du meinst, er stößt sie gegen die Heizung, lässt sie liegen und haut dann einfach ab, nachdem er die Wohnung hinter sich sorgsam abgeschlossen hat? Das wäre ganz schön kaltblütig«, meinte Joe, »da gehört schon einiges dazu.«

»Genau das herauszufinden ist dein Job, Joe. Sonderlich vermisst hat er sie jedenfalls nicht. Oder habt ihr etwas Aktuelles von ihm auf ihrem Handy gefunden?«

»Nein. Von diesem Roßhaupter gibt es seit gestern früh keinen Anruf, keine SMS, kein gar nichts.«

»Persönlich hier aufgetaucht ist er offenbar auch nicht, um nachzusehen, was mit ihr los sein könnte. Dabei wäre das doch eigentlich naheliegend, wenn deine Braut in der gleichen Firma arbeitet und ohne Nachricht morgens nicht zur Arbeit erscheint.«

»Die Grimm hatte bis zur Hochzeit frei. Danach sollte es für zwei Wochen auf die Malediven gehen. Weiß ich alles von Manu. Die hört in ihrem Salon die Flöhe von ganz Giesing husten, so gut informiert ist die. Heute Vormittag wollten sich die beiden zu einem Weißwurstfrühstück treffen, um danach das Blumenarrangement für die Hochzeitslimousine freizugeben. Aber das heißt natürlich noch lange nicht …«

»Kann ich noch einmal den Notfallausweis sehen?«, unterbrach ihn Sofie.

Joe reichte ihn ihr.

»Seltsam, da steht dieser Tobias Roßhaupter gar nicht drin«, sagte sie. »Da, schau: *Eva Weißborn*. Ein Frauenname und eine ellenlange Handynummer.«

»Spanien«, sagte Joe überrascht. »Die Vorwahl kenn ich, weil Mick immer auf Malle Urlaub macht. Nicht gerade der nächste Weg, wenn es brenzlig wird und ein Helfer schnell zur Stelle sein sollte. Ob das ihre Mutter ist? Aber der Nachname ist ja ganz anders …«

»Vielleicht hat die Mutter noch einmal geheiratet? Oder es gibt andere Gründe. Ich bin sicher, das wirst du alles ganz schnell herausfinden.«

Sofie schlüpfte in ihre dunkelblaue Daunenjacke.

»Ich ruf da sofort an. Danach fahr ich mit Mick Lorenz rüber zum Rössl-Bräu«, erklärte Joe. »Dort knöpf ich mir diesen Bräutigam und die ganzen Damen der Feierrunde vor.«

Sein Blick wurde besorgt.

»Du bist bei dieser Kälte doch hoffentlich nicht mit dem Rad unterwegs?«

»I bin doch ned aus Zucker«, entgegnete Sofie. »Und Schneeradln is besonders schee.«

Ihren kleinen Unfall mit Frau Falk erwähnte sie wohlweislich mit keinem Wort. Aram würde die paar Kratzer schon wieder ausbessern, da war sie sich ganz sicher. Und auf Joes ständige Ermahnungen, sie solle bloß auf sich aufpassen, konnte sie immer schon verzichten.

»Mein Radl parkt am Institut. Und dorthin wird mi jetzt a netter Taxler bringen.«

»Und mia zwoa?«

Joes Blick war einfach unwiderstehlich.

»Was moanst jetzt damit genau?«, fragte sie neckisch zurück.

»Du meldest dich doch sofort telefonisch, wenn ihr mit der Sektion durch seid?«

»Logo«, versprach Sofie. »Du bist wie immer der Erste, der alles ganz genau von mir erfährt!«

3

Verrückte Mädels

»Xa-ver!«

Leicht rostig gellte eine Frauenstimme über den Hof. »Vor der Rampe wird zuerst geräumt. Immer! Kun-den-wohl-geht-bei-uns-über-alles. Wie oft soll ich das noch predigen?«

Man hörte, wie ein Fenster energisch geschlossen wurde.

»Auweia«, sagte Mick Lorenz, als sie ihren Dienstwagen im Hof abstellten. »Typischer Fall von ›Haare auf den Zähnen‹, würde ich sagen.«

Joe nickte, dann stiegen sie aus.

Eine süßliche Malzwolke umhüllte sie, die dem frostigen Tag etwas von seiner winterlichen Frische nahm. Rechter Hand war der Direktverkauf ab Rampe untergebracht, nach links ging es ins Brauhaus. Mittig führte eine Treppe zu den Büroräumen im ersten und zweiten Stockwerk. Man sah dem äußerlich schmucklosen grauen Gebäude noch immer an, dass es früher ein städtisches Umspannwerk gewesen war, bevor das Rössl-Bräu hier am Fuß des Giesinger Bergs eine neue Heimat gefunden hatte. Aufwendige Umbauten waren nötig gewesen, bis die schweren Stahltanks ihre Arbeit aufnehmen konnten; jetzt aber florierte die vergrößerte Privatbrauerei und war in München in aller Munde – nicht zuletzt, weil die Chefin sich nur allzu gern bei diversen gesellschaftlichen Ereignissen zeigte. Kaum eine Woche verstrich, in der Uschi Roßhaupter nicht in gewagten Dirndlkreationen in der Boulevardpresse zu sehen gewesen wäre. Seit einem guten Jahr vertrieb sie eine Auswahl ihrer Biere nun auch über einen Teleshoppingkanal, was ihr zusätzliche Popularität bescherte. »Rössl-Bier genießen und dabei schlank und fit bleiben«, lautete ihr Motto, das zu wiederholen sie nicht müde wurde. Vroni, die gern den Fernseher laufen ließ, während sie bügelte, hatte sich schon mehrfach über dieses »dürre Grillhendl mit den falschen Zähnen und den bläden Sprüchen« ausgelassen, schaltete ihren Kanal aber trotzdem immer wieder mal ein.

»Des is wia Sucht«, pflegte sie zu sagen, wenn Sofie oder Flo sie liebevoll frotzelten. »Du woaßt ganz genau, dass dir des ned guadtut, und trotzdem muaßt dus dir wieda und wieda antun.«

Von Angesicht zu Angesicht war Uschi Roßhaupter kleiner und sogar noch viel dünner als am Fernseher. Davon konnten Joe und Mick sich überzeugen, als sie nach kurzer Wartezeit zu ihr ins Büro vorgelassen wurden. Vor einem mächtigen altertümlichen Schreibtisch mit Ledergarnitur erwartete sie ein schmales Persönchen in burgunderroter Tracht, das vor allem aus tief gebräunter Haut und Sehnen zu bestehen schien. Unter einem platinblond gefärbten Fransenschnitt musterten ihre kühlen blauen Augen die beiden Besucher kritisch.

»Meine Herren, womit kann ich weiterhelfen?«

Ihre Stimme war spröde und verriet das Alter, das alle nur denkbaren kosmetischen Mittel wie Rouge, Lipgloss und schwarze Megawimpern zu verschleiern versuchten.

»Lederer, Mordkommission, und das ist mein Kollege Lorenz«, erwiderte Joe. »Wir wollten eigentlich Ihren Sohn sprechen, Herrn Tobias Roßhaupter.«

Das Wort »Mordkommission« ließ ihr Lächeln gefrieren.

»Tobias ist noch bei einem Kunden«, sagte sie erschrocken. »Es ist ihm doch nichts passiert?«

Joe schüttelte den Kopf und räusperte sich.

»Wir haben leider keine guten Nachrichten, Frau Roßhaupter. Nathalie Grimm ist heute Morgen tot in ihrer Giesinger Wohnung aufgefunden worden.«

Sie stieß einen Schrei aus und presste sich die Hand aufs Herz.

»Aber das ist doch ganz und gar unmöglich! Die beiden wollten in drei Tagen heiraten …«

Sie schloss die Augen und sank auf einen Stuhl.

»Mein armer, armer Junge!«

»Wann haben Sie Frau Grimm zum letzten Mal gesehen, Frau Roßhaupter?«, wollte Joe wissen.

»Nathalie?« Sie überlegte einen Moment. »Gestern Nachmittag. Sie hat in der Buchhaltung noch alles fertig gemacht, damit die Kollegin in ihrer Abwesenheit weiterarbeiten kann. Die Flitterwochen, Sie verstehen? Bei uns muss ja trotzdem alles reibungslos laufen …« Sie unterbrach sich selbst. »Ach, was rede ich da! Sie müssen schon entschuldigen, Ihre Nachricht hat mich zutiefst getroffen. Wie ist sie denn zu Tode gekommen? Ein Unfall oder doch nicht etwa …« Erneut hielt sie inne. »Ich meine, wenn sich schon die Mordkommission herbemüht!«

»Das müssen wir erst noch herausfinden«, antwortete Joe. »Wir haben gerade erst angefangen zu ermitteln. Jede Information kann hilfreich für uns sein.«

»Später haben Sie Frau Grimm dann nicht mehr gesehen?«, schaltete sich nun Mick Lorenz ein. »Zum Beispiel beim Junggesellinnenabschied – sind Sie da vielleicht dazugekommen?«

»Ich? Wo denken Sie hin!« In ihrer Stimme klang Entrüstung pur.

»Meinen Sie vielleicht, ich würde mich aufdrängen bei diesen seltsamen Ritualen, die die jungen Frauen heute so pflegen? Zu meiner Zeit, da gab es das alles noch nicht, und wir haben es auch nicht gebraucht. Ein schöner Polterabend im engen Freundeskreis, das hat uns vollkommen genügt, am nächsten Tag Standesamt und dann als Höhepunkt die Trauung in der Kirche. Das war ernst und feierlich – nicht wie heute, wo es vor allem auf eine möglichst aufwendige Kostümierung ankommt.«

Joe und Mick tauschten einen kurzen Blick.

»Wie war Ihr Verhältnis zu Frau Grimm?«, fragte Joe. »Hatten Sie einen Schlüssel zu ihrer Wohnung?«

Seine Fragen schienen sie in Schnappatmung zu versetzen.

»Natürlich nicht«, erwiderte sie mit gepresster Stimme. »Schließlich war Nathalie ja meine Angestellte. Außerdem hat sie immer ein großes Gewese um ihre privaten Dinge gemacht. Auch dann noch, als sie schon mit Tobias zusammengekommen war. Wie unser Verhältnis war, fragen Sie? Ihre Arbeit hat sie ordentlich erledigt, da kann ich nichts sagen. Ein hübsches kleines Ding. Immer tipptopp hergerichtet. Und der Bua ist mit seinen fast 35 ja schließlich alt genug, um zu wissen, was er tut.«

»Begeisterung hört sich für mich anders an«, kommentierte Mick. »Hätten Sie sich lieber eine andere Schwiegertochter gewünscht?«

Für einen Moment wurden ihre harten Züge weich, und jetzt sah sie plötzlich wieder so aus wie auf den zahlreichen Fotografien, die gerahmt an der Wand hingen und sie in jüngeren Jahren mit schwarzen Wuschellocken zeigten: kurvig, weiblich, auf jugendlich-mütterliche Weise attraktiv.

»Ich hab den Buam nach dem frühen Tod meines Mannes ganz allein durchbringen müssen«, sagte sie, und dabei liefen ihr ein paar Tränen über die Wange. »Und was für ein Prachtkerl ist aus ihm geworden! Da blutet ein Mutterherz schon, wenn eine junge Frau ins Spiel kommt und auf einmal seine Nummer eins wird. Das ist doch ganz normal. Aber das war nix gegen Nathalie persönlich. Sie konnte sehr lieb sein, und Tobias wollte sie heiraten, allein darum ging es doch.«

Sie seufzte.

»Wir haben gerade die Fusion mit der Brauerei Heusinger erfolgreich unter Dach und Fach gebracht. Das bedeutet für die Zukunft eine Doppelspitze in der Geschäftsführung, Schorsch Heusinger *und* mein Sohn. Was mir mehr Raum für Privates gibt. Nathalie und ich hätten vielleicht noch ein bisschen Zeit gebraucht, um uns menschlich wirklich näherzukommen, aber das war uns nun also nicht vergönnt.«

Sie zog ein Taschentuch aus ihrer Rockschürze, um ihre Augen trocken zu tupfen.

In diesem Moment ging die Tür auf, und ein großer blonder Mann mit spitzbübischem Lächeln kam herein, der eine gewisse Ähnlichkeit mit dem jungen Lex Barker hatte. Er wirkte, als sei er gerade von einer Skitour zurückgekommen oder von einem langen erholsamen Spaziergang im Schnee. Sein Kamelhaarmantel war körpernah geschnitten und unterstrich seine athletische Gestalt. Ein Strahlen schien von ihm auszugehen, das den ganzen Raum heller wirken ließ. »Prachtkerl«, hatte die Mutter ihn genannt. Ja, der Juniorchef vom Rössl-Bräu konnte sich durchaus sehen lassen!

»Was ist denn hier los?«

Die tief liegenden Augen des Juniorchefs flogen zu den beiden Kommissaren, dann wieder zu seiner Mutter.

»Du hast ja geweint, Mama! Und wer bitte schön sind diese beiden Herren?«

»Die sind von der Mordkommission, Tobi. Du musst jetzt ganz stark sein!«

Seine Mutter schaute zu ihm auf und legte ihre kleine Hand beschützend an seine Wange.

»Mit deiner Nathalie ist nämlich etwas ganz Schreckliches …«

Er machte sich frei.

»Mit Nathalie? Was ist mit ihr?«

»Man hat Ihre Verlobte heute Morgen tot aufgefunden, Herr Roßhaupter«, sagte Joe.

»Was reden Sie denn da? Das kann sich nur um einen Irrtum handeln«, stammelte er, während ihm alle Farbe aus dem Gesicht wich. »Ich bin doch jetzt gleich mit ihr zum Blumenkaufen verabredet …« Er umklammerte eine Stuhllehne, bis seine Knöchel weiß hervortraten.

»Nein«, sagte Joe, »das ist leider kein Irrtum. Wir haben Ihre Verlobte Nathalie Grimm tot in ihrer Wohnung in der Sommerstraße 9 gefunden. Wann haben Sie sie zum letzten Mal gesehen?«

»Gestern«, antwortete er mit schwankender Stimme. »Hier in der Firma. Bevor Nathalie mit ihren Kolleginnen zum Feiern aufgebrochen ist. Wie ein Haufen Hennen, das hab ich noch zu ihnen gesagt, weil sie gar so am Giggeln waren.«

»Und später? Sind Sie vielleicht irgendwo unterwegs dazugestoßen?«, erkundigte sich Mick.

»Das wollte sie doch nicht. ›Dieser Abend ist nur für uns Mädels‹, hat sie gesagt. ›Vor morgen Mittag will ich dich nicht sehen, Schatzi, verstanden? Bei aller Liebe!‹« Er zog seinen Mantel aus und schleuderte ihn zu Boden. »Warum habe ich sie nur allein gelassen? Ich hätte für sie da sein sollen, sie beschützen müssen …«

Uschi Roßhaupter legte beruhigend ihre Hand auf seinen Arm, aber er schüttelte sie ab.

»Woran ist sie überhaupt gestorben?«, sagte er rau. »Ein Einbruch? Oder hat man sie …«

»Die Wohnung war abgesperrt«, sagte Joe. »Wir haben keinerlei Einbruchspuren gefunden. Haben Sie einen Schlüssel für diese Wohnung, Herr Roßhaupter?«

»Natürlich. Genauso, wie Nathalie einen für mein Haus hat. Aber ich war nicht bei ihr, weder mit noch ohne Schlüssel. Sie verdächtigen doch nicht etwa mich?«

»Kein Streit, keine Auseinandersetzung?«, bohrte Mick Lorenz nach. »So wie es bei Verlobten kurz vor der Hochzeit durchaus mal vorkommen kann, wenn die Nerven blank liegen?«

»Nein und noch einmal nein! Ich habe Nathalie geliebt. Ich wollte sie heiraten!«

»Bitte versuchen Sie, sich zu beruhigen. Wir haben noch ein paar weitere Fragen. Wussten Sie, dass Ihre Verlobte an Hämophilie litt?«

Joe blieb betont ruhig.

»Hämo-was?«, fragte Tobias Roßhaupter zurück. »Was genau soll das sein?«

»Im Volksmund sagt man auch ›Bluterkrankheit‹ dazu. Den Betroffenen fehlt ein Eiweiß, das bei auftretenden Wunden die Blutgerinnung einsetzen lässt. Sie brauchen ein Faktorpräparat, sonst kann es gefährlich für sie werden. Ihre Verlobte war davon betroffen. Wir haben ihren Notfallausweis in der Wohnung gefunden.«

»Nathalie – eine Bluterin?« Roßhaupter klang fassungslos. »Das kann doch nicht wahr sein! Ich hatte nicht die geringste Ahnung. Du vielleicht?« Er sah zu seiner Mutter, doch Uschi Roßhaupter schüttelte den Kopf.

»Das hätte sie uns aber nicht verheimlichen dürfen«, sagte sie missbilligend. »So etwas gehört in einer Familie doch auf den Tisch. Stell dir mal vor, du hättest Kinder mit ihr gehabt – die wären dann alle krank!«

»In ihrem Notfallausweis steht eine Frau Eva Weißborn als diejenige, die zu benachrichtigen wäre. Ist Ihnen die Dame bekannt?«

»Das ist Nathalies Tante«, erwiderte Tobias Roßhaupter. »Die lebt schon lange auf Mallorca. Aber die beiden haben wenig Kontakt. Sie wollte sie ja nicht einmal zur Hochzeit einladen.«

»Und die Eltern?«, bohrte Joe weiter.

»Waren nicht verheiratet. Ihren Erzeuger hat sie nie kennengelernt. Keine schöne Kindheit, soviel ich weiß. Viel Jugendamttamtam, und im Heim war sie auch einige Zeit. Sie hat nie gern darüber geredet. Vor ungefähr drei Jahren ist dann die Mutter bei einem Verkehrsunfall ums Leben gekommen. Bis auf diese Tante gibt es meines Wissens keine weiteren Verwandten.«

Das deckte sich mit dem, was Eva Weißborn, geborene Grimm, zu Joe gesagt hatte, als er sie vor seinem Besuch bei den Roßhaupters anrief. »Wir sterben aus, wir Grimms«, hatte sie gesagt, und ihre Stimme hatte dabei erstaunlich beherrscht geklungen. »Das ist vielleicht auch gut so. Dann geht unser Familienfluch endlich zu Ende und wird wenigstens nicht in immer neue Generationen weitergetragen. Es ist wahrlich kein Vergnügen, mit Hämophilie zu leben, das kann ich Ihnen verraten!«

»Wo ist sie überhaupt?«

Die Wucht der Schreckensmeldung schien erst jetzt ganz zu Tobias Roßhaupter durchzudringen. »Wo haben Sie sie hingebracht? Ich will Nathalie sehen – sofort!«

»Das geht leider nicht«, sagte Mick. »Die Rechtsmedizin …«

»Sie schneiden sie von oben bis unten auf? Aber das dürfen Sie nicht! Ich verbiete es Ihnen.«

Jetzt klang er wie ein trotziges, verzweifeltes Kind.

»Das müssen wir sogar«, entgegnete Joe. »Nur so lässt sich die Todesursache zweifelsfrei feststellen.«

»Komm, Tobi«, versuchte Uschi Roßhaupter ihren Sohn zu besänftigen. »Geh schon mal nach nebenan und gieß dir einen Brandy ein. Ich bin dann gleich bei dir.«

Gebeugt wie ein alter Mann verließ der Juniorchef das Zimmer.

»Bei allem Verständnis für Ihre Trauer muss ich Sie leider beide bitten, sich für weitere Fragen zur Verfügung zu halten«, sagte Joe und zog den Zettel heraus, den Manu ihm gegeben hatte. »Jetzt möchte ich gern noch mit den Kolleginnen sprechen, mit denen Frau Grimm gestern Abend gefeiert hat: Gantert, Steinbauer, Krauss und Lerchenmüller, so lauten die Namen. Lassen Sie die Damen bitte rufen?«

»Das erledigt meine Sekretärin.«

Steifbeinig ging Uschi Roßhaupter ins Vorzimmer und kam gleich darauf wieder zurück. »Das dauert nur einen kurzen Moment. Ich lass Sie dann besser allein. Mein Sohn braucht mich jetzt.«

Wenige Minuten später kamen vier Frauen herein, die unterschiedlicher nicht hätten sein können.

»Ricarda Gantert«, stellte sich die erste vor. Mit ihren langen weizenblonden Haaren sah sie fast wie ein Model aus.

»Simone Steinbauer.« Eine kleine, kompakte Frau mit kurzen braunen Locken.

»Katja Krauss.« Beeindruckende Mähne in Mahagonirot und eindeutig die älteste des Quartetts.

»Annette Lerchenmüller.« Das kam eher geflüstert als gesprochen. »Was ist mit Nathalie? Ist sie wirklich …«

»Ihre Kollegin ist tot«, sagte Joe. »Manu Nehrlinger, die Ihnen bestens bekannt sein dürfte, hat sie heute Morgen in ihrer Wohnung aufgefunden.«

Dass Manu seine Schwester war, fügte er nicht hinzu.

»Aber wie ist sie denn gestorben?«, fragte Ricarda Gantert.

»Zur Todesursache können wir uns leider im Moment noch nicht äußern«, erwiderte Joe. »Gegenfrage: Was können Sie uns über den gestrigen Abend berichten?«

»Es war ein Riesenspaß«, begann Simone Steinbauer. »Wir haben getrunken, gegessen, gelacht. Nathalie hat sich pudelwohl gefühlt, wie wir alle.« Ihre Stimme brach. »Das kann doch nicht wahr sein! Wir waren so eine vergnügte Truppe! Lauter verrückte Mädels. Und jetzt …«

Betretenes Schweigen, dann meldete sich Ricarda Gantert zu Wort. »Ich hab zuerst noch für uns alle bei mir heiße Schokolade zubereitet; als Grundlage, bevor wir dann unterwegs zu härteren Getränken übergegangen sind. In Spanien machen sie das auch so vor den langen Prozessionen in der Karwoche, um gut durch die Nacht zu kommen.«

»Wann haben Sie sich dann später voneinander verabschiedet?«, fragte Joe, obwohl er die Antwort bereits kannte.

»Das muss kurz vor Mitternacht gewesen sein.«

Annette Lerchenmüllers Gesicht hatte sich leicht rosig gefärbt. Mit einer anderen Frisur und einer modischeren Brille hätte sie gar nicht übel ausgesehen, so aber wirkte sie etwas bieder. Ob sie auch eine Kundin von Manu war? Dann sollte seine Schwester sie schleunigst zu einer Typveränderung bewegen.

»Wir haben uns auf der Wittelsbacherbrücke voneinander verabschiedet«, fuhr Annette fort. »In einer großen letzten

Umarmung, die gar nicht mehr enden wollte. ›Lauter verrückte Mädels‹, das war unser Schlachtruf. Dann sind wir alle nach Hause gegangen.«

»Und da war Nathalie noch in guter Verfassung?«

Micks Stimme klang sehr ernst.

»Und ob!«, bekräftigte Ricarda. »Sie war vielleicht ein bisschen müde und deshalb einen Tick ruhiger als sonst. Aber der ganze Abend war ja auch ganz schön anstrengend für uns alle.«

»Herr Roßhaupter ist zwischendrin nicht zufällig aufgetaucht?«, fragte Mick.

»Natürlich nicht! Sonst hätten wir ihm Beine gemacht – und wenn er zehnmal der Juniorchef ist. Männer haben an einem Junggesellinnenabschied nichts verloren«, entgegnete Simone. »Dieser Abend gehört allein der Braut und ihren Freundinnen.«

»Wir benötigen ein möglichst genaues Protokoll von jeder von Ihnen«, verlangte Joe. »Uhrzeit und ein paar Stichworte genügen. Wo waren Sie zuerst? Wohin sind Sie dann gegangen? Ist Ihnen unterwegs irgendetwas aufgefallen? Alles kann wichtig sein; alles, bis zum Ende des Abends. Und wir brauchen es sofort. Also, machen Sie sich bitte an die Arbeit, meine Damen!«

»Aber wir vermissen sie doch so, unsere Nathalie!«

Annette Lerchenmüllers blasses Gesicht wirkte zutiefst betrübt.

»Sie war der Sonnenschein der ganzen Brauerei! Wir haben sie doch alle so gerngehabt.«

Einhelliges Nicken.

»Sie war unsere kleine Braut …«

Annette Lerchenmüller begann haltlos zu weinen.

»Ich verstehe Ihren Kummer«, sagte Mick, »aber wir brauchen jetzt wirklich Ihre Angaben. Es liegt doch in unser aller Interesse, herauszufinden, was geschehen ist.«

»Genau.« Das kam von Katja Krauss, die bisher wenig gesagt hatte. »Kommt, Mädels, lasst es uns angehen!«

Joe schob die Unterlippe vor.

»Ich würde gern noch kurz Nathalie Grimms Arbeitsplatz sehen. Wer von Ihnen hat denn am engsten mit ihr zusammengearbeitet?«

»Das bin ich.«

Annette Lerchenmüller starrte zu Boden.

»Wir beide sind, ich meine ... Wir waren die Buchhaltung.« Ihre Stimme brach.

»Gut, dann führen Sie mich bitte jetzt dorthin.«

4

Lauter Geheimnisse

Die Musik im Sektionssaal klang hell, klar und bei aller formvollendeten Polyphonie federleicht. Elke Falk konnte es nicht ausstehen, wenn der Sektionsgehilfe im Dienst seiner Musikleidenschaft frönte, Sofie aber mochte es und ließ sich immer wieder gern von seiner außergewöhnlichen Auswahl überraschen.

»Manchmal muss es eben Bach sein«, kommentierte Spike ihren fragenden Blick. »Heute jedenfalls war mir danach zumute. Passt irgendwie zum Schnee da draußen, der alles so weiß und unschuldig macht, obwohl es darunter genauso aussieht wie sonst.«

Sofie nickte ihm zu und diktierte weiter.

»Leiche von sehr schlankem Körperbau. Am Hinterkopf zwei längs verlaufende Quetsch- und Risswunden in der Hutkrempenebene.«

Sie schaute auf.

»Passt zum Fundort. Und auch zu einem Sturz. Die Spusi hat Blut am Heizkörper im Badezimmer sichergestellt.«

»Aua«, murmelte Spike.

»Am rechten Oberarm zwei größere Hämatome, die bereits ein paar Tage alt sein dürften. Vier weitere verblassende oder bereits stark verblasste Hämatome an beiden Unterschenkeln. Die Tote war Konduktorin für Hämophilie und litt selbst an einem zu schwach ausgeprägten Gerinnungsfaktor. Auch ein noch so leichtes Anstoßen kann bei dieser Ausgangslage bereits zu Hämatomen führen.«

Nach einer kurzen Pause diktierte sie weiter: »Keine genitalen Verletzungen.«

Was sie an Material unter den Fingernägeln der Toten gefunden hatte, musste erst im Labor ausgewertet werden. Aber sie hatte nirgendwo am Körper Spuren entdeckt, die Abwehrverletzungen in der Regel hinterließen. Sah nicht so aus, als hätte Nathalie Grimm sich gegen einen Angreifer zur Wehr setzen müssen.

Also doch ein Sturz?

Die Öffnung von Kopf-, Brust- und Bauchhöhle würde weitere Erkenntnisse bringen.

Sofie arbeitete konzentriert und meist schweigend. Spike und sie waren inzwischen so perfekt aufeinander eingestellt, dass oft schon ein kurzer Blick, ein Nicken, Kopfschütteln oder eine Geste genügten, um zu wissen, was am Sektionstisch zu tun war.

Nachdem Sofie den Kopf geöffnet, das Gehirn herausgenommen und die Hirnhaut abgezogen hatte, pfiff sie leise durch die Zähne.

»Na, wer sagt es denn? Diese Bruchlinien im Schädel sind ja geradezu lehrbuchreif! Hier liegt ein Schädelbasisbruch vor, der bis in die Frontobasis reicht. Und sehen Sie das hier, Spike? Das sind massive Gegenstoßprellungsherde, die meine Annahme eines Sturzes untermauern.«

Die anschließende Öffnung der Brusthöhle erhärtete Sofies These weiter. »Massive Bluteinatmung in die oberen Atemwege«, diktierte sie. »Sie reichen infolge der Schädelbasisfrakturen von den Bruchlinien in die Nebenhöhlen des Mittelgesichtsskelettes. Wenn die dort liegenden, gut durchbluteten Schleimhäute verletzt werden, blutet es hemmungslos – wie bei unstillbarem Nasenbluten. Aufgrund der speziellen Disposition der Toten kam das Blut nicht zur Gerinnung. Deshalb ist die Luftröhre immer noch voll mit flüssigem Blut. Tod durch Ersticken. So muss sie gestorben sein.«

Spike hatte sich mittlerweile für ein neues musikalisches Programm entschieden. Nun erfüllten Eric Claptons melancholische Gitarrenklänge den Raum.

Die Öffnung der Gebärmutter war bei der Sektion einer weiblichen Leiche Routine. In gewisser Weise war Sofie sogar auf das vorbereitet, was sie hier nun vorfand, denn sie hatte im rechten Nasenflügel ein zartes Kribbeln verspürt. Und doch musste sie kurz schlucken: Leben, das nicht hatte leben dürfen …

»Gebärmutter deutlich vergrößert, blutgefüllt. Darin teilweise abgelöste kleine Plazenta mit Embryo circa 2,0 cm groß. Sonst keine blutende Verletzung …«

Jetzt mied sie erst einmal Spikes Blick, dessen eben noch so gleichmäßige Atemzüge unter dem Mundschutz deutlich unruhiger geworden waren.

»Sie muss in der achten oder neunten Woche gewesen sein«, murmelte Sofie vor sich hin, während sie den Leichnam weiterpräparierte.

»Dann bring ich jetzt alles erst mal in die Tox«, sagte Spike nach einer Weile, deutlich blasser als sonst. Aber er war ein Profi, das wusste Sofie. Und er konnte sehr wohl zwischen seinem eigenen seligen Vaterglück und dem toten Embryo einer Obduzierten unterscheiden. Sonst hätte er die Leiche auch nicht mit so ruhigen Händen routiniert wieder zusammennähen können.

»Ja, und sie sollen sich bitte schön beeilen«, fügte sie hinzu. »Je eher wir die Ergebnisse haben, desto besser, richten Sie das doch der lieben Frau Dr. Rottmann von mir aus! Das hat jetzt unbedingten Vorrang vor diesen uralten Gewebepröbchen, die Frau Dr. Falk seit Neuestem dauernd anschleppt! Sagen Sie ihr das bitte auch.«

Als Spike draußen war, betrachtete Sofie die Leiche nachdenklich.

So jung, so schön, so bleich. Nathalie Grimm, das Schneewittchen mit den vielen Geheimnissen, dachte Sofie.

Was sie wohl noch vor uns verbirgt?

5

Lauter Lügen

Mit zwei Plastiktüten voller Lebensmittel links und rechts am Lenker ließ es sich auf der glatten Straße noch schlechter vorankommen. Keuchend näherte sie sich Manus Salon. Manu hatte das einstige »Vokuhila« am St.-Martins-Platz von ihrer nach Teneriffa ausgewanderten Chefin übernommen und schlicht »Haare« genannt. Dieser Name prangte jetzt als knallgrüne Neonleuchtschrift über der Tür. Leider hatte diese Neuerung Manus übersichtliches Budget derart strapaziert, dass alle weiteren geplanten Veränderungen noch auf sich warten ließen. Was die gemütlich ratternden Trockenhauben ebenso betraf wie die überlauten Föhns aus den Neunzigern. Vor allem aber betraf es die verblassten Kunstlederbezüge, auf denen man schon nach wenigen Minuten ins Schwitzen geriet.

Manus Kunden waren ihr treu geblieben, ein paar neue jüngere hinzugekommen. Jetzt saß gerade ein Mann auf der Fensterseite, dessen halblange Haare schichtweise wie ein Tannenbaum mit Alufolie bedeckt waren. Im Sessel ganz links lümmelte Joe, die langen Beine lässig von sich gestreckt.

»Dir würde a gscheiter Schnitt aa ned schaden.«

Manu verwuschelte im Vorbeigehen seinen lockigen Schopf.

»Und ganz schee grau wirst aa scho. Mit a bissl Farb könnte ich dir doch …«

»Gar nix«, sagte Joe halblaut, »kannst du. Und jetzt schau, dass den Heini endlich loswirst. I hab nämlich ned vor, heit bei dir zu übernachten.«

In diesem Moment betrat Sofie den Laden. Joes Gesichtszüge hellten sich augenblicklich auf, und sofort spurtete er zur Tür, um ihr die Tüten abzunehmen.

»Mei, warum hast denn nix gsagt, Spatzl?«, schimpfte er in gespielter Strenge. »Ich hätte die Einkäufe doch auch erledigen können! Wird echt Zeit, dass wir wieder *eine* gemeinsame Wohnung ham. Dann kann i dir das Leben so viel scheener machen.«

Sofie schälte sich aus ihrem Overallungetüm, um nicht auf der Stelle einen Hitzschlag zu erleiden. »Jetz is der Kühlschrank jedenfalls wieder voll.« Sie äugte zu Manu. »Wie geht es ihr denn inzwischen?«

»Passt scho. Mir Lederers san unverwüstlich. Das gilt mit gewissen Einschränkungen sogar für die weibliche Linie.«

Er senkte seine Stimme.

»I hoff nur, der da drüben zupft si boid. I hob nämlich noch a ganze Reihe von Fragen an meine Schwester.«

Der dünne Mann am Fenster schaute entsetzt in den Spiegel vor ihm, als Manu ihm die Folien abnahm.

»Das ist ja alles rosa!«

»Rosa?«, wiederholte Manu pikiert. »Des is doch koa Rosa ned!«

»Haben Sie vielleicht Tomaten auf den Augen?« Der Mann wurde lauter. »Ein leichter Bronzeschimmer in den Spitzen, des war ausgmacht. Um den Grundton aufzufrischen. Aber jetzt schau ich ja aus wie ein Ferkel! So kann ich vielleicht aufn Fasching gehen, aber doch nicht zur Arbeit!«

»Was machen Sie denn beruflich?«, erkundigte sich Sofie.

»Ich arbeite als Makler für die Münchener Rückversicherung. Da nimmt mich ja kein Kunde mehr ernst!«

Verzweifelt musterte der Dünne sein Spiegelbild.

»Und wie lang dauert das jetzt, bis das alles wieder draußen ist? So lange kann ich das Haus ja kaum noch verlassen!«

»Kommt ganz darauf an«, meinte Manu, nun doch etwas kleinlaut. »Je nachdem, wie viele Wäschen des san. Aber mit vier bis sechs Wochen muaß ma scho rechnen. Qualität, sog i nur. Meine Farben san nämlich eins a.«

»Sechs Wochen! Das darf doch nicht wahr sein. Dann bin ich ruiniert!« Er sank in seinem Stuhl zusammen.

»Da gibts nur oans«, schlug Sofie vor, die das Prozedere abkürzen wollte, damit Joe rascher zu seinen Antworten kam. »Ois ab. Und zwar radikal. I glaub sogar, des kannt Eahna guad steh.«

»Alles ab?«, flüsterte er verzweifelt. »Meinen Sie das wirklich? Aber ich steh doch beim Christian Stückl im Volkstheater als Komparse auf der Bühne. Odyssee. Ganze sechs Stunden. Deshalb auch die langen Locken. Weil wir doch Griechen sind.«

»Ach was!«

Sofie war sich ihrer Sache nun sehr sicher. »Die ham dort in der Requisite doch jede Menge Perücken. Außerdem hat es scho immer aa Griechen mit weniger Haaren gegeben.«

Das schien den Mann zu überzeugen.

»Also gut«, sagte er nach einem langen, tiefen Atemzug. »Dann ab.«

Gleich darauf flog Manus teuerste Schere über seinen Kopf, und ihrer konzentrierten Miene war anzusehen, dass sie sich besonders viel Mühe gab. Binnen Kurzem war der Boden rund um den Friseurstuhl mit Bergen von abgeschnittenen rosa

Strähnchen bedeckt. Was auf dem Kopf zurückblieb, war graublond und raspelkurz.

»Spitze«, kommentierte Sofie das Resultat. »Ein wahrhaft edler Kopf. Und zehn Jahre jünger. Mindestens! Ihr Regisseur wird strahlen.«

»Meinen Sie?«

»Und ob!«, versicherte Sofie.

Zufrieden bezahlte der Kunde Manus kulanterweise geminderten Preis und verschwand, worauf diese hinter ihm den Laden absperrte.

»Wenn des so weidageht, bin i bald pleite«, stöhnte sie. »Stundenlanges Hinpfriemeln, und dann kriag i nur des Geld für einen Herrenhaarschnitt. I hab eahm glei gsagt, dass Minipli und Strähnchen zusammen koa guade Idee san, aber er woit ja partout ned auf mi hören.«

»Wenigstens wird er wiederkommen«, meinte Sofie, die mit einem Dankeschön für ihr beherztes Eingreifen ohnehin nicht gerechnet hatte. »Des is doch aa scho was, oder?«

Freundlich sah sie Manu an.

»Hast du den Schreck von heut früh schoo a bissl verdaut?«

»Noch ned so richtig.«

Manu zog sich einen Hocker heran.

»I muss nur bloß dro denka, na schlottern mir scho wieder de Knia. Habts ihr inzwischen scho was rausgfunden?«

»I war mit'm Mick Lorenz in der Rössl-Brauerei«, erwiderte Joe. »Die Grimm muss bei ihren Kolleginnen ja megabeliebt gewesen sein.«

»Echt jetzt?«

Manu klang erstaunt.

»Komisch. Des is ma gestern gar ned so vorkemma.«

»Was soi des hoaßen?«, fragte er.

»Na ja, schee doa hams ihr scho alle«, antwortete Manu. »Aber eigentlich nur vornrum. Sobald Nathalie a paar Schritte weida oder auf'm Klo war, gingen die Lästereien aa scho los. Und die waren ned von schlechten Eltern, das sag ich euch! I glaab, koane von dene Weiber hat ihr den Tobi wirklich gegönnt.«

Sie grinste kurz, dann wurde sie gleich wieder ernst. »Des is eigentlich ja aa koa Wunder, denn der hatte die doch alle mal kurz am Start – ausnahmslos!«

»Woher wuist'n du des wissen?«, erkundigte sich Joe verdutzt.

»A gscheite Frisörin woaß eben ois aus ihrem Viertel«, erwiderte Manu im Brustton der Überzeugung. »Du glaubst ja ned, was die Kundinnen dir alles vazäin, sobald sie auf deinem Stuhl sitzen. Und was sie ned sagen, das kriegst du dann scho aa no selber raus.«

Nun wandte sie sich Sofie zu.

»I könnt zum Beispiel wetten, dass die Nathalie schwanger war. Des merk ich immer zuerst an den Haaren, so griffig und voll, wie die dann auf einmal sind. Außerdem hat sie den ganzen Abend nur Saft getrunken. Des hab i ganz genau beobachtet. Ständig aufs Klo hat s' aa gmuaßt. Und saukoid is ihr auf oamoi worn. Deshalb hab i ihr ja aa mein Schal geliehen.«

»Jetzt mal ganz langsam«, hakte Sofie nach. »Du hast vermutet, dass Nathalie Grimm schwanger ist? Wie bist du denn darauf gekommen?«

»Berufsgeheimnis. Und? War sies?«

»In ihrem Schreibtisch hab ich einen Mutterpass gefunden«, sagte Joe finster. »Letzte Schublade. Ganz hinten.«

»Hat sonst noch jemand davon gewusst?«, fuhr Sofie fort, deren Tonfall auf einmal ganz dienstlich klang. »Eine der Kolleginnen vielleicht?«

»Also *war* sie schwanger!«

Manu klang zutiefst befriedigt.

»Ja, die Haare einer Frau, die lügen einfach ned! Pubertät, Schwangerschaft, Geburt, Wechseljahre – i muaß nur hinlangen und scho bin i im Bilde. Naa, i glaub, die anderen wussten nix. Die waren alle viel zu sehr mit sich selbst beschäftigt.«

»Auf jeden Fall ham die Mick und mich in der Brauerei ordentlich zum Narren gehalten«, wurde Joe jetzt klar. »Von wegen: *Wir haben Nathalie alle so gerngehabt. Unser kleiner Sonnenschein* … Das war reines Schmierentheater. Sonst nix.«

Manu und Sofie schauten sich an und grinsten.

»Ja, Männer hoid«, meinte Sofie süffisant. »Halten sich für so clever – und sind so leicht hinters Licht zu führen!«

Joe wurde langsam sauer.

»Woaßt was, Sofie? Wenn du schoo so oberschlau bist, na stellst beim nächsten Mal glei du den Damen die Fragen. Dann werden wir schon sehen, was du dabei rauskriegst!«

»Gern.«

In Sofies grünen Augen blitzte immer noch der Schalk.

»Und als was genau stellst mich den Ladys dann vor? Mein Beruf animiert die Menschen in der Regel ja nicht gerade zum Plaudern!«

»Na, als was wohl?«

Joe warf den Fehdehandschuh geschmeidig zurück. »Als meine Assistentin natürlich!«

Dann wandte er sich an seine Schwester. »Und von dir will ich jetzt wissen, wann der Roßhaupter mit diesen Frauen liiert war und am besten noch in welcher Reihenfolge. Außerdem fehlt mir noch dein Protokoll über den Abend.«

»Zu Befehl, großer Bruder«, erwiderte Manu und schlug leicht zackig die Hacken zusammen. »Und du machst derweil für meine Familie das Abendessen. Ja, des hätt i jetzt fast vergessen: Die Spülmaschin is aa no gsteckt voll!«

Sofies Handyton erklang. Ein sanftes Meeresrauschen.

»Frau Dr. Rottmann? Danke, dass Sie so schnell waren!«

Ihr Gesicht wurde ganz ernst, während sie aufmerksam zuhörte.

»Das ist ja wirklich interessant. Ja, ich weiß, wie das Mittel wirkt. Erst neulich habe ich eine Studie darüber in der Hand gehabt. Nein, mehr brauche ich aktuell nicht. Die Einzelheiten gehen wir dann morgen gemeinsam durch. Schönen Abend noch!«

Sofie beendete das Gespräch, während Joe und Manu sie gespannt musterten.

»Die Tox hat im Blut von Nathalie Grimm eine hohe Dosis des Wirkstoffs Mifepriston gefunden«, sagte sie. »Das ist ein Antiprogesteron. Es blockiert die Zellen in der Gebärmutterschleimhaut, an die sich das Progesteron, also das Gelbkörperhormon, während einer Schwangerschaft andockt. So verhindert es seine Wirksamkeit. Dadurch werden die Funktionen von Nabelschnur und Gebärmutter aufgehoben; Sauerstoff und Nahrung gelangen nicht mehr zum Kind. Über kurz oder lang wird es abgestoßen – wie bei einem Spontanabort.«

Sofie fuhr sich mit der Hand über das Gesicht.

»Eine Abtreibungspille?«, fragte Joe.

»Ganz genau.« Sofie nickte. »Und unter Umständen lebensgefährlich für eine Frau, die unter zu geringer Blutgerinnung leidet.«

»Sie hat das Kind loswerden wollen«, flüsterte Manu. »Aber warum nur? Der heiratswillige Traummann war doch bereits zur Stelle! Andere würden sonst was drum geben, vom Tobias Roßhaupter schwanger zu werden. Der hat an Schlag bei de

Weiber, des woaß doch jeder in München. Nathalie konnte echt froh sein, dass sie das Rennen gemacht hat!«

Sofie zweifelte an Manus Theorie.

»Drei Tage vor der Hochzeit? Ganz ohne ärztliche Hilfe? Mit der Gefahr, dass Blutungen außer Kontrolle geraten?«

Sie schüttelte den Kopf. »Nicht einmal ihr Faktorpräparat hatte sie zur Hand, nur ein uneingelöstes Rezept in der Tasche. Das passt doch nicht zusammen! Oder hältst du Nathalie Grimm für so chaotisch oder naiv?«

Manu musste nicht lange überlegen: »Weder das eine noch das andere. Die war gut organisiert und ganz schön auf Zack. Wenn du mich fragst, dann hat die Nathalie genau gewusst, was sie wollte. Und zwar immer!«

6

Dahoam is eben doch dahoam

Auf den letzten Metern vor der Haustür begegneten ihr zwei junge Maskierte, ein Cowboy und eine zierliche Indianerin mit schwarzer Perücke und buntem Federschmuck, die mitten auf dem verschneiten Gehweg stehen blieben, sich innig küssten und dabei die ganze Welt zu vergessen schienen. Sofis Kopf wurde von Bildern überflutet: Mei, war des früher schee gewesen im Fasching! Sie als Ungarin, Teufelin, Kapitänin, Hexe, Barbarella …

Die Liste der Kostüme, die Tante Vroni Jahr für Jahr auf ihrer alten Singer genäht hatte, war lang. Joe ging meistens als Pirat. Nichts anderes hätte so gut zu ihm gepasst. Im Pfarrsaal und später in den umliegenden Wirtschaften hatten sie bis in die Nacht hinein gefeiert und getanzt. Mit dem Studium waren sie dann deutlich ruhiger geworden – nicht nur, weil sie so viel lernen musste, sondern auch, weil ihre Beziehung schon eine merkliche Schräglage bekommen hatte. Aber warum nicht an die schönen Erinnerungen anknüpfen und auch hier einen Neustart wagen?

Joe war noch einmal kurz in seine Wohnung gefahren, um die neuesten Immobilienanzeigen und Wäsche zum Wechseln zu holen, hatte aber fest versprochen, bald zurück in der Zugspitzstraße zu sein, um ihr beim Kochen zu helfen.

Was für ein Umstand!

Immer musste erst alles so lange verabredet werden, bis Sofie dann oft gar keine rechte Lust mehr dazu hatte. Wahrscheinlich hatte Joe wirklich recht, und es würde alles viel einfacher werden, wenn sie endlich wieder zusammenwohnten. Doch wohin in dieser großen, sündteuren Stadt würde es sie beide verschlagen? Sie liebte ihr vertrautes Giesing so sehr, dass sie sich ein Leben in einem anderen Stadtteil kaum noch vorstellen mochte.

Vor ihrem Haus angekommen, sah sie Dante parken, Charly Loessls alten roten Jaguar.

Ein Spontanbesuch?

War schon lange nicht mehr vorgekommen.

Ihr wurde plötzlich warm.

Was Joe wohl dazu sagen würde? Der hatte sich einen lauschigen Abend bei seiner Liebsten sicher ganz anders vorgestellt!

Sofie schob das Fahrrad in den Hinterhof und verschloss es. Nirgendwo eine Spur von Charly. Er stand nicht unter dem Baum, das Treppenhaus war unbeleuchtet. Dass er im Dunkeln vor ihrer Wohnung warten würde, passte nicht zu ihm. Aber es war definitiv sein Oldtimer. Dante hätte sie unter Hunderten von Autos erkannt.

Sie war schon an der hinteren Haustür, als sie plötzlich innehielt und doch noch einmal zurückging.

Hatte Charly irgendwann in der Weihnachtszeit nicht einen Regalanbau erwähnt, mit dessen Anfertigung er Flo im neuen Jahr beauftragen wollte? Ohnehin wollte sie unbedingt mit Vronis Schatz reden, um ja sicherzugehen, dass deren Ankunft in Bernau auch reibungslos verlaufen war.

Also klingelte sie.

Flo öffnete ihr lächelnd.

»Griaß di, Sofie. Du kommst genau goldrichtig!«

Verführerische Essensdüfte strömten in ihre Nase, und sie merkte erst jetzt, wie ausgehungert sie war. Zum Teufel mit all diesen widerlichen Diätplänen! Ein klitzekleines Croissant zum Frühstück, eine Tüte Lakritz am Vormittag und mittags nichts als zwei Leberkässemmeln – was war das schon für ein ausgewachsenes Frauenzimmer, das Schwerstarbeit zu leisten hatte?

»Hungrig?«, setzte Flo mit einem feinen Lächeln hinzu. »Dann nichts wie rein mit dir! Charly und ich haben zusammen gekocht.«

»Ned nötig.«

Sofie klopfte auf ihre Tüten. Soeben war ihr der leidige Overall wieder eingefallen, den sie anhatte. In diesem Aufzug musste Charly sie nun wirklich nicht zu Gesicht bekommen.

»Hier drin ist alles, was ich zum Kochen brauche. Außerdem kommt gleich der Joe …«

»Sofie, welch Freude!«

Charly löste sich vom Herd, wo er eifrig in einem Topf gerührt hatte, lief in den kleinen Flur und umarmte sie.

»Das ist ja eine halbe Ewigkeit her, dass wir uns zum letzten Mal gesehen haben.«

Im vergangenen Sommer war er fälschlicherweise des Mordes an seiner Exfrau verdächtig gewesen und hatte sich sogar einige Zeit in Sofies Wohnung versteckt, bis die wahre Drahtzieherin, seine Tante Amalie, dingfest gemacht werden konnte. Damals waren er und Sofie sich sehr nah gewesen – gefährlich nah. Um die Beziehung mit Joe nicht zu gefährden, war sie seitdem ein wenig auf Distanz zu ihm gegangen. Aber er hatte ihr gefehlt. Das spürte sie gerade.

Sehr sogar.

Er trat einen Schritt zurück und musterte sie liebevoll. »Und wie gut du wieder aussiehst. Da denkt man doch glatt, der Winter muss schon vorbei sein!«

Ja, so war er eben, der Karl Maria Ritter zu Loessl, der seinen Titel gar nicht zu führen brauchte, damit man ihm den vornehmen Stall abnahm: galant, liebenswürdig, stets diplomatisch. Ein Traum von einem Mannsbild in leicht verwittertem Blond mit klugen, graugrünen Augen, die Sofie schon so manches Mal ziemlich durcheinandergebracht hatten. Welterfahren war er, belesen, polyglott. Außerdem küsste er bemerkenswert gut ... Und göttlich kochen konnte er auch noch.

Sofort vergaß sie ihren unvorteilhaften Aufzug, für den sie sich gerade noch geniert hatte.

»Ist des etwa ein Szegediner Gulasch, das ich da rieche?« Ihr geübtes Näschen nahm sofort die Witterung auf.

»Ganz genau!«

Mit diesen Worten stellte Florian Denninger auch schon einen weiteren Teller auf den Tisch.

»Der Charly und ich haben über meinen Zeichnungen für sein neues Regal gebrütet und sind darüber hungrig geworden. Sauerkraut, Rindfleisch, Zwiebeln, Paprika, Schmand – mehr braucht man ja nicht dazu. Und dein Freund, der kann vielleicht würzen! Da muss ich noch einiges dazulernen.«

»Na gut.«

Sofie hätte gar nicht mehr die Kraft gehabt, den Düften zu widerstehen.

»Aber nur ganz kurz.«

Sie schälte sich aus ihrer zweiten Haut und atmete erleichtert auf.

»Wie gehts denn der Tante Vroni? Hast du scho mit ihr telefoniert?«

»Mindestens fünfmal.«

Flo schenkte ihr ein Glas Bier ein und stellte es neben ihren Teller.

»Das war vielleicht a Aufregung, bis sie endlich heil dort angelangt war!«

»Warum denn?«, fragte Sofie beunruhigt. »Hat sie starke Schmerzen? Oder ist sie etwa gestürzt?«

»Nichts von beidem, mach dir bloß koane Sorgen! Das soll sie dir später mal alles selbst erzählen.«

Florian genoss seinen ersten Schluck, und Charly tat es ihm gleich.

»Da is sie vielleicht wo gelandet, sag ich dir. Der reinste arabische Bazar!«

Er zog die Brauen hoch.

»Aber sie is doch am Chiemsee, oder etwa ned?« Sofie blickte ihn verwundert an.

»Ja, is sie«, bestätigte Flo. »Aber wias da zugeht, das glaubst du ned! I hätts ja fast selbst ned glaubt, aber i woaß doch, dass mei Schatzi stets die Wahrheit sagt. Also, lass di überraschen, Sofie! Dei Tante is immer für a Überraschung guad.«

Charly trug inzwischen das Gulasch auf.

»Für mich nur ganz wenig«, wehrte Sofie ab und setzte sich an den Tisch. »I ess nämlich glei mit'm Joe.«

Sie räusperte sich. »Des war so ausgmacht, weil wir doch nach Wohnungen schauen wollen …«

Zefix – dieser wissend-schelmische Blick konnte sie noch immer befangen machen. Vor den Augen dieses Charmeurs schien sie sich wieder in einen Teenager zu verwandeln, und um nicht noch verlegener zu werden, begann Sofie zu essen.

Von wegen: Ganz wenig!

Ihr Teller war gut gefüllt, und bald schon hatte sie die Hälfte vertilgt, so gut mundete ihr das Gulasch.

»Ihr seid also immer noch nicht fündig geworden?«, erkundigte sich Charly.

Sie schüttelte den Kopf.

»Leider nicht. Aber warum sollte es uns anders gehen als allen anderen? Eigentlich will ich hier ja gar ned weg. Und der Joe ebenso wenig, auch wenn er des ned zugibt. Wo sonst sollte man in München auch schon wohnen wollen, wenn ned in Giesing?«

Sie lachte.

»Schmeckt übrigens grandios. Werd ich ab sofort in mein schmales Speisenrepertoire aufnehmen.«

»Oder in der Au«, sagte Charly. »Was ja gleich um die Ecke wäre.«

»Ja, du Glückspilz«, meinte Sofie, der gutes Essen immer gute Laune machte. »Jemand mit einer so wunderbaren Wohnung wie du, der hat gut reden …«

Doch irgendetwas in seinem Blick machte sie stutzig.

Sie legte die Gabel beiseite.

»Du willst doch nicht etwa andeuten, dass bei dir im Haus etwas frei ist?«

»Doch«, sagte er lächelnd. »Der alte Herr Wiest aus dem dritten Stock ist kürzlich verstorben. Und ich meine mich ganz schwach zu erinnern, dass du schon immer eine gewisse Schwäche für den Auer Mühlbach hattest. Den könntest du dir dann ständig ansehen. Tag und Nacht.«

»Wie viele Zimmer?«

Sofies Stimme schwankte.

»Dreieinhalb plus Küche und Bad«, sagte Charly. »Eigentlich vier. Eines davon ist allerdings ziemlich klein.«

»Aber doch nicht etwa diese Wohnung ganz oben mit der schnuckligen Dachterrasse!«

»Exakt die. Herr Wiest konnte sie leider nicht mehr gebührend nützen. Doch an sonnigen Tagen hat er es sehr genossen, von seinem Rollstuhl aus über das Viertel zu schauen …«

Stürmisches Klingeln unterbrach Charlys Ausführungen. Florian ging zur Tür und brachte einen sichtlich ungehaltenen Joe mit in die Wohnküche.

»I wart und wart!«, polterte er auch gleich ohne Begrüßung los. »Der Herd is koid, und von meiner Sofie koa Spur! Stattdessen hockt sie hier und isst in aller Ruhe …«

»Und für dich ist auch noch genügend da.«

Charly stand auf und füllte einen weiteren Teller.

»Szegediner Gulasch. Magst du das? Das Rezept dazu stammt witzigerweise von einer vietnamesischen Familie, mit der ich ein paar Monate zusammengewohnt habe.«

Joe setzte sich tatsächlich und starrte auf seinen Teller, ohne etwas anzurühren.

»Dir gehen die Geschichten wohl niemals aus?«, sagte er säuerlich.

»Zum Glück«, sagte Sofie mit leuchtenden Augen.

»Weißt du, was der Charly gerade erzählt hat? Bei ihm im Haus ist eine Wohnung frei. Dritter Stock. Dreieinhalb Zimmer. Mit Dachterrasse. Was sagst du jetzt, Joe? Das wär doch genau das Richtige für uns!«

»Und i werd morgen Bundespräsident, und du gewinnst den Jackpot. Gehts noch, Spatzl? Ich sags nur ungern, aber mir zwoa spielen leider in einer etwas anderen Liga als dein adeliger Freund!«

»Die Miete hielte sich vermutlich im Rahmen«, warf nun Charly ein. »Das Haus gehört nämlich einer reizenden älteren Dame, die bisher sehr manierlich damit umgegangen ist. Allerdings ist die Wohnung schon länger nicht mehr renoviert worden, und genau davor graut ihr. Falls ihr in dieser Beziehung eine gewisse Eigeninitiative entwickeln würdet, ließe sie vermutlich mit sich reden. Ich glaube allerdings, dass es ziemlich eilig ist. So ein Leerstand spricht sich in der Regel schnell herum.«

An dieser Stelle legte Charly in einer übertrieben theatralischen Geste eine Hand auf sein Herz und sah Sofie unverschämt tief in die Augen: »Falls ihr einen Fürsprecher braucht, bin ich allzeit bereit!«

So still war es auf einmal in Vronis gemütlicher Wohnküche, dass das Ticken der Kuckucksuhr überlaut klang.

»Also, ansehen solltet ihr euch die Wohnung auf jeden Fall«, meinte Flo in die Stille hinein. »So a Gelegenheit, die lässt ma do ned einfach sausen. Des is ja wia a Sechser im Lotto!«

Sofie schluckte. So blass und schweigsam kannte sie ihren Joe sonst gar nicht.

»Mia reden erst no«, sagte sie schließlich. »Aber ich dank dir für den heißen Tipp, Charly! Mogst ned aufessen, Joe?«

Der hatte seinen Teller nicht einmal berührt.

»Naa, geh ma liaba gleich.«

Sofie erhob sich, warf Flo und Charly eine Kusshand zu und ging in den Flur zu ihren Einkaufstüten. Joe folgte ihr steifbeinig.

Schweigend überquerten sie den Hinterhof, sperrten unten die Haustür auf und stiegen zu Sofies Wohnung hoch. Dort hängte sie den Overall an die Garderobe und trug die Tüten in die Küche. Joe setzte sich mit gesenktem Kopf an den Tisch und rauchte. Das hatte er zum letzten Mal getan, als er die Scheidungspapiere unterzeichnen musste.

»Jetzt komm scho«, sagte Sofie versöhnlich. »Mach koa Drama draus. Für mi war des ebenso neu wie für di!«

Er schwieg weiter.

»Des war a Riesenchance, Joe.«

Ihre Stimme schnurrte wie ein Kätzchen.

»Ganz anders wia der Schmarrn, den wir zuletzt besichtigt haben. Aber schnell miaßat ma sei. Solche Wohnungen gehen weg wia warme Semmeln …«

»Bei dem?«

Joes Stimme klang rau.

»Nur über meine Leiche!«

Das kam so heftig, dass Sofie fast erschrak.

»Aber warum? Der Charly und du, ihr verstehts euch doch inzwischen ganz guad …«

Joe sah sie an, als wäre sie schwer von Begriff.

»Und das verstehst du unter einem Neuanfang, Sofie?«

Langsam erhob er sich.

»Du und i – und direkt unter uns dieser Loessl?«

»Ja, warum ned?«

Joe stand schon im Flur. »Des kapierst du ned? Na tuats ma wirklich leid!«

Er legte die Hand auf die Türklinke.

»Denk heut Nacht mal in Ruhe darüber nach. Vielleicht foit dann ja aa bei dir der Groschen.«

Er ging tatsächlich.

Sofie hatte noch eine ganze Weile auf die Wohnungstür gestarrt, ehe sie damit begann, die Sachen in den Kühlschrank zu räumen. Als sie damit fertig war, goss sie sich ein Glas Rotwein ein. Während sie den Wein in langsamen Schlucken trank, dachte sie nur: Männer! Und mein Joe im ganz Besonderen. Auf was lass ich mich da nur wieder ein?

Jetzt gab es nur noch eine Stimme, die sie heute Abend hören wollte. Sie nahm den Zettel, den Flo ihr schon im Gehen in die Hand gedrückt hatte, und wählte die Nummer.

»Ilmberger?«

»I bins, Tante Vroni, die Sofie. Wia gehts dir denn? Der Flo hat so seltsame Andeutungen gemacht …«

»Mei, wias einem im Serail eben so geht.«

»Serail?«, wiederholte Sofie leicht irritiert.

»Ja, ganz genau! Du, i bin hier mitten unter lauter schwarz verschleierten Damen gelandet, die alle koa Wort Deitsch kenna, geschweige denn Bairisch! Des miaßn fuffzig sei, vielleicht aa mehr, denn ihr dunkelschwarze Dienerschaft, die ham s' aa no mit dabei. Die ganze Eingangshalle stinkt nach Curry, denn unser Essen mögn die ja ned. Überall an den Türen steht nix als Arabisch. Und in der Cafeteria, da werben s' mit *Sulamed Tee* – so schauts hier aus.«

Die Tante seufzte vernehmlich.

»Du, i woaß fei ned, wia lang i des aushoit! Des is ja fast wia im Orient. Nur der Oberarzt kommt aus Niederbayern. Der is so gwampert, dass er kaum durch d' Tür passt.«

»A bissl bleibst scho no«, bat Sofie. »Dei Knia soi do gsund werden. Des ist d' Hauptsach. Wia gehts dem überhaupt?«

»Frag liaber ned! Woaßt wos: Mit den ganzen Schneewehen auf der Autobahn ham ma fast vier Stunden an Chiemsee braucht – des war vielleicht a Schmarrn! I wusste nimmer, wia i mi drehen oder wenden soit, und des gspür i no immer. Aber glei kimmt die Schwester und die gibt ma a Spritzn für d' Nacht. Die is wenigstens aus Rosenheim. Des woaß i scho. Mit der ko ma ganz vernünftig redn.«

Sie machte eine kurze Pause.

»Du hörst di irgendwie seltsam an, Sofie. Is was mit dem Joe und dir?«

Tante Vroni konnte wirklich das Gras wachsen hören.

»Was soi scho sei?«, wiegelte Sofie ab. »Nur des Übliche. Joe wui sein Kopf durchsetzen und i meinen. Woaßt ja, wia wir sind.«

»Ja, leider«, kommentierte Vroni trocken. »Wia zwoa bockige Kinder! Und i bin grad ned da, um wieder alles richten zu können! Kommt's mi wenigstens bsuacha?«

»Klaro«, versprach Sofie.

»Gleich dieses Wochenende?«

»Wenn du willst – gern. Aber ich ruf dich vorher noch mal an. Jeden Tag. I muaß doch wissen, wias meiner Lieblingstante geht.«

»Guad.« Vronis Stimme klang etwas erschöpft. »Woaßt was, Deandl? Dahoam is eben doch dahoam. Des merkt ma erst so richtig, wenn ma in da Fremd is.«

7

Wer gegen wen?

Im grauen Niemandsland zwischen Haidhausen, der Au und Giesing, wo sich die Stadt schon viel zu lange nicht zwischen Wohn- oder Gewerbegebiet entscheiden kann, lag Dimitri Haritonidis' Meisterbetrieb. Es war bereits spät, als Spike Moosbichler den dunkelblauen Audi durch die schmale Einfahrt auf den Hinterhof fuhr, den Motor abstellte und ausstieg. Aber hier nahm es keiner mit den sonst üblichen Geschäftszeiten so genau.

»Servus.«

Dimitri, der Chef, wischte sich die ölverschmierten Finger an einem Lappen sauber und kam neugierig näher.

»Deiner? Respekt! Dann hab ich vermutlich was Entscheidendes verpasst.«

»Leider nicht.«

Spike grinste. »Gehört dem Freund unserer eisigen Bossin. Sind bloß ein paar Kratzer, die er abbekommen hat, aber bis morgen muss alles wieder tipptopp sein, sonst gibt es jede Menge Ärger. Ist Aram noch da? Ich dachte, er könnte vielleicht …«

»Ich sag ihm Bescheid.«

Der füllige Grieche verschwand fröstelnd in der Werkstatt.

Während Spike auf seinen besten Freund wartete, fiel ihm der junge Mann in Parka und dickem Schal auf, der sich eine Lampe um den Kopf geschnallt hatte und mit einem Spachtel an der hinteren Garagenwand herumkratzte. Beim Näherkommen konnte er die großen Buchstaben lesen, die dort in grellem Rot aufgepinselt waren.

AUSLÄNDERSCHWEINE RAUS – SONST SCHNEIDEN WIR EUCH DIE EIA AB!

»Solche Schmierereien löschen wir mittlerweile schon zum vierten Mal«, meinte Aram, während er auf Spike zuging. »Dabei ist Dimitri in München geboren und kann griechisches Essen nicht ausstehen. Roberto kam schon als Baby mit seinen Eltern aus Kalabrien, spricht perfekt Bayerisch und nur gerade mal zwanzig Worte Italienisch. Und unser Cem hat die Türkei seit seinem vierten Lebensjahr nicht mehr gesehen. Von mir, dem Kurden mit irakischen Wurzeln, der sich an seine Heimat kaum noch erinnern kann, ganz zu schweigen.«

Er knuffte Spike freundschaftlich in die Seite.

»Und jetzt erwartet meine schöne Schwester auch noch eine Tochter von einem waschechten Münchner! Wenn du nicht gut zu den beiden bist, bekommst du es mit mir zu tun!«

»Auf Rosen werde ich sie betten«, versprach Spike, der sich erst daran gewöhnen musste, dass ausnahmsweise Aram ihn ermahnte. Shirins Bruder war inzwischen clean und fest entschlossen, es auch zu bleiben. Das hatte er geschworen, als er von Shirins Schwangerschaft erfuhr. »Jeden einzelnen Tag meines Lebens!«

»Und wenn die Kleine äußerlich ganz nach der Mutter kommt, was dann?«

»Davon träume ich«, versicherte Spike. »Und ich wette, sie wird auch genauso riechen wie sie – nach Zimt und Patschuli.«

»Du vielleicht, ja«, sagte Aram, »aber all die anderen? Ein kleines Mädchen mit dunkler Haut und schwarzen Augen – das könnte schon etwas heikel werden mitten in einem Viertel, in dem inzwischen immer öfter solche Parolen geschmiert werden …«

»Hast du Angst?«, fragte Spike.

»Da fragst du den Richtigen! Hätte ich sonst wohl dieses Scheißzeug genommen?«

Arams Stimme klang brüchig: »Im Traum erscheint mir manchmal dieser Dreckskerl Tom. In seinem langen dunklen Ledermantel, mit arroganter Miene …«

»Der sitzt«, unterbrach ihn Spike. »Und das noch eine ganze Weile.«

»Aber eines Tages kommt er wieder raus. Und dann?«

»Bis dahin sind wir so berühmt, dass wir uns jede Menge Leibwächter leisten können.«

Das bezog sich auf ihre Band »In the Dock«, in der Shirin die Leadsängerin war. »Dann sind wir längst voll durchgestartet und haben eine Riesenvilla. Ich trag keine Formaldehydpräparate mehr durch die Gegend, und du musst nicht mehr an Autos herumschrauben. Kann eigentlich gar nicht mehr lange dauern. Wenn wir fleißig weiterüben …«

Arams Gesicht entspannte sich wieder.

»Das werden wir«, meinte er. »Samstagnachmittag, wie abgemacht?«

»Abgemacht.« Spike nickte.

»Kann der Nomade wieder zuhören?«

Das war der Spitzname von Charly Loessls Onkel Max, der lange auf der Straße gelebt hatte.

»Er sagt, das helfe ihm, geschlossene Räume besser zu ertragen.«

»Meinetwegen. Bei Shirin im Laden hängt er ja auch öfter rum. Die beiden Katzen lieben ihn. Und ich bin überzeugt, unsere Tochter wird es auch tun, sobald sie auf der Welt ist.«

Spikes Blick wanderte wieder zu dem noch immer emsig an der Mauer Kratzenden.

»Und wer ist dieser junge Mann? Ein Neuzugang?«

»Das ist Faris aus Aleppo«, erwiderte Aram. »Was auf Deutsch ›Ritter‹ bedeutet. Passt gut zu ihm. Der kam erst im letzten Frühling hierher und spricht jetzt schon besser Deutsch als die meisten Ausländerhasser. Und manchmal denke ich, der muss Benzin statt Blut in den Adern haben, so gut ist er an den Autos. In der Berufsschule sind sie auch ganz aus dem Häuschen wegen ihm.«

Er senkte die Stimme.

»Seine Eltern und drei kleine Schwestern sitzen noch in Aleppo fest. Da ist alles zerbombt, das sieht aus wie bei uns nach dem Krieg. Seit der Flucht hat er jede Nacht Albträume. Manchmal ist er so müde, dass ich Angst bekomme, er fällt uns noch unter die Hebebühne. Die ganze Crew gibt ihr Bestes, aber wird das auch reichen?«

Er zuckte die Schultern: »Wie lange kommen ein paar gutwillige Migranten gegen ein Heer rassistischer Deppen an? Sag dus mir!«

»Lange«, erwiderte Spike ohne zu zögern. »Sehr lange sogar, wenn sie so clever sind wie ihr. Und schließlich sind wir Einheimische ja nicht alle rassistische Deppen.«

»Stimmt«, räumte Aram ein. »Was willst du jetzt eigentlich von mir? Geht es um den Audi im Hof?«

»Ganz genau. Sofie Rosenhuth ist heute mit ihrem Fahrrad der Chefin hinten draufgerauscht. Das gab sofort ein Riesenpalaver, kannst du dir ja denken! Deshalb habe ich dich ins Spiel gebracht und so die Falk halbwegs beruhigt. Schaffst du das bis morgen?«

Sie gingen zurück zum Wagen. Aram beleuchtete das Heck mit seiner Taschenlampe.

»Peanuts«, meinte er dann. »Geht aufs Haus. Deine Sofie hat noch jede Menge gut bei mir. Komm morgen Mittag vorbei. Dann kannst du ihn wieder mitnehmen.«

»Du bist der Beste!«, sagte Spike.

»Sowieso.«

Aram wich Spikes spielerischer Boxattacke geschmeidig aus und sagte: »Grüß mir Shirin und die Kleine. Ich hab schon mal ein weißes Plüschhäschen gekauft. Das geb ich dir dann morgen für sie mit.«

»Prima!« Spike strahlte.

»Eines noch«, fügte Aram hinzu: »Shirin mag die halbe Welt bereist haben und äußerlich ganz im Westen angekommen sein, im Herzen aber wird sie immer Kurdin bleiben. Was auch bedeutet, dass sie an Traditionen hängt und vor allem unsere Mutter nicht vor den Kopf stoßen will.«

»Das weiß ich doch alles«, erwiderte Spike. »Was willst du mir ...«

»Meine Schwester wartet auf deinen Antrag, du Penner. Das will ich damit sagen. Und ich finde, du könntest dich damit etwas beeilen.«

8

Stilles Örtchen

Die Wohnung ist riesig und düster. Manches von der Einrichtung kommt Sofie bekannt vor, anderes hat sie noch nie zuvor gesehen.

Sie war schon einmal hier. Aber wann? Mit wem?

Wie in Zeitlupe geht sie weiter. Sie muss aufpassen, nicht über die dicken Kabelrollen zu stolpern, die überall offen herumliegen.

Wer wohnt schon wie auf einer Baustelle?

Da sind Regale, eine Couch, ein geschwungener Sessel, alte Gouachen, alles mit Gebrauchsspuren, aber nur vom Allerfeinsten. Der Mieter scheint beides zu besitzen: Geschmack und Geld.

Sie hört ein fröhliches Bellen und dreht sich ruckartig um. Murmel kommt angerannt, fliegt fast auf sie zu und landet mit einem kühnen Satz direkt in ihren Armen. Seine rosige Zunge schleckt ihr über die Wange. Sofie schreckt zurück: So sehr sie ihren kleinen Mops liebt – nasse Hundeküsse mochte sie noch nie.

Sie setzt ihn auf den Boden, und der Mops verschwindet wie von Zauberhand.

Es wird nun immer dunkler. Vergeblich tastet sie nach einem Lichtschalter, kann gerade noch erkennen, was auf einmal an den Wänden vor sich geht: Wasser rinnt an ihnen herab und sammelt sich am Boden in schimmernden Lachen. Wenn es die aufgerollten Kabel erreicht, die nun erstaunlicherweise grünlich leuchten, wird es eine gewaltige Explosion geben, stellt sie nüchtern fest und wartet auf den großen Knall. Doch noch bleibt alles friedlich. Nur ganz leise hört sie ein Geräusch. Es klingt wie …

… sanftes Meeresrauschen. Ihr Handy!

Sofie schrak hoch aus ihrem Traum und tastete auf dem kleinen Beistelltisch herum.

»Rosenhuth?«, nuschelte sie schlaftrunken.

»I bin so a verdammter Idiot, Sofie«, stöhnte Joe ihr ins Ohr. »Dir und mir den Abend zu verderben, das war total hirnrissig. Aber wia du des von der Wohnung über'm Charly gsagt hast, da standen bei mir alle Signale auf Rot. Kannst du mir verzeihen, Spatzl? Ich gelobe sofortige Besserung!«

»Wie spät ist es überhaupt?«, sagte sie schlaftrunken.

»Kurz vor sieben. Ich hab die ganze Nacht kein Auge zugetan …«

»Und da dachtest du, jetzt weck ich die liebe Sofie auch gleich auf?«

Sie lachte trocken.

»Is schon okay. Ja, du warst mal wieder unausstehlich, aber ich verzeih dir. Noch dieses eine Mal.«

»Echt? Und du bist mir wirklich nimmer bös?«

Joe atmete hörbar auf.

»Naa«, antwortete sie gähnend. »Aber wenns wieder amoi so weit is, na denkst erst und redst dann, kapiert? Du woaßt doch inzwischen, was mir an dir liegt, oder etwa ned?«

»Im Prinzip scho. Aber ich hab es eben so narrisch gern, wenn du es sagst. Wieder und immer wieder.«

Sie hörte seine Stoppeln am Telefon kratzen und sah ihn im Geiste vor sich: unrasiert, mit zerzausten Locken und dieser strengen Falte zwischen den Brauen, die er nur direkt nach dem Schlafen hatte – einfach unwiderstehlich!

»Schauen wir uns die Wohnung dann gemeinsam an?«, erkundigte sich Sofie.

»Klaro«, erwiderte Joe. »Du kannst den Charly ja fragen, wie wir am besten mit der Vermieterin in Kontakt kommen.«

»Mach ich«, versprach Sofie.

»Wann soll ich heute eigentlich beim Rössl-Bräu deine Assistentin spielen? Nachmittags geht es bei mir definitiv nicht. Da hab ich nämlich lauter Sektionen in Folge.«

»Ich könnt dich jetzt abholen.«

»Jetzt gleich?«

»Naa, so gegen halb neun. Einverstanden?«

Joe gurrte wie ein verliebter Täuberich.

»Passt scho«, sagte Sofie. »Also dann servus und bis später.«

Sie ließ sich noch einmal ins Bett zurückfallen und hatte sofort wieder ihren Traum vor Augen.

Es war Charlys Wohnung gewesen, von der sie geträumt hatte, oder eine, die seiner sehr ähnlich war, das war ihr inzwischen klar. Aber was hatten die ganzen Stromkabel und das von den Wänden herabfließende Wasser zu bedeuten? Dass es heftig krachen würde, sobald sie die Wohnung zusammen mit Joe betrat?

Ein böses Omen?

Anders als ihre Tante Vroni, die sich so fest in ihrem katholischen Glauben verankert fühlte, dass sie auch für übersinnliche Erfahrungen noch durchaus offen blieb, war Sofie als studierte Naturwissenschaftlerin von Haus aus skeptisch, wenn es darum ging, sich etwas nicht – oder nicht gleich – erklären zu können. Aber warum nur hatte sich ihr Traum so realistisch angefühlt? Hatte sie nicht sogar gespürt, wie Murmels kleines Herz in ihren Armen pochte?

Wenigstens hatte Joe diesmal freiwillig eingelenkt, das machte alles einfacher. Sofie stand auf, streckte sich ausgiebig und schaltete die Kaffeemaschine ein. Auf dem Weg zum Bad fiel ihr Blick auf den Stepper im Wohnzimmer, den Joe ihr zu Weihnachten geschenkt hatte. Und zwar nicht deshalb, weil er ihre Kurven nicht genügend sexy gefunden hätte – sondern weil ihn Sofies Gejammer über zu enge Hosen und Röcke nach und nach immer mehr nervte.

Nach anfänglicher Begeisterung stand das Ding nun weitgehend unbenutzt in ihrer Wohnung rum, und Sofie bekam schon ein schlechtes Gewissen, wenn sie es nur dastehen sah.

Könntest du nicht wenigstens hier und heute ..., hörte sie ihre innere Stimme sagen, bis sie sich selbst zur Antwort gab: »Ja und noch einmal ja – ich machs ja!«

Noch im Nachthemd stieg sie barfuß auf die Pedale und wollte lostreten, doch das schwere Ding ließ sich kaum in Bewegung versetzen.

War ihre Kondition wirklich so miserabel?

Sofie schwitzte und keuchte, zutiefst mit sich selbst hadernd, bis ihr Blick auf das Kabel fiel, das unbenutzt neben dem Lenker baumelte. Sollte sie sich nicht doch ein wenig elektrische Unterstützung holen? Wie hatte sie das nur vergessen können!

Irgendetwas an dem Kabel sah seltsam aus, aber was war es genau? Am Ende schien es ein bisschen ausgefranst zu sein, als hätte jemand daran genagt. Immerhin passte der Stecker völlig problemlos in die Dose. Auch das Treten ging nun sehr viel flotter, und wesentlich mehr Spaß machte es auch. Nur wenige Minuten später konnte Sofie sogar schon den Schwierigkeitsgrad erhöhen und noch immer prima mithalten. Ihre Locken flogen dahin, ihre Laune besserte sich schlagartig. Sie begann die ersten Takte des Refrains von »Winter in Kanada« zu summen – ein alter Schlager von Elisa Gabbai, den ihre Tante Vroni so gern hörte.

Während Sofies Stirn feucht wurde und erste Schweißbächlein den Rücken nässten, kam ihr Murmel wieder in den Sinn. Bislang hatte sich Joe dem von ihr und Elke Falk adoptierten und abwechselnd gehüteten Mops gegenüber zwar freundlich, aber eher indifferent verhalten.

Kein Problem, solange er nur Gast in Sofies Wohnung war. Was aber, wenn sie wieder zusammenlebten und er erst dann damit herausrückte, dass der Hund ihn eigentlich störte?

Sofie bearbeitete die Pedale ihres Steppers nun wie eine Verrückte, so sehr regte sie die Vorstellung auf, Joe könnte etwas gegen Murmel haben. Zefix – so lange hatte sie sich nun schon um niemand anderen mehr kümmern müssen, und kaum war man dazu bereit, sich wieder auf jemanden einzulassen, so tauchten auf einmal lauter Probleme auf!

Während Sofie immer heftiger in die Pedale trat, hob sie ihren rechten Arm und begann an sich zu schnuppern. Das müffelte inzwischen gewaltig, aber nicht nach Schweiß, sondern …

In der Steckdose blitzte es gefährlich, das Kabel schmorte rötlich, und Sofie sprang wie von der Tarantel gestochen vom Stepper, um ins Bad zu rennen, sich dort die kleine Waschschüssel mit den eingeweichten Strümpfen zu schnappen und deren Inhalt kurzerhand über das am Boden liegende brennende Kabel zu schütten. Es zischte und stank zum Kreuzerbarmen, aber der Schmorbrand war erloschen.

Die Funktion ihres Steppers allerdings auch. Nichts tat sich mehr, bis auf den kräftigen Knall, den es gab, als Sofie die Sicherung wieder einschaltete, nachdem sie den Netzstecker des Fitnessgeräts aus- und wieder eingesteckt hatte.

Damit war es dann erst mal auch um die Fassung der reinen Naturwissenschaftlerin geschehen …

Vierzig Minuten später stand eine noch ziemlich blasse, aber zumindest frisch geduschte Sofie vor der Haustür. Joe war auf die Minute pünktlich und wirkte ganz aufgeräumt, fast schon überschwänglich.

»Ich denke, wir fangen mit dem Juniorchef an«, erklärte er. »Und dann arbeiten wir uns weiter vor bis zu den Kolleginnen von Nathalie Grimm. Ich habe deren Protokolle über den letzten Abend noch einmal überflogen. Komisch, das hört sich alles nicht so lustig an, eher wie eine Pflichtübung. Aber vielleicht war es das ja auch?«

»Mhm«, machte Sofie.

»Moanst, er hat gwusst, dass sie schwanger war?«, fragte Joe. »So a Frauenkörper, der verändert sich doch, wenn was Kleines unterwegs is.«

Sofie blieb stumm.

»He, Erde an Sofie«, sagte Joe. »Jemand daheim?«

»Entschuldige«, sagte sie. »Ich habe heute was Seltsames geträumt. Daran musste ich gerade denken. Magst du eigentlich Hunde, Joe?«

»Im Prinzip ja. Mehr dazu später«, erwiderte er. »Mir san nämlich scho da.«

Joe parkte seinen Dienstwagen im Hof der Brauerei, die beiden stiegen aus.

Als Erstes lief ihnen Ricarda Gantert über den Weg, die ein blaues Stretchkleid trug und auffallend sorgfältig zurechtgemacht war.

»Ja, schon wieder der Herr Kommissar«, sagte sie überrascht. »Und dieses Mal sogar mit weiblicher Verstärkung. Gibt es denn noch mehr Fragen?«

»Ja, die gibt es«, antwortete Joe. »Ich will Sie alle einzeln sprechen. Aber zuerst brauche ich den Herrn Roßhaupter.«

»Dann bringe ich Sie gleich zu ihm«, bot sie an. »Aber sind Sie lieber vorsichtig. Mein Chef ist heute nämlich nicht gut drauf!«

»Sie sind seine Sekretärin?«, schaltete sich nun Sofie ein. »Wie lange denn schon?«

»Und Sie sind …?«

Ein kühler, leicht abschätziger Blick streifte Sofie.

»Meine – Kollegin«, erwiderte Joe rasch für sie. »Frau Rosenhuth.«

»Ich arbeite seit fünf Jahren für Herrn Roßhaupter«, erwiderte die Gantert spitz. »Als seine *Assistentin.* Und er war immer zufrieden mit mir. *Sehr* zufrieden sogar.« Sie öffnete die Tür zu ihrem kleinen Büro.

Sofie und Joe folgten ihr.

»Warten Sie hier bitte einen Moment«, sagte die Sekretärin. »Er ist gleich nebenan. Ich schau, ob es gerade geht.«

Sie klopfte an die nächste Tür, drückte die Klinke herunter und streckte ihren Kopf hinein.

»Die Polizei wäre noch einmal da, Tobi«, rief sie hinein. »Der Herr Kommissar mit seiner Kollegin. Sie wollen dich dringend sprechen.«

Wenn stimmte, was Manu gesagt hatte, war sie die Nummer zwei von Roßhaupters abgelegten Firmenliebchen. Das hieße auch, dass ihre Liaison mit ihm schon eine Weile zurücklag. Vielleicht hatte sie sich nach Nathalies überraschendem Ableben vorgenommen, das frei gewordene Terrain neu zu sondieren. Ihre stark toupierten blonden Haare, das hautenge Kleid sowie die blauen High Heels ließen solche Schlüsse jedenfalls durchaus zu.

»Muss das sein?«, hörte man von innen eine Männerstimme grummeln.

»Ja, das muss sein«, sagte Joe und trat ein, Sofie ihm gleich hinterher.

»Sie schon wieder?«

Roßhaupters Augen waren blutunterlaufen.

»Können Sie mich nicht in Ruhe trauern lassen? Ich hab Ihnen doch schon alles gesagt!«

Auf seinem Schreibtisch standen eine halb volle Karaffe und ein Glas mit einer bernsteinfarbenen Flüssigkeit. Ein beachtlicher Stapel von Unterschriftsmappen in verschiedenen Farben ganz rechts harrte wohl noch der Bearbeitung. An den Wänden hingen mehrere gerahmte Fotos: Roßhaupter mit Freunden beim Jagen, Roßhaupter auf einem Segelboot, Roßhaupter unter den Pyramiden, mit Mama Uschi beim Starkbieranstich. Nathalie Grimm war auf keinem der Fotos vertreten.

»Wussten Sie, dass Ihre Verlobte schwanger war?«, fragte Joe ohne lange Vorrede.

»Nathalie?« Tobias Roßhaupter schien fassungslos. »Das glaub ich jetzt nicht!«

»Das hat die Obduktion ergeben«, sagte Joe. »Achte oder neunte Woche. Sie wussten wirklich nichts davon?«

Er schüttelte den Kopf.

»Ich verstehe die Welt nicht mehr! Erst Bluterin und jetzt auch noch schwanger … Hat sie vielleicht auch noch Banken ausgeraubt oder sonst etwas in der Art?«

Sofie verzog kurz das Gesicht, dann setzte sie nach: »Haben Sie denn niemals über Kinder nachgedacht? Das macht man doch eigentlich, wenn man in Ihrem Alter heiratet.«

»Natürlich!«, erwiderte Roßhaupter. »Aber für später. Erst wollten wir noch eine Weile das Leben genießen. Außerdem hat sie großen Wert auf ihre grazile Figur gelegt. Und ich auch.«

»Also haben Sie die Verhütung übernommen?«

Sofies Stimme klang ruhig, kühl.

Ihre Frage irritierte ihn offenbar.

»Wieso ich? Ich dachte natürlich, Nathalie nimmt die Pille …«

»Wenn Sie nichts von der Schwangerschaft wussten …«, hakte Joe noch einmal nach.

»Ich hatte nicht die geringste Ahnung«, fuhr Roßhaupter energisch dazwischen.

»… dann haben Sie Ihre Verlobte also auch nicht dazu animiert, diese Schwangerschaft abzubrechen?«

Sofie wartete auf das vertraute Jucken ihres rechten Nasenflügels, das ihr schon so oft bedeutet hatte, dass sie auf der richtigen Fährte war. Aber bis jetzt spürte sie nichts.

»Wie kommen Sie denn auf die Idee?«, fuhr Roßhaupter ihn an. »So etwas wäre für Nathalie doch niemals infrage gekommen!«

»Im Blut von Frau Grimm wurde eine erhebliche Menge eines chemischen Abtreibungsmittels festgestellt«, sagte Joe. »Es führt dazu, dass der Embryo abgestoßen wird.«

»Das hat sie getan?«, stöhnte Roßhaupter auf. »Sie wollte mein Kind umbringen?«

»Und wenn es nicht Ihres gewesen wäre …?«

Sofie konnte gerade noch zurückweichen und die Arme abwehrend hochreißen, sonst wäre ihr der Juniorchef wohl an die Gurgel gegangen.

»Schaffen Sie diese Frau augenblicklich aus meinem Büro!«, schrie er und spuckte ihr vor lauter Aufregung beim Reden ins Gesicht. »So etwas Unverschämtes muss ich mir in meiner eigenen Firma nicht bieten lassen …«

Joe drängte ihn wieder zurück.

»Mäßigen Sie sich, bitte«, herrschte er ihn an. »Sonst kann

ich auch anders. Dann machen Sie Ihre Aussage nämlich bei uns im Morddezernat!«

Roßhaupter ließ sich auf seinen Stuhl sinken und griff nach dem Glas. Er schüttete den Brandy in sich hinein, als sei er am Verdursten.

»Ich kann nicht mehr«, murmelte er. »Ich bin total am Ende …«

»Ich geh mich mal kurz frisch machen«, flüsterte Sofie Joe zu. »Bin gleich wieder zurück.«

Roßhaupters widerliche Spucketropfen hatte sie sich sofort mit einem Papiertaschentuch abgewischt. Aber in ihrem Gesicht fühlte es sich immer noch eklig an. Deshalb ging sie auf die Damentoilette und wusch sich dort im Vorraum mit beiden Händen das Gesicht. Als sie von draußen Schritte hörte, verzog sie sich schnell in eine der Kabinen.

»Der Wahnsinn!«, sagte eine aufgeregte Stimme, die sie Ricarda Gantert zuordnen konnte. »Jetzt war diese Bitch auch noch schwanger. Hat eine von euch das gewusst?«

»Ich hatte keine Ahnung«, antwortete eine andere Stimme. »Tobi als Vater? Kann ich mir nur schwer vorstellen! Als ich einmal überfällig war und so blöd, es ihm zu sagen, ist er fast ausgerastet.«

»Du warst schwanger von ihm, Katja?«

Sofie vernahm nun eine dritte Stimme.

»Nein. Aber ich hätte es sein können, denn von Kondomen hält er ja nichts, unser verehrter Juniorchef!«

»Mir tut er leid.«

Das kam fast geflüstert.

Spätestens jetzt wollte Sofie unbedingt sehen, wer da eigentlich redete. Sie starrte die Tür an, als könnten ihre Blicke sie durchdringen.

»Leid? Dir ist einfach nicht zu helfen, Annette! Dich hat er doch am meisten von uns allen verarscht. Wart ihr nicht mal sogar für ein paar Wochen verlobt? Und jetzt nimmst du ihn auch noch in Schutz!«

»Weil Tobi eben nicht so ist, wie ihr alle glaubt!«

Die Flüsterstimme war jetzt laut und deutlich zu vernehmen.

»Keine von euch kennt ihn so gut wie ich, auch du nicht, Katja! Erst hier im Unternehmen ist er so hart geworden. Dazu kommt noch der Druck von seiner Mutter, der er es nie recht machen kann. Früher, da war er noch ganz anders – weich und einfühlsam …«

»*Sehr* einfühlsam, ja! *Angegraben* hat er uns alle, ausnahmslos, und das hier vor deinen Augen.«

Sofie hatte keine Ahnung, wer sich da nun wieder in das Gespräch einmischte.

»Einen Dreck hat er sich um deine Gefühle geschert, genauso wenig wie um unsere. Tobias benimmt sich wie ein verwöhntes Kind, das ständig ein neues Spielzeug braucht, weil ihm das alte so schnell langweilig wird!«

»Das stimmt doch so nicht, Simone!«, verwehrte sich die Flüsterstimme.

Aha. Sofies Synapsen arbeiteten auf Hochtouren, um sich all die Namen merken zu können.

»Und ob das stimmt! Dabei waren wir hier in der Firma für ihn wohl so oder so nur die zweite Wahl. Wirklich ernst hat er es mit keiner von uns gemeint – am Ende hätte er sich doch für eine dieser reichen Tussen entschieden, die seine Mutter für ihn im Auge hatte!«

»Aber er wollte doch die Nathalie heiraten, die kein bisschen reich war! Und hat sie auch prompt geschwängert.«

Schon wieder eine andere Stimme? Wie viele Mädels waren das denn? Sofie begann zu verzweifeln.

»Und die hat das Kind abgetrieben – oder es zumindest versucht.«

Das war die Gantert, klar. Die mit den blauen High Heels aus dem Vorzimmer.

»Ich hab vorhin leider nicht alles genau verstanden, was in seinem Büro gesagt wurde, aber der Tobi war nicht zu überhören. So stinkwütend hab ich ihn schon lange nicht mehr erlebt.«

»Aber warum sollte Nathalie das tun? Die blöde Bitch hatte doch alles, was sie wollte! Sogar wir waren scheißfreundlich zu ihr – wer will es sich denn auch mit der neuen Juniorchefin verderben?«

Sofie hörte einen Seufzer, den sie keiner der Stimmen zuordnen konnte.

»Hier im Rössl-Bräu ist ohnehin bald nichts mehr so, wie es einmal war. Jetzt, nach der Fusion, muss sich der Tobi mit dem Schorsch Heusinger die Firmenleitung teilen. Der lässt bestimmt keinen Stein auf dem anderen .... Da kann sich unser lieber Tobi schon mal warm anziehen!«

»Ist der eigentlich schon vergeben, der Schorsch?«

Eine kehlig klingende Stimme lachte auf, während Sofie auf einmal spürte, wie sich in ihrem linken Bein ein leichter Krampf ankündigte. Um die Verkrampfung zu lösen, bewegte sie das Bein vorsichtig hin und her und stieß dabei an den Klodeckel, der offensichtlich nur auf die Schüssel gelegt worden war.

Klappernd fiel der Deckel zu Boden.

Augenblicklich verstummten die Stimmen im Vorraum.

Sofie atmete erst kräftig ein, dann aus, schob ihre Schultern zurück und öffnete die Tür.

»Wie günstig, dass Sie hier alle so hübsch zusammen sind«, sagte sie, als sie in den Waschraum trat. »Rosenhuth mein Name, die Damen. Ich bin hier mit Kriminalhauptkommissar Lederer. Und ich denke, wir haben jetzt dringenden Gesprächsbedarf!«

9

Unter Nattern

Dass Nathalie für sie alle nicht die liebe Kollegin, sondern vor allem eine lästige, weil anscheinend erfolgreiche Konkurrentin um die Gunst des Chefs gewesen war, leugnete inzwischen keine mehr – was nach Sofies Lauscheinsatz auch nicht sehr glaubwürdig gewesen wäre. Aber auch untereinander waren sich die vier offenbar alles andere als grün. Jedenfalls wussten sie an geeigneter Stelle alle kleine, gemeine Gehässigkeiten gegen die jeweils anderen unterzubringen.

»Mei, die Nathalie!«, stöhnte Katja Krauss. »Die war ja eigentlich scho immer a bissl billig. So ganz unter uns. Aber der Junior, der steht halt auf so etwas!«

Von der Schwangerschaft wollte keine etwas gewusst haben, auch davon nicht, dass Nathalie Bluterin war.

»Waren Sie gekränkt, dass Tobias Roßhaupter sie fallen gelassen hatte?«, wollte Joe von Katja wissen.

»Ach was, da fragen Sie besser eine andere!«

Jetzt erkannte Sofie Katjas kehliges Timbre wieder. Außerdem hörte man genau, woher sie kam: aus Giasing.

»I bin nämlich koane, die wo si krampfhaft an die Vergangenheit klammert. Augen auf für die Zukunft, so lautet mei Devise. Und damit bin i bisher immer pfundig gfahren!«

Geschätzte siebzehn unechte Armbänder klimperten an ihren Handgelenken.

»An wen denken Sie da zum Beispiel?«, bohrte Joe nach.

Katjas tätowierte Augenbrauen gingen nach oben.

»Na, an die Ricci zum Beispiel«, antwortete sie. »Die will einfach nicht wahrhaben, dass sie ihren Zenit doch schon überschritten hat, wenn Sie verstehen, was ich meine. Die Simone trinkt ein bisschen zu viel – aber das haben Sie jetzt nicht von mir! Und die Annette, die hat ihre besten Zeiten auch schon länger hinter sich, finden Sie nicht?«

Katja zwinkerte Joe anzüglich zu, während sie Sofie weiterhin keines Blickes würdigte.

»Brauchen Sie mich noch?«

»Kann durchaus sein«, erwiderte Joe. »Aber für den Moment können Sie zurück an Ihren Arbeitsplatz.«

»Da bin ich aber froh! Der Herr Heusinger, der neue Chef, hat sich nämlich für heute angekündigt …«

Mahagonirot stöckelte Katja Krauss hinaus, und gleich darauf kam Simone Steinbauer herein: auf flachen, leisen Sohlen, ein wenig gebeugt, das Gesicht gesenkt.

»Ich war nur ganz kurz mit Tobias Roßhaupter zusammen«, bekannte sie. »Ein paar Begegnungen. Mehr war das nicht.«

»Hängen Sie immer noch an ihm?«, stocherte Joe nach.

»An *dem*?« Simones Lippen verschlossen sich zu einem dünnen Strich. »Wohl kaum! Ich wusste von Anfang an, dass es ein Fehler war, mich auf ihn einzulassen. Aber er kann durchaus überzeugend sein.«

»Und seitdem? Hassen Sie Ihre Nachfolgerinnen?«

Eine abwehrende Geste.

»Ich leide an Dauermigräne. Was meinen Sie, wie das einen schlaucht! Da bleibt mir gar keine Kraft mehr zum Hassen.«

Ein bemühtes Lächeln erschien kurz auf ihrem Gesicht.

»Die Mädels tun mir eher leid. Weil sie genauso dumm sind, wie ich es einmal war.«

Simone strich sich eine lockige braune Strähne aus dem Gesicht, und als Sofie sah, was ihre Frisur perfekt verborgen hatte, konnte sie nicht umhin, Manus oft unterschätzter Figarokunst unwillkürlich Respekt zu zollen. Auf ihren schmalen Wangen entdeckte sie nun zahlreiche geplatzte rote Äderchen – Zeichen einer ausgeprägten Bindegewebsschwäche oder einer ebensolchen Vorliebe für harte Promille. Schon der auffällige Pfefferminzgeruch, den die Steinbauer vor sich her trug, hatte sie misstrauisch gemacht: Den kannte sie nur allzu gut von vielen Verkehrssündern, die sich im Institut für Rechtsmedizin einer Alkoholkontrolle unterziehen mussten.

Nein, weder Schwangerschaft noch Bluterkrankheit seien ihr bekannt gewesen, antwortete Simone auf Sofies Fragen, obwohl Nathalie sich einmal furchtbar aufgeregt habe, als sie sich beim Öffnen einer Sektflasche im Büro an der Hand verletzt habe. Später sei sie mit einem dicken Verband aus der Toilette zurückgekommen, was sie ein bisschen übertrieben fand. Aber sie habe sich sonst nichts weiter dabei gedacht.

»Hätten Sie ihr denn ein Kind mit Tobias Roßhaupter gegönnt?«

Sofie wollte es nun ganz genau wissen.

»Der?« Für ein paar Sekunden schien Simone die Fassung zu verlieren. »Die war doch in etwa so mütterlich wie ein Sack Dörrpflaumen! Bei der galt doch immer nur: ich, ich, ich! Da verdurstet so ein kleines Wesen ja schon beim Zusehen!«

Sie leckte sich unwillkürlich über die Lippen. Offenbar höchste Zeit, ihren üblichen Pegel wieder aufzufüllen.

»Fragen Sie doch mal die liebe Katja, was die dazu sagt. Die hat sich nämlich schon als Frau Roßhaupter gesehen. Mit unserem unscheinbaren Annettchen war er sogar mal offiziell verlobt, auch wenn keine von uns geglaubt hat, dass daraus jemals etwas wirklich Ernstes würde. Oder nehmen Sie gleich die Ricci ins Visier: Die hatte sich von uns allen die meisten Hoffnungen gemacht. Und nun sitzt sie auch noch Tag für Tag in seinem Vorzimmer. Das muss doch Folter pur für sie sein …«

»Wann genau sind Sie beim Junggesellinnenabschied zu den anderen gestoßen, Frau Steinbauer? Haben Sie sich zwischendurch mal von der Gruppe entfernt? Und falls ja, für wie lange? Wann genau waren Sie eigentlich an diesem Abend zu Hause?«

Frage um Frage prasselte nun auf Simone ein, die immer wortkarger antwortete und schließlich verstummte.

»Sie haben ein massives Alkoholproblem«, sagte ihr Sofie schließlich in aller gebotenen Sachlichkeit auf den Kopf zu. »Und Sie sollten sich schleunigst in ärztliche Kontrolle begeben. Vermutlich wissen Sie gar nicht mehr, ob Sie am Ende der Feier auf der Brücke überhaupt noch dabei waren. Ist es nicht so?«

Simone sackte in sich zusammen, hielt den Kopf gesenkt, dass ihr die Haare wie schützend vor das Gesicht fielen, und erwiderte keinen Ton. Ein Häufchen Elend im Abgang …

Auftritt Ricarda Gantert, die Lippen frisch nachgezogen, das Kinn angriffslustig vorgeschoben.

»Glauben Sie nur nicht, Sie könnten mich einschüchtern!«, begann sie gleich mal als Vorrede. »Ja, ich habe einiges von dem gehört, was Sie zu Tobias in seinem Büro gesagt haben. Und ja, ich hätte die Tür natürlich auch schließen können. Aber die Jahre hier haben mich gelehrt, dass es manchmal besser ist, die Ohren offen zu halten.«

»Soll heißen?«, fragte Joe nach.

»Mein Gott, labil ist er halt – und manchmal nicht ganz zurechnungsfähig! Kein Wunder bei diesem Drachen von einer Mutter! Tobi hätte so dringend eine Frau gebraucht, die ihn liebevoll zu führen versteht, die ihn bei allem unterstützt – und nicht so ein billiges Flitscherl von irgendwoher …«

»Eben eine Frau wie Sie«, sagte Sofie mit sanfter, schmeichelnder Stimme. »Das wollen Sie damit doch ausdrücken?«

»Ja, warum auch nicht?« Ricardas Hände wurden allmählich unruhig. »Ich hab Ahnung vom Geschäft, ich seh gut aus, und im Bett bin ich eine Granate. Das hat er selbst gesagt!«

»Und trotzdem hat er Sie abgelegt wie ein gebrauchtes Handtuch«, warf Joe jetzt ein. »Wie all die anderen vor und nach Ihnen. Sie müssen Nathalie Grimm zutiefst gehasst haben …«

»*Verachtet* hab ich sie!«, unterbrach Ricarda ihn. »Weil sie einer wie mir doch gar nicht das Wasser reichen kann. Auch die Annette nicht, dieses blasse Nichts, genauso wenig wie die Simone, unsere Schnapsdrossel, oder die Katja, unsere Rita-Hayworth-Kopie. *Hallo?* Die Vierziger sind lange vorbei. Das hat sie bloß noch nicht gemerkt!«

Sofie schüttelte den Kopf. »Lauter liebreizende Kolleginnen …«

»Ja, aber Sie haben doch keine Ahnung. Das nützt doch alles nichts. Irgendwie müssen wir hier halt trotzdem miteinander zurechtkommen. Deshalb hab ich mir doch extra noch die Mühe gemacht, uns allen diese heiße Schokolade zu kochen, bevor wir los sind.«

Ricardas Mundwinkel gingen nach unten.

»Hätte ich mir wirklich sparen können. So etwas Gutes wissen die gar nicht zu schätzen, weil sie es gar nicht kennen! Kein Stil, diese Mädels. Simone interessiert sich ohnehin nur für

Alk, Annette würde alles trinken, was man ihr hinstellt, und Katja hat gleich wieder an die Kalorien gedacht. Unserer bezaubernden Braut hat es natürlich auch nicht geschmeckt. Viel zu süß sei das, hat sie gejammert. *Zu süß* – dass ich nicht lache! Als ob echte Schokolade, wie die Spanier sie mögen, jemals zu süß sein könnte!«

»Wussten Sie etwas von Nathalie Grimms Schwangerschaft?«, erkundigte sich Joe.

»Wie denn? Ich wäre doch so ziemlich die Letzte gewesen, der sie sich anvertraut hätte.«

»Und dass sie Bluterin war?«

»Ich dachte, so etwas gibt es gar nicht mehr. Und wenn, dann kriegen es nur adelige Männer. Zarensöhne zum Beispiel …«

Sofie machte ein nachdenkliches Gesicht.

»Diese Schokolade«, fragte sie. »Ist davon noch etwas übrig?«

»Ein klitzekleiner Rest«, erwiderte Ricarda. »Zu Ostern fliege ich wieder mit meinen Eltern nach Andalusien. Dort werde ich dann wieder für mehr Nachschub sorgen.«

Ricarda Gantert schaute auf ihre Uhr.

»Kann ich dann los? Tobias macht sonst vielleicht noch die ganze Karaffe leer.«

Als Letzte war Annette Lerchenmüller an der Reihe. Anders als ihre Kolleginnen sagte sie über keine der anderen etwas Schlechtes und schien im Gegenteil für jede Verständnis zu haben.

»Nathalie war eben die Schönste von uns allen«, räumte sie ein. »So wie Simone am klügsten ist, Katja am meisten Stil hat und Ricci den stärksten Willen. Diese vier zusammen wären vermutlich die perfekte Frau für Tobias gewesen. Aber so etwas geht ja leider nicht.«

Sie starrte auf ihre engen schwarzen Schnürstiefelchen.

»Haben Sie in Ihrer Aufzählung nicht jemanden vergessen?«, fragte Sofie. »Schließlich waren Sie doch sogar mal mit dem Herrn Roßhaupter verlobt, wie ich von den Kolleginnen erfahren habe.«

Ein Hauch von Röte überzog Annettes blasses Gesicht.

»Eine Jugendsünde«, wisperte sie. »Damals waren wir ja fast noch Kinder. Uschi, ich meine die Chefin, war sofort dagegen. Und meine Eltern übrigens auch. Der ist nichts für dich, Kind, haben sie gesagt. Nur der Tobias und ich fanden es eben so romantisch. Wer verlobt sich denn heute noch?«

Annette begann an ihrem Zopf zu nesteln.

»Am Ende hat es dann eben doch nicht sollen sein. Aber wir sind Freunde geblieben, der Tobi und ich. Und das bedeutet mir sehr viel.«

»Hat nicht sollen sein?«, wiederholte Joe zweifelnd. »Ein bisschen genauer, wenn ich bitten darf! Von wem ging die Trennung aus?«

»Von uns beiden.«

Annettes Stimme klang jetzt merklich fester.

»Wir wussten doch noch gar nichts vom Leben, hatten nur unsere Träume. Und auf die kann man halt nicht bauen.«

»Trotzdem sind Sie weiter in der Firma geblieben?«, fragte Sofie.

»Warum nicht? Einen guten Arbeitsplatz setzt man doch nicht leichtfertig aufs Spiel. Ich mag das Rössl-Bräu, ich mag meine Chefin, und ich mag meine Kolleginnen. Besser könnte ich es doch nirgendwo haben!«

»Und als Sie von der Verlobung mit Nathalie erfahren haben«, sagte Sofie, »was ging da in Ihnen vor?«

»Da hab ich mich gefreut«, versicherte Annette, ohne zu zögern. »Ich dachte, jetzt weiß er endlich, was er will. Zu wem er gehört. Und es hat mir auch gefallen, dass er sich nicht für eine aus der Schickeria entschieden hat, sondern für eine von uns.«

»So viel Edelmut kann einen ja richtig fertigmachen«, stöhnte Joe. »Oder sind Sie vielleicht nur eine clevere Schauspielerin?«

»Ich weiß gar nicht, was Sie damit sagen wollen.«

Annette Lerchenmüller warf ihren Zopf zurück.

»Gut – oder wie Sie es ausdrücken: edelmütig – zu sein ist doch nichts Schlechtes, oder? Eine Lehrerin hat einmal über mich gesagt: ›Der Annette sieht man immer an, was sie denkt.‹ Und ich glaube, das ist auch heute noch so.«

»Wussten Sie, dass Nathalie Grimm Bluterin war?«

Sofie fragte unbeeindruckt weiter.

Annettes schmale Schultern zuckten leicht.

»Nicht die geringste Ahnung«, versicherte sie.

»Dass sie schwanger war? Immerhin saßen Sie mit ihr in einem Büro!«

Erneutes Schulterzucken. »Nathalie konnte sehr verschlossen sein.« Annettes Augen füllten sich mit Tränen. »Der arme, arme Tobi«, sagte sie schließlich mit zitternder Stimme. »Wie entsetzlich das alles für ihn sein muss!«

»Und nun?«, fragte Joe, als Annette das kleine Besprechungszimmer verlassen hatte, in dem sie ihre Befragungen durchgeführt hatten. »Was meinst du?«

»Lauter Schlangen. Auch wenn die letzte eher eine Blindschleiche zu sein scheint.«

Joe verzog das Gesicht.

»Dann gehen wir also in die nächste Runde«, meinte Sofie. »Ich habe ja schon mal die DNA von Mr. Bombastic Roßhaupter in meinem Taschentuch. Das müsste reichen, um seine Vaterschaft bestätigen oder ausschließen zu können.«

»Meinst du, eine der Grazien hat ihr die Abtreibungspille untergejubelt?«, fragte Joe.

Sofie nickte.

»Mehr als wahrscheinlich. Gründe dafür hätten sie alle gehabt. Wir müssen nur noch herausbekommen, welche von ihnen es war. Kümmerst du dich um Riccis Schokolade?«

»Logo«, sagte er. »Aber die entsprechenden Tassen dürfte sie mittlerweile gespült haben.«

»Irgendetwas bleibt meistens hängen«, sagte Sofie, »auch wenn man es gar nicht sieht.« Dann stand sie auf und schüttelte sich.

»Ich sag es eher ungern. Aber nach diesem Vormittag freu ich mich fast auf meine Leichen!«

10

Eisige Bekenntnisse

Genoveva Seidl, 54 Jahre, ein Meter sechzig groß, kräftiger Körperbau. Die Frau war abends beim Fernsehen in ihrem Wohnzimmer gestorben. Neben ihr hatte eine kleine Mischlingshündin gelegen, ebenfalls tot.

Äußerlich schien die Leiche unverletzt. Allerdings gaben die blutigen Schleimspuren, die Sofie an Mund und Nase entdeckte, bereits erste Hinweise. Dazu kamen die auffälligen Rötungen unter den Nagelbetten und die hellroten Totenflecken.

»Sieht mir ganz nach einer Kohlenmonoxidvergiftung aus«, murmelte Sofie vor sich hin, als sie die Ergebnisse der äußeren Leichenbeschau auf ihrem Diktafon festgehalten hatte. »Wenn es an der defekten Gasheizung lag, kann man nur hoffen, dass die restlichen Bewohner des Hauses rechtzeitig gewarnt wurden. Sonst bekommen wir die vielleicht auch noch hier angeliefert.«

»Meines Wissens wurden alle bereits evakuiert«, erwiderte Elke Falk ungewohnt friedlich. Dass sie Bernds Wagen in einwandfreiem Zustand wieder zurückerhalten hatte, bekam ihrer Laune prächtig. Oder gab es noch einen anderen Grund dafür, dass sie unter dem Mundschutz wie selbstverliebt in sich hineinlächelte?

»Und passen Sie bitte in den nächsten Tagen gut auf sich auf! Das Wetter soll nämlich so eisig bleiben.«

Sofie hob verblüfft den Kopf. Das klang ja fast schon besorgt. Was war nur los mit Dr. Iglu? Würde ihr Liebster etwa früher als geplant zurück sein? Oder hatte sie auf die Schnelle einen passablen Ersatz aufgegabelt?

Dann konzentrierte sich Sofie aber gleich wieder auf ihre Arbeit, auch wenn es sie zusätzlich irritierte, wie sehr ihr Elke Falk dabei ganz gegen ihre sonstige Gewohnheit die Regie überließ.

»Kirschrotes Leichenblut«, sprach Sofie in ihr Diktafon. »Lachsfarbene Muskulatur.« Das waren weitere Anhaltspunkte für ihre Annahme. Schon seltsam, dass Pathologie und Rechtsmedizin bei der Beschreibung auftretender Phänomene oft Begriffe aus dem Lebensmittelsektor wählten! »Herz und Lunge weisen akute Blutstauungen auf.«

Sie sah die Falk an.

»Das schreit doch geradezu nach einer Formaldehydprobe, finden Sie nicht auch?«

»Richtig!« Dr. Falk klang wie eine zufriedene Lehrerin. »Kann ich gern für Sie übernehmen.«

Mit geschickten Fingern goss sie Herzblut und Formalin zu gleichen Teilen in ein Reagenzglass, verschloss dieses mit einem Stopfen und schüttelte es. Nach dem Durchmengen färbte sich die Blutprobe dunkelrot.

»Bingo«, sagte sie. »Ich denke, bei dieser Eindeutigkeit können wir auf eine Gegenprobe mit anderem Herzblut verzichten. Jetzt muss die Tox nur noch bestimmen, wie hoch der CO-Gehalt im Blut ist.«

»Müdigkeit, Schwindel, vielleicht Kopfschmerzen, dann Bewusstlosigkeit und schließlich Exitus, das ist der Ablauf«, stellte Sofie fest. »Das Kohlenmonoxid blockiert die Sauerstoffaufnahme in den roten Blutkörperchen. Sie ist also praktisch innerlich erstickt. Von der Körpertemperatur her könnte das so gegen Mitternacht gewesen sein. Allerdings war die Heizung voll aufgedreht. Das kann das Ergebnis verfälschen.«

»Ein Tod auf leisen Sohlen gewissermaßen«, sagte Dr. Falk. »Geruchlos, schnell und vor allem schmerzfrei. Haben Sie sich schon mal diese perversen Suizidforen angesehen, die sich seit einiger Zeit im Internet breitmachen? Einfach nur widerlich! Und äußerst gefährlich für labile Gemüter. Dort wird diese Art zu sterben geradezu als ideal angepriesen und kann so manchen zur Nachahmung verführen.«

»Das Geschäft mit dem Tod boomt«, erwiderte Sofie. »Vielleicht, weil die moderne Gesellschaft ihn so lange so erfolgreich verdrängt hat. Dabei kann er uns so vieles lehren. Vor allem, das Leben als kostbares Gut zu achten.«

»Das haben Sie jetzt aber sehr schön gesagt! Und Sie ahnen ja gar nicht, wie richtig Sie damit liegen …«

Sofie wurde es allmählich unheimlich. Fehlte gerade noch, dass die heute so ungewöhnlich gut gelaunte Falk ihr das Du anbieten würde!

Ein Anruf aus der Tox erreichte sie. Sofie nahm die Ergebnisse in ihren Bericht auf.

»CO-Hb-Gehalt von 80 Prozent«, sagte sie. »Fast wie aus dem Lehrbuch. Damit dürfte es relativ schnell gegangen sein.«

»Dann sind Sie fast so weit …«

»Ja. Ich sag Herrn Moosbichler Bescheid. Er soll sie zunähen und zurück in den Kühlraum bringen. Mein Abschlussbericht geht dann wie immer in Kopie an Sie.«

Sie zögerte. Eigentlich hatte sie es nicht nötig, sich bei der Falk abzumelden, aber wo sie ihr heute so besonders genau auf die Finger schaute …

»Ich muss dann ziemlich schnell weg …«

»Tun Sie das.« Sie nickte hoheitsvoll und fügte gleich darauf hinzu: »Aber nicht, ohne zuvor bei mir im Büro vorbeizuschauen. Da erwartet Sie nämlich jemand schon sehnsüchtig.«

Damit konnte sie nur Murmel meinen. Sofie ging unter die Dusche. Sie hatte ohnehin vorgehabt, den kleinen Mops heute wieder zu übernehmen und ihn dann auch gleich das Wochenende über zu behalten. Ein Schneespaziergang am Chiemsee war sicher ganz nach seinem Geschmack. Tante Vroni würde der Anblick ihres Schlawutzis, wie sie den kleinen Mops gern zärtlich nannte, bestimmt aufmuntern, egal wie sehr sie sich noch mit ihren Gehstützen abmühen musste.

Nach dem Duschen cremte sie sich ein. Rosen-Lotion half immer. Noch rasch ein Spritzer Parfum, um sich der Welt draußen zu präsentieren. Sofie zog sich an, fuhr sich mit den Händen durch die Locken, schlüpfte in ihre blaue Daunenjacke und schlang sich zuletzt noch ihren edelsten Schal um den Hals, ein Kenzo-Design in kräftigen Farben.

Jetzt ab zur Eiskönigin.

Auf den ersten Blick hätte sie den vertrauten Raum kaum wiedererkannt. Die Wand hinter dem Schreibtisch füllte ein riesiges Plakat mit Alpenpanorama. Schneebedeckte Gipfel, die jedem Kurort alle Ehre gemacht hätten. Die Regale waren mit bunten Broschüren gefüllt.

Südtirol, erhaschte Sofie beim ersten Blick. *Alto Adige kennenlernen und genießen. Der sensationelle Fund aus dem Eis …*

Schon sprang Murmel wild wedelnd an ihr empor und bellte aufgeregt. Er schien sie *sehr* vermisst zu haben. Weil er sie eben doch lieber als Elke Falk hatte, so sehr die ihn auch mit Leckerlis bestach?

»Sie planen einen Urlaub in Südtirol?«, fragte sie die Falk, während sie Murmel über den Kopf strich.

»Urlaub? Mitnichten! Aber ich muss dringend für ein paar Tage nach Bozen. Wie lang es genau dauert, erfahre ich erst dort. Kann ich mich darauf verlassen, dass der Laden in dieser Zeit auch ohne mich läuft?«

»Da haben Sie sich ja was vorgenommen«, meinte Sofie. »Der Brenner ist so tief verschneit wie seit vierzig Jahren nicht mehr. Im Radio haben sie was von endlosen Staus und kilometerweiten Umleitungen gesagt …«

»Unsinn!«, fuhr ihr die Falk über den Mund. »Das sind doch nichts als Horrormärchen von irgendwelchen Sonntagsfahrern, die bereits die Nerven verlieren, wenn die erste Flocke fällt. Schon ein Hannibal hat im Winter die Alpen gemeistert – auf Elefanten, wohlgemerkt! Und wer sein Auto so beherrscht wie ich, lässt sich davon sicher nicht ins Bockshorn jagen. Aber was Sie betrifft: Hände weg vom Fahrrad, solange ich unterwegs bin. Keinerlei waghalsige Rutschpartien, wenn ich bitten darf!«

Sofie blickte sie schweigend an. Irgendetwas in ihrem Ton machte sie stutzig.

Die Falk wand sich unter ihrem Blick. »Nun gut, dann sage ich es Ihnen eben … Es ist aber noch nicht ganz offiziell. Deshalb muss ich Sie auch um absolute Diskretion bitten!«

»Ich schweige wie ein Grab!«, versicherte Sofie.

»Man ist an mich herangetreten … Eigentlich kein Wunder, schließlich habe ich mir doch durch meine Vorträge zu ausgesuchten Themen der Rechtsmedizin im In- und Ausland einen profunden Ruf erworben … Und dann spreche ich drei Sprachen fließend: Deutsch, Englisch, Französisch; selbst mein Italienisch ist, wie ich kürzlich feststellen konnte, nur ein wenig eingerostet.«

Die Falk sah aus, als würde sie sich am liebsten selbst auf die Schultern klopfen.

»Meist ging es in meinen Vorträgen ja um aktuellere Fälle«, fuhr sie fort. »Aber ich habe, wie Ihnen vielleicht bekannt sein dürfte, auch durchaus Sinn für historische Themen. Und nun drehen wir das Rad der Zeit einmal zurück, ganz weit zurück, wenn Sie verstehen, was ich meine ...«

Sofie zuckte nur mit den Schultern.

»Ich sage nur: der Mann aus dem Eis.«

Falks Stimme vibrierte vor Erregung.

»Na, fällt bei Ihnen noch immer nicht der Groschen?«

»Doch nicht etwa der Ötzi?«

»Genau der!« Die Falk nickte zufrieden. »Man sucht einen neuen Hüter für die weltberühmte Mumie aus der Kupferzeit. Oder besser, eine neue Hüterin.« Sie zwinkerte Sofie zu.

»Wir Frauen haben ja doch ein bisschen mehr Feingefühl ...«

Murmelchen strich immer noch um Sofies Beine, drückte sich ganz fest an sie und sah treuherzig zu ihr hoch.

»Ich denke, das ist eine Aufgabe, die mich reizen könnte. Die ganze Welt schaut auf den Ötzi. Aus aller Herren Länder trudeln Anfragen ein, ob man ihn sich mal zu Ausstellungszwecken ausleihen dürfe, selbst aus Dubai, stellen Sie sich das nur einmal vor: der Mann aus dem Eis inmitten der arabischen Wüste! Wäre das nicht einfach *spek-ta-ku-lär?«*

»Der reinste Wahnsinn!«, murmelte Sofie.

»Ja, genau. Was für eine Herausforderung! Welche gewaltigen Möglichkeiten – für die Geschichte, die Wissenschaft, für die gesamte Menschheit. Natürlich ist nur eine Persönlichkeit von größter Integrität, gepaart mit profunder Sachkenntnis und selbstredend diplomatischer Finesse in der Lage, dieser diffizilen Aufgabe Herr zu werden ...«

Sie kicherte.

»Oder sollte ich besser sagen: Herrin …«

Sofie reichte es jetzt. Joe wartete sicherlich schon ungeduldig auf sie.

»Ich unterbreche Sie ja nur äußerst ungern, aber ich muss jetzt wirklich los. Ein immens wichtiger Termin, sorry! Sie werden mir dann bei Gelegenheit mehr davon erzählen. Und, ja, Sie können sich natürlich in allem auf mich verlassen. Das Institut steht noch, wenn Sie zurückkommen, das verspreche ich Ihnen. Viel Glück für Ihren Ritt – ich meine natürlich Ihre Fahrt – über die Alpen!«

Sofie nahm Murmels Leine vom Regal und befestigte sie an seinem Halsband. Der Mops strebte so eilig zur Tür, als könne er es kaum mehr erwarten.

Sofie erging es nicht anders.

Gemeinsam schossen sie so am Pförtner vorbei, dass der seine Zeitung sinken ließ und ihnen verblüfft hinterherstarrte.

Vor dem Institut parkte Joes blauer Mazda, sein Privatwagen.

»Da bist ja endlich, Spatzl«, sagte er, nachdem Murmel hinten und sie vorn eingestiegen waren, und wollte sie zärtlich küssen. Aber Sofie ließ nur ein Bussi zu und schob ihn dann gleich energisch zur Seite.

»Komm, lass uns fahren. Ich muss hier weg.«

11

Gschlamperte Verhältnisse

»Du, des is aber scho lang nimmer Giasing«, sagte Sofie, während sich Joe im stockenden Verkehr durch die Balanstraße in Richtung Rosenheimer Platz quälte. Es hatte wieder zu schneien begonnen, so kräftig und dicht, dass man wirklich glauben konnte, Frau Holle schüttle gerade besonders energisch ihre Betten aus. Viele Autofahrer vor, neben und hinter ihnen schienen sich auf der glatten Fahrbahn ausgesprochen unsicher zu fühlen – und so fuhren sie auch.

»Erst sparen s' an de Winterreifen, und dann machen s' sich bei jedem Zentimeter Schnee in die Hosen«, grummelte er.

»Des war koa Antwort auf mei Frage ...«

»I woaß. Und i woaß scho selber, dass des scho Haidhausen is. Aber anschauen sollten wir uns die Wohnung trotzdem. Und wenns nur dazu dient, an direkten Vergleich mit der über'm Charly zu haben.«

Joe klang nicht so, als würde er seine Meinung noch einmal ändern. Und vielleicht hatte er ja auch recht. Sich auf die Wohnung in der Au zu versteifen, die sie anschließend besichtigen würden, war mehr als gewagt. Die reizende Vermieterin, mit der Charly sich so gut verstand, hatte mittlerweile einen Verwalter eingestellt – und mit dem galt es nun zu verhandeln.

Ob da Charlys geballte Charmeattacken überhaupt noch wirken würden?

Wohl kaum.

Sie bogen in die Steinstraße ab und erreichten schließlich die Wörthstraße, wo Joe das Tempo noch einmal weiter drosselte.

»Schau, Sofie«, sagte er. »Schee schauts da aus! Die ganzen renovierten Häuser – und lauter Läden, Cafés und Kneipen. Inder, Griechen, Italiener, sogar Marokkaner ... Für jeden Geschmack etwas!«

»Du brauchst mir des Viertel ned scheeredn«, wehrte sich Sofie. »I kenn und i mog Haidhausen. Aber eben ned so wia Giasing. Des is mir alles scho vui zu gschleckt, zu trendy, zu Tode saniert. I hab wenig Lust, künftig inmitten lauter hipper Mamas zu stehen, die mit'm SUV ihre dreihundert Meter zum Biomarkt fahren, um dort für an Wahnsinnspreis a Kilo Boskop für ihre verwöhnten Schratzen zu kaufen.«

Sie legte ihm die Hand auf den Schenkel.

»Du und i, mia san doch zwoa echte Glasscherbenviertelkinder«, meinte sie beschwörend. »Und nirgendwo anders gehör ma auch hin!«

»Und was ist mit der Au?«, konterte Joe.

»Die is wenigstens gleich nebendran. Wir wissen ja no gar ned, wia si des mit dem Knie von der Tante Vroni ausgeht. Vielleicht wird alles ganz schnell wieder gut. Das wünschen wir ihr natürlich. Aber vielleicht braucht s' uns aa in Zukunft no mehr, weils bei ihr mit'm Laufen dann doch nimma so ganz passt. Und dann? Immer kilometerweit für die kleinste Handreichung anfahren? Und das müssten wir, denn ihr Flo is ja auch nicht mehr der Jüngste.«

Joe schwieg, bis er den Mazda geschickt in eine Minilücke manövriert hatte. Viele der Autos vor und hinter ihnen waren von dicken Schneehauben bedeckt und wohl schon seit Tagen nicht mehr bewegt worden. Vermutlich hatten ihre Besitzer vor den weißen Massen, die unentwegt vom Himmel fielen, schlichtweg resigniert.

Joe stieg aus, stapfte in seinen alten Moonboots um den Wagen herum und öffnete Sofies Tür. Fürs leichtere Aussteigen reichte er ihr sogar galant die Hand, bevor er zuletzt einen dösenden Murmel entschlossen vom Rücksitz klaubte.

»Jetzt schau ma erst amoi, Spatzl«, sagte er, sichtlich entschlossen, sich seinen Optimismus nicht von ihr verderben zu lassen. »Und dann sehn ma scho!«

Von außen machte das Haus einen respektablen Eindruck. Altbau, offenbar neu in dezentem Grau verputzt, die Fensterumrandungen geschmackvoll heller abgehoben.

»Tipptopp«, murmelte Joe, während Sofie sich auf ein kurzes Nicken beschränkte. »Und jetzt nix wia nei!«

Das Innere bestätigte den positiven Eindruck. Die Treppe, die linker Hand in die weiteren Stockwerke führte, war frisch abgezogen, die alten Holzstiegen aber belassen worden. Sofie wollte schon hinaufsteigen, doch Joe hielt sie sanft zurück.

»Für uns gehts nach hinten«, sagte er schelmisch zwinkernd. »Dort wartet nämlich mei Überraschung.«

An der Wand der Hofeinfahrt, durch die sie nun gingen, prangte ein poliertes Messingschild: *Eigentum der Brauerei Heusinger & Söhne.*

»Schau einer an«, sagte Sofie. »Hast du des gwusst?«

Joe schüttelte den Kopf. »Der Makler hat nur von einer Brauerei gesprochen, aber ned von welcher.«

Gleich darauf standen sie vor einem ungewöhnlichen Bau, halb Gartenhaus, halb alpenländisch inspirierte Jausenstation;

etwas jedenfalls, das man so in einem Haidhauser Hinterhof niemals vermutet hätte. Der Mops schlug an, als wolle er seine Begeisterung schon mal zum Ausdruck bringen.

»Des is doch der helle Wahnsinn«, meinte Joe begeistert. »A ganz eigens Haus hinter'm Haus!«

Auf den ersten Blick wirkte es tatsächlich putzig, mit den kleinen Fenstern nebst grünen Holzläden, der bunt bemalten Tür und den vielen Terrakottatrögen, die der Vormieter offenbar angeschafft hatte und die nun schneebedeckt im Hof einer Neubepflanzung harrten. Doch der Charme des ersten Eindrucks hielt Sofies näherer Betrachtung nicht stand. Die Fensterläden hingen schief, das Dach war vielfach geflickt, und die Regenrinne sah so aus, als ob sie jeden Moment abfallen könnte.

»Des werd fei ganz schee schwierig zum Heizen sei«, wollte sie gerade noch halbwegs diplomatisch sagen, als die Tür aufging und ein dünner, in seinem braunen Lammfellmantel fast versinkender, nervös wirkender Mann sie nach innen winkte.

»Sind Sie der Herr Lederer?«, fragte er, nachdem sie in einem unglaublich engen und ziemlich düsteren Flur standen.

»Faist. Egon Faist. Wir haben telefoniert. Aber Sie sind spät dran!«

»Ja, leider«, bestätigte Joe. »Das Wetter und der Stau, sorry, ging einfach nicht eher!«

»Dann folgen Sie mir …«

Erst jetzt fiel sein Blick auf Murmel, der seinem Frauchen brav hinterhergetapst war. »Das soll doch nicht etwa ein Hund sein?«

Er klang entsetzt.

»Ein Mops, um ganz präzise zu sein«, mischte Sofie sich ein. »Er heißt Murmel und ist äußerst …«

»Das wird der Vermieter niemals akzeptieren.«

Sofies Hals wurde eng. »Meines Wissens bedarf die Haltung von üblichen Haustieren wie Katzen oder Hunden keiner gesonderten Genehmigung durch …«

Joes Ellenbogen brachte sie zum Verstummen. »Jetzt zeigen Sie uns doch erst einmal das Prachtstück!«, sagte er zu Faist, der schnaubend mit dem Rundgang begann.

Sofie wurde schnell klar, warum die Vorführung der Wohnung auf diesen späten Zeitpunkt anberaumt worden war. Aber selbst jetzt, wo die wenigen noch vorhandenen Lampen die Räume gnädig in ihr diffuses Licht hüllten, war unübersehbar, dass die Bezeichnung »Bruchbude« für dieses Unikat fast noch geschmeichelt war. Alles strebte erkennbar dem Weg alles Endlichen zu – die Wände waren schief und krumm, Tapeten blätterten ab, die alten buckligen Holzdielen knarzten zum Gotterbarmen, sobald man sie betrat. Die verbliebenen Teppiche konnte man nur noch herausreißen und in die Tonne stampfen. Mit am schlimmsten aber war zweifelsohne das Bad mit seinen schmierigen hellblauen Fliesen und einer gewaltigen Kombitherme an der Wand, die röchelte, als würde gerade jemand erwürgt, nachdem Sofie probeweise den Wasserhahn aufgedreht hatte.

Das ist nicht dein Ernst, oder? In Sofies Augen stand das blanke Entsetzen, als sie Joe flehend bedeutete: Nix wia raus hier – und zwar dalli!

Doch der strahlte sie begeistert an: »Schön, gell? Schau doch mal, die frei stehende Badewanne! Löwenfüße – das hast du dir doch immer gewünscht!«

War er wirklich so blind, oder hatte ihm jemand etwas in seinen Nachmittagskaffee gemischt?

Sofie wurde aus ihrem Liebsten nicht schlau, aber zu den letzten beiden Zimmern, die sie nun noch besichtigten und in denen sich die Decke gefährlich nach unten bog, fiel auch ihm nichts mehr ein. Zunächst völlig die Sprache zu verschlagen schien es ihm dann, als sie in der Küche angekommen waren. Deren Ausstattung war bestimmt fünfzig oder sechzig Jahre alt. Ursprünglich in Rot und Weiß gehalten, waren die lackierten Flächen längst von hässlichen dunklen Sprüngen durchsetzt. Das Rot wirkte wie geliert, während das Weiß zu miefigem Honeckerbeige verkommen war.

»Ja, hier müsste man wohl einiges …«

Hilfe suchend drehte sich Joe zu Sofie um, die angesichts des Elends ringsumher zur Salzsäule erstarrt war.

»Ein Edelstahlkühlschrank und ein paar neue Hängeelemente könnten alles auffrischen«, meinte der Makler in schönfärberischem Ton. »Dafür müssten allerdings Sie aufkommen.«

Nicht einmal Joe vermochte jetzt noch Enthusiasmus vorzutäuschen. Sofie zog die Schultern hoch, als plötzlich ein weiterer Mann die ohnehin schon enge Küche noch enger machte. Groß, um die vierzig, mit einem leicht aufgedunsenen, aber nicht unattraktiven Gesicht, zu dem der fliehende Haaransatz gut passte. Der dunkelgraue Lodenmantel schmeichelte seiner bulligen Gestalt. An den Füßen trug er derbe schwarze Budapester mit genagelten Sohlen, die bei jeder Bewegung bedrohlich klackten.

»Sie bewerben sich um diese Wohnung?«, erkundigte er sich jovial und reichte Joe die Hand. »Schorsch Heusinger. Der Chef persönlich also. Ich war gerade im Vorderhaus, um mit einem Installateur alle Heizungen zu kontrollieren. So etwas wie vor zwei Tagen in Schwabing darf ja nicht noch einmal passieren!«

»Ach, die Frau, die in der Ainmillerstraße tot aufgefunden wurde, war also Ihre Mieterin?«, sagte Sofie. »Das ist ja interessant – wenngleich nicht gerade ermutigend.«

»So etwas ist natürlich mehr als bedauerlich, aber selbstredend die absolute Ausnahme«, erklärte er und versuchte, seinen Unmut über ihre Äußerung zu verbergen. »In der Regel sind alle unsere Wohnungen bestens gewartet. Und nach diesem tragischen Unfall werden wir künftig noch penibler vorgehen.«

»Was die Tote allerdings auch nicht mehr lebendig macht.«

Ihre Antwort ließ ihn stutzen, aber er ging nicht weiter darauf ein.

»Und Sie wollen also in unser lauschiges Gartenhäusl einziehen?« Heusinger gab sich erneut jovial.

»Dann lassen Sie mich doch mal sehen, wen wir da haben.«

Er warf einen Blick in die Unterlagen, die der Makler ihm rasch zusteckte.

»Ach, da steht es ja! Der Herr Lederer ist Beamter im öffentlichen Dienst – immer gut! Und Sie sind Ärztin, da schau an! Welche Fachrichtung, wenn ich fragen darf?«

»Rechtsmedizin«, erwiderte Sofie kühl. »Das sind die, die auf der Suche nach der Wahrheit unter anderem die Leichen aufschneiden, sobald Verdacht auf eine nicht natürliche Todesursache besteht. Und Herr Lederer arbeitet übrigens bei der Mordkommission.«

Joe warf ihr einen Blick zu, den sie tunlichst ignorierte. Dass sie hier nie im Leben einziehen würden, stand für sie längst fest. Die Frage war nur, ob auch der liebe Joe das endlich kapierte.

»Sapperlot!«, sagte Heusinger mit belegter Stimme. »Da kriegt man ja gleich Angst!«

»Braucht man eigentlich nicht, wenn man nichts auf dem Kerbholz hat.« Sofie konnte sich einfach nicht beherrschen. »Außerdem haben wir ja auch noch diesen hier.« Sie deutete auf Murmel, der Heusinger kurz beschnüffelt hatte, ihn aber offenbar für uninteressant befand. Mit seinen braunen Kulleraugen schaute er zu ihm hinauf. »Und ohne den geht schon mal gar nix.«

»Also ein Ehepaar mit durchaus ungewöhnlichen Berufen«, versuchte Heusinger die Ergebnisse zusammenzufassen. »Und mit einem Zamperl.«

»Ned ganz«, korrigierte Sofie. »Murmel ist ein Mops, kein Zamperl. Und verheiratet waren wir mal. Das ist schon länger her. Jetzt sind wir glücklich geschieden.«

»Ist das wahr?«

Heusinger wandte sich an Joe, dem nichts anderes übrig blieb, als bestätigend zu nicken.

»Und da wollen Sie trotzdem mir nichts, dir nichts gemeinsam hier einziehen?«

Heusingers fleischige Finger, die die Selbstauskunftsbögen umklammert hielten, sanken nach unten. Der schmächtige Makler neben ihm schien seine Zunge verschluckt zu haben und tat, als sei er gar nicht mehr da.

»Das wird schwierig. Denn als Münchner Traditionsunternehmen müssen wir bei unseren Mietern auf eine gewisse Seriosität achten. Gschlamperte Verhältnisse dulden wir grundsätzlich nicht. Schon gar nicht mit Hund.«

»Hören Sie«, sagte Joe, »diese Wohnung hat doch ganz offensichtlich einen enormen Renovierungsbedarf ...«

»Die Wohnung ist in Bestzustand«, korrigierte Heusinger ihn scharf. »Ein bisschen Farbe hier, ein neuer Bodenbelag da, vielleicht noch eine moderne Einbauküche – und alles ist wieder top! Ein gewisses Maß an Eigeninitiative kann und muss man den Mietern heutzutage durchaus zumuten! Mit 1800 Euro zuzüglich Nebenkosten ist der Mietpreis für

120 Quadratmeter plus Gartenanteil ohnehin ausgesprochen kulant. Die Leute reißen sich darum, hier wohnen zu dürfen. Falls Ihnen also unser schönes Objekt nicht zusagt, dann verschwenden Sie doch bitte nicht länger Ihre und meine Zeit!«

»Diese Wohnung ist total heruntergekommen«, meinte Sofie. »Ich tippe auf einen Schwarzbau aus der Nachkriegszeit. Richtig? Genauso sieht es nämlich hier aus. Marode Leitungen, Böden, auf denen man im Stehen seekrank wird, und alles so eng und düster, dass man schon vom Hinsehen depressiv wird. Die Heizung stammt vermutlich noch aus dem Siebzigerkrieg! Das ist nicht zufällig das gleiche Modell, mit dem Frau Seidl in den Tod geschickt wurde? Also, was mich betrifft, so verzichte ich liebend gern darauf!«

Sofie zog Murmel in Richtung Tür. Joe folgte ihr.

»Woher haben Sie denn den Namen?«

Heusinger war ihr nachgelaufen und hielt sie am Ärmel fest. »Keine der Münchner Zeitungen hat ihn veröffentlicht, das weiß ich ganz genau.«

Sofie machte sich von ihm frei, als beseitige sie ein lästiges Insekt.

»Ganz zufällig habe ich die Frau Seidl obduziert. Die hatte achtzig Prozent Kohlenmonoxid im Blut, das ist schon eine gewaltige Menge. Diese Konzentration überlebt niemand. Passen Sie künftig gut auf Ihre Mieter auf, Herr Heusinger, sonst haben Sie nämlich vielleicht schon sehr bald keine mehr.«

Heusinger schnaubte tief durch, dann ging er grußlos davon.

Mit dem Makler gab es nun auch nichts mehr zu besprechen, und so machte sich Sofie mit Joe auf den Weg.

Im verschneiten Hof kam ihnen ein Paar entgegen. Eine zarte Frau im blauen Daunenmantel und ein großer Typ mit

Lederjacke. Sie schoben einen Kinderwagen vor sich her, in dem ein bis zum Hals eingemummelter Säugling lag.

»Sie nehmen die Wohnung nicht?«, erriet die junge Frau, vielleicht weil Sofie gar so grimmig voranstapfte. »Oder Sie haben sie nicht gekriegt?«

Sie schaute zu Murmel.

»War der Hund daran schuld? Dabei ist der doch so süß! Ob sie dann jemanden mit einem Baby wollen …«

»Mieses Raumklima«, sagte Sofie warnend. »Und alles kurz vor dem Zusammenfallen. Achten Sie vor allem auf die Heizung. Sie wollen doch sicher noch erleben, wie Ihr Kleines Abitur macht!«

12

Entscheidungen

»Was für ein Albtraum!«

Stöhnend ließ sich Sofie auf den Beifahrersitz fallen, während Murmel auf der Rückbank die Hundebrezel machte.

»Die Wohnung oder der Typ?«, fragte Joe, den Anlasser betätigend.

»Na, beides! Wenn das der neue Geschäftspartner von Uschi und Tobias Roßhaupter is, na pfüat di Gott, schöne Gegend. Da können sie einem ja fast leidtun.«

Sie stupste ihn an.

»Warum fahrst du eigentlich ned los? Saukoid is. Bissl hungrig bin ich auch schon. Und wir müssen uns doch beeilen, um rechtzeitig in der Lilienstraße zu sein.«

»Weil er ned anspringt!«, erwiderte Joe säuerlich. »Des hörst du doch. I probiers ja scho die ganze Zeit. Wahrscheinlich wieder die Batterie. Die hat neulich scho amoi gschwächelt …«

»Und das fällt dir ausgerechnet jetzt ein?«

Sofie klatschte in die Hände. »Na prima! Wir verpassen die Wohnungsbesichtigung, von der so viel abhängt. Und wia soi ma dann morgen zur Tante an den Chiemsee kommen? Zu Fuß vielleicht?«

Trotz verstärkten Orgelns sprang der Motor nicht an.

»Da hilft nur eines«, meinte Joe, »Taxizentrale. A paar von dene bieten Starthilfe gegen Bares. Und der Taxler kann di dann glei weiter in die Lilienstraße fahren. Derweil bring i die Karre zum Dimitri.«

»Und i sci die Wohnung ohne di bsichtigen? Aber des bringt doch nix, Joe!«

»Besuch bei Vroni oder Wohnungsbesichtigung, dazwischen musst du dich entscheiden«, sagte Joe.

»I möcht die Wohnung unbedingt sehen!«

»Guad, dann is ja alles klar. Und i kumm so schnell nach, wie es geht, okay?«

Er hatte schon sein Handy in der Hand und war am Eintippen.

»Taxizentrale? Hier Lederer. I brauchat a Starthilfe für mei Batterie. Und anschließend an Stich in die Lilienstraß. Standort? Breisacher, Ecke Belfort. A dunkelblauer Mazda. Ja, natürlich warten wir.«

Als Sofie mit Murmel auf der Rückbank des Taxis saß, kam sie erst richtig zum Nachdenken. Gut, Joes Auto war definitiv nicht angesprungen, aber kam ihm das nicht vielleicht gerade recht?

»So schnell lass i di aber ned aus«, murmelte sie in Murmels feuchtes Fell. Der kleine Mops hatte sich auf ihren Schoß geflüchtet, als sei er heute ganz besonders schutzbedürftig. »Du wirst meine Wünsche schon respektieren müssen, Joe Lederer!«

Der Verkehr floss immer noch nur sehr zäh, trotzdem waren sie gerade noch rechtzeitig am Ziel. Sofie bezahlte, sprang mit dem Mops aus dem Auto und hechtete zur Haustür.

Charly betätigte sofort den Öffner und empfing sie mit besorgtem Gesicht auf der Treppe.

»Bissl spät«, meinte er. »Und leider ist schon einiges an Konkurrenz aufgelaufen. Seit dieser Verwalter im Spiel ist, kann ich für nichts mehr garantieren. Mit Frau Kaindl wäre alles einfacher gewesen.«

Er blickte sich suchend um.

»Wo hast du denn den Joe gelassen? Ihr wolltet doch beide kommen!«

»Der ist leider kurzfristig verhindert«, antwortete Sofie. »Die Batterie hat ihren Geist aufgegeben. Aber der kommt sicher gleich nach. Können wir dann?«

»Klar«, sagte Charly, stutzte aber plötzlich und starrte auf Murmel, der es sich auf seinem Fußabtreter bequem gemacht hatte.

»Willst du den Hund nicht lieber in meiner Wohnung parken, Sofie?«

»Naa, des bringt doch nix«, meinte Sofie. »In Luft auflösen kann er sich doch später aa ned. Also: Entweder mit dem Murmel oder gar ned!«

»Ganz wie du meinst!« Charly klang nicht wirklich überzeugt.

Gemeinsam nahmen sie die Stiegen nach oben, wo die Wohnungstür angelehnt stand. Mindestens ein Dutzend Leute schoben sich durch die Wohnung, ausnahmslos Paare, wie Sofie schnell registrierte.

»Wer ist denn nun der neue Verwalter?«, flüsterte sie Charly zu.

»Der mit dem rötlichen Backenbart«, flüsterte er zurück. »Dort drüben, an der Spüle. Ein Herr Stein. Leider gar kein angenehmer Zeitgenosse, wie ich fürchte.«

Sofie nickte und ließ sich vom Besucherstrom weitertreiben. Die Wohnung war ein Traum, das erkannte sie sofort. Nahezu ideal geschnitten, mit großzügiger Raumhöhe und gut platzierten Fenstern, an denen noch die ursprüngliche Sprosseneinteilung erhalten war. Herrliches altes Parkett, es gab sogar eine kleine Speisekammer neben der Küche und einen Abstellraum. Sehr praktisch! Beim Weitergehen entdeckte Sofie in den Zimmern geschmackvolle Sideboards, Regale, Seidenteppiche, einen Biedermeierschreibtisch. Der Vormieter hatte ganz offensichtlich Stil – und das nötige Kleingeld dafür. Für eine solche Einrichtung fehlten Joe und ihr natürlich die Mittel, aber Sofie versuchte sich trotzdem vorzustellen, wie ihre und Joes Möbel hier wirkten.

»Ja, des wär scho was!«, meinte sie zu Charly, nachdem sie die Tür zur Dachterrasse geöffnet hatten und draußen für einen Moment Seite an Seite die frische Winterluft einatmeten. Murmel hatte sie von der Leine losgemacht, damit er in Ruhe das unbekannte Terrain erkunden konnte, was er auch ausgiebig tat. Besonders die Schneehaufen am Fuß der Brüstung schienen es ihm angetan zu haben. Fröhlich bellend vergrub er sich darin. »Hier zu leben, des könnt ich mir tatsächlich vorstellen – falls es nicht unser Budget restlos sprengt.«

Vor ihrem inneren Auge sah sie Klappstühle aus Teakholz, einen süßen kleinen Emailletisch, Tröge voll blühender Pflanzen – ach …

»Und der Joe?«, fragte er zurück. »So wie der neulich allein schon auf die Idee reagiert hat?«

»Du, der hat inzwischen alles bereut! Hab ich dir doch schon am Telefon gesagt. Aber ich glaub eh nicht, dass unsere Chancen gut stehen. Bei diesen vielen Mitbewerbern!«

»Und was ist mit dir?«

Charly sah sie fragend an. Auf seinen blonden Haaren glitzerten kleine Schneekristalle.

»Wenn ich da so nah bei euch, quasi unter euch wohne … bist du dir auch wirklich sicher, Sofie, dass das okay für dich ist?«

Da war etwas in seinem Blick, das sie anrührte. Ja, er mochte sie, sehr sogar, das wusste sie. Und sie ihn doch auch. Aber das hieß noch lange nicht, dass sie hier nicht mit Joe wohnen konnte.

»Alles paletti, Charly«, sagte sie entschlossen. »Wir müssten die Wohnung nur noch kriegen.«

»Dann nichts wie rein!«

Kurz entschlossen packte Charly ihre Hand und zog sie wieder nach drinnen zum Verwalter.

»Herr Stein«, stellte er sie ihm gleich darauf vor, »das ist die Frau Dr. Rosenhuth. Und ich …«

»Moment!« Der Mann mit dem rötlichen Backenbart hob abwehrend seine Hand. »Ich muss mich erst mal auf der Liste zurechtfinden – und die ist ziemlich lang. Ach ja, hier habe ich Sie! Die Frau Dr. Rosenhuth und der Herr Lederer …«

Er blickte auf.

»Das dürften dann Sie sein.«

»Nein, mein Name ist Loessl«, sagte Charly. »Und ich wohne bereits hier im Haus.«

»Sie wollen umziehen?«

Der Verwalter blickte ihn aus wässrigen Glupschaugen an.

»Um mit Frau Dr. Rosenhuth zusammenzuleben?«

Misstrauisch beäugte er den Hund. »Brauchen Sie deshalb eine größere Wohnung? Und der Mops …«

»Mit meiner Wohnung bin ich vollauf zufrieden«, bekundete Charly. »Ich wollte Ihnen die Frau Dr. Rosenhuth nur kurz persönlich vorstellen, eine ebenso gute Freundin wie solvente Mieterin. Einziehen möchte sie hier mit dem Herrn Lederer, der arbeitet übrigens als Beamter im öffentlichen Dienst. Und der Mops ist bestens erzogen!«

»Die Frau Dr. Rosenhuth und der Herr Lederer also«, wiederholte Stein. »Aber der Herr Lederer ist noch gar nicht da, oder?«

»Nein«, antwortete Sofie. »Aber unterwegs, er kommt sicher jeden Moment ...«

Steins Interesse war offenbar schon erschöpft. Abrupt wandte er ihr den Rücken zu und begrüßte ein nun vor ihm stehendes Paar.

»Professor Dombart und Gattin?«, hörte Sofie ihn sagen. »Ja, natürlich habe ich Sie hier stehen. Stein, mein Name. Sehr erfreut!«

»Des wird nix«, meinte Sofie, als sie mit Charly nach unten ging. »Das sagt mir mein Gefühl!«

»Warum denn so pessimistisch?« In seiner Wohnung hatte er einen heißen Chai Latte zubereitet, der verführerisch nach Kardamom duftete. »Ist doch noch gar nichts entschieden. Der Mietpreis kann sich auch sehen lassen. Fünfzehnhundert warm, bei dieser Größe, das ist für München richtig gut.«

»Gegen den feinen Herrn Professor kommen Joe und ich sicher nicht an. Nicht einmal verheiratet sind wir!«

»Davon war auch gar nicht die Rede.«

»Aber daran gedacht hat er, das hab ich genau gemerkt. Und dann taucht mein Nicht-Mann noch nicht einmal auf ...«

Ihr Handyton erklang.

»Joe? Wir sprechen gerade von dir! Wo bleibst du denn?«

Sie begann an ihrem Ärmel zu zupfen wie früher als Kind, wenn sie es vor innerer Unruhe kaum noch ausgehalten hatte.

»Ja, die Batterie, klar! Die Bremsen will der Dimitri auch noch überprüfen? Lass ihn nur in Ruhe arbeiten, die Besichtigung ist ohnehin schon vorbei.«

Sie trank einen Schluck, fest entschlossen, sich nicht weiter aufzuregen.

»Du, weil die ned bis in die Puppen auf einen gewissen Herrn Lederer warten, so schauts aus! Der Charly hat mich dem Verwalter vorgestellt, aber du warst ja nicht da. Nein, keine Ahnung, wie er sich entscheiden wird! Wir sind jedenfalls nicht die Einzigen … Viel Konkurrenz, lauter geldiges Publikum.«

Murmel drängte sich gegen ihr Knie und wollte gestreichelt werden, was Sofie mit ihrer freien Hand auch tat.

»Naa, i wart jetzt nimmer länger auf di«, sagte sie entschlossen. »Der Murmel und i, mia gehn jetzt zu Fuß hoam. Is ja ned weit. Nachert ruf i die Tante Vroni an. Vielleicht brauchts ja no was aus ihrer Wohnung für den Chiemsee. Und du kimmst am besten morgen gegen neun zum Frühstück. Damit wir möglichst früh losfahren können.« Ihre Stimme wurde ein bisschen weicher. »Ja, pfüat di. I di aa.«

»Alles okay?«, fragte Charly, als sie das Gespräch beendet hatte.

»Na ja«, erwiderte Sofie. »Wie mans nimmt. Joe war schon wieder a bissl eingeschnappt, weil es nicht so geklappt hat, wie er sich das vorstellte. Wohnung, Wohnung und noch einmal Wohnung! Ich kanns schon bald nicht mehr hören. Sonst unternehmen wir so gut wie gar nichts mehr, außer gefrustet von Besichtigung zu Besichtigung zu hetzen.«

»Dann nehmt doch einfach ein bisschen Druck raus, wie wäre es damit?«, schlug Charly vor. »Manchmal bekommt man seinen Willen eben nicht, zumindest nicht sofort, auch wenn man sich noch so sehr bemüht. Ihr seid nicht die Einzigen, die diese Erfahrung machen müssen.«

»Und was sollen wir deiner Meinung nach tun?«

»Euch ein bisschen mehr Zeit lassen. Es steht ja keiner von euch auf der Straße, oder?«

»Du hast ja recht«, erwiderte Sofie, »aber sag das mal dem Joe! Der denkt dann doch gleich, ich hätte es mir heimlich anders überlegt.«

»Hast du ihm das schon mal so gesagt?«

»Nein«, musste sie einräumen.

»Dann nichts wie los. Die richtigen Worte fallen dir doch beim Reden ein. Und den Mutigen gehört die Welt, Sofie. Das bist du doch, daran glaube ich ganz fest.«

Charly machte wieder sein spitzbübisches Gesicht, bei dem sie immer lachen musste. So auch jetzt. Und gleich war ihr viel leichter zumute.

Was würde sie ohne den Charly nur machen!

Dann begab sie sich auf den Weg nach Hause, stapfte mit Murmel an der Leine die Stufen des Bergsteigs nach oben. Die Bäume entlang des kurvigen Weges wirkten wie in Watte eingepackt, unter ihren Stiefeln knirschte der Schnee. Ab und zu rieselten ein paar Flocken vom Himmel. Ihr Atem formte kleine weiße Wölkchen vor ihrem Mund.

Dann blieb sie stehen und schaute nach unten.

Eine weiße Zauberwelt.

Ganz allein für die mutige Sofie.

13

Süffig, sportlich, sexy

Ein Morgen wie im Zeitraffer: So viel hatte Sofie schon erledigt – brav auf dem inzwischen wieder von Joe reparierten Stepper gestrampelt, Murmelchen Gassi geführt, unterwegs ofenwarme Brezn gekauft, Eier gekocht, die Kaffeemaschine angeworfen, den Tisch gedeckt, das Bett abgezogen, Staub gewischt –, und es war noch nicht einmal halb neun. Jetzt wollte sie noch kurz über die weiße Rüschenbluse bügeln, die Vroni unbedingt in Bernau dabeihaben wollte. Doch davor schaltete sie noch den Fernseher an und zappte sich durch die Kanäle.

Moment – war das nicht Uschi Roßhaupter in einem burgunderroten Dirndl mit schwarzer Schürze und Bluse, die neben einer dunkelhäutigen, eifrig parlierenden Moderatorin saß? Und der bullige Mann, der als Dritter den Tresen bestückte – das war doch eindeutig der Schorsch Heusinger im Trachtenanzug!

Sofie drehte den Ton lauter.

»… wissen wir es ganz besonders zu schätzen, dass Sie trotz eines tragischen Todesfalls heute bei uns im Studio erschienen sind, Frau Roßhaupter«, sagte die Moderatorin gerade. »Unser allerherzlichstes Beileid!«

»Unsere Nathalie war ein Engel.«

Uschi senkte die Augen und legte eine zierliche, reich beringte Hand auf ihr Herz. Für einen Augenblick schwieg sie. Danach fuhr sie sichtlich bewegt fort: »Sie schaut jetzt von oben zu uns herunter. Ein Gedanke, der uns allen Kraft und Trost in unserer Trauer schenkt.«

Die Moderatorin wandte sich zu Heusinger.

»Und hier haben wir heute noch einen zweiten Studiogast zum ewig aktuellen Trendthema Bier. Meine Damen und Herren, begrüßen Sie mit mir Herrn Schorsch Heusinger, den dynamischen Chef des Heusinger-Bräus!« Ihr freundliches Gesicht strahlte verzückt.

Applaus vom Band.

»Ja, also, ich bin sehr froh, heute hier sein zu dürfen!«

Heusinger drehte sich nach allen Seiten, als nicke er einer unsichtbaren Zuschauerschar zu, während Uschi kerzengerade geblieben war. Das mit den verschiedenen Kameras, in die er zu reden hatte, musste er offenbar noch lernen, und auch was das Optische betraf, war sie ihm haushoch überlegen. Kein schiefes Härchen an ihr, das Gesicht perfekt, wenn auch etwas maskenhaft geschminkt. Bei ihm dagegen hatten die Visagisten versagt. Er schwitzte und sah abgekämpft aus, obwohl er doch gerade erst vorgestellt worden war.

»Frau Roßhaupter und Herr Heusinger!«

Die Moderatorin bemühte sich um gute Stimmung.

»Bier ist für uns Deutsche ja mehr als nur ein Getränk. Bier ist ein …

»… Lebenssaft«, fiel Heusinger ihr ins Wort, während Uschi in sich hinein lächelte.

»Und genauso muss es auch sein: kräftig, würzig, aussagestark!«

»Das hast du jetzt aber schön formuliert, Schorsch«, wandte sich Uschi Roßhaupter direkt an ihn. »Doch gerade unsere zahlreiche weibliche Kundschaft hat gelernt, die Finessen besonderer Braukunst zu schätzen und zu genießen.«

Eisern freundlich lächelte sie in die Frontkamera.

»Entspannen Sie sich. Vergessen Sie alle Ängste vor der Waage, meine Damen! Sehen Sie mich an. Ich trinke leidenschaftlich gern Bier, aber eben nur ein ganz besonderes. Mit unseren Lady-light-Produkten werden auch Sie hautnah die drei großen S erleben: süffig, sportlich, sexy!«

Erneuter Einsatz der Moderatorin: »Ja, meine Damen und Herren, und diese einmalige Gelegenheit bekommen Sie gleich als Sonderpack in drei verschiedenen Geschmackserlebnissen: craftig leicht, als Lemondrop driple oder als Rössls Sternhagel, ein gemäßigtes Starkbier, das es trotzdem in sich hat. Der Karton mit je 12 Flaschen in der schlanken, figurfreundlichen Damengröße à 330 Milliliter für nur 19,70 Euro.« Sie beugte sich nach vorn und präsentierte ihr verführerisches Dekolleté, während sie in die Kamera lächelte. »Und falls Sie unser Tagesangebot schon bestellt haben sollten, die Triple-face-Creme 100 Milliliter mit Collagen und Hyaluron zum Sonderpreis für nur 49,99 Euro, so sind alle weiteren Bestellungen für Sie natürlich versandkostenfrei!«

Sofie ließ das Bügeleisen fasziniert los, während sich auf Heusingers hoher Stirn etwas zusammenzubrauen schien.

»Das kann man durchaus trinken«, brach es unvermittelt aus ihm heraus, »aber wer an echter altbayerischer Braukunst interessiert ist, der greift doch eher zu etwas Traditionellem. Heusingers Märzen zum Beispiel, unser sensationelles Alt. Oder das Helle, das uns weit über die Grenzen Bayerns hinaus bekannt gemacht hat. Alles im Kasten, ich meine natürlich: im Karton, selbstredend ehrliche 0,5 Liter, zu 18,99 Euro. Das nenn ich einen fairen Preis!«

Er nickte zufrieden, während der Sender offensichtlich Schwierigkeiten hatte, rechts im Bild auf die Schnelle die entsprechende Maske einzublenden.

»Was machen die denn da?«, murmelte Sofie und überhörte beinahe das ungeduldige Klingeln. Sie ging schnell zur Tür, betätigte den Öffner und lief zurück vor den Bildschirm.

»Jetzt haben Sie uns etwas verraten, lieber Herr Heusinger, was wir uns eigentlich noch als Überraschung für unsere Zuseher aufgehoben hatten. Aber gut, dann Vorhang auf: bitte den Jingle!«

Die Stimme der Moderatorin klang etwas gequält, doch Heusinger hatte offenbar gar nicht gemerkt, dass er den Ablauf durcheinandergebracht hatte. Uschi Roßhaupter dagegen wusste, ganz TV-Profi, die Fassung zu bewahren, während drei Akkorde aufdringlich klimperten.

»Eine spezielle Herrenbierkollektion«, knödelte sie in die Kamera, »haben wir also noch anzubieten, parallel zu unserer Damenbierkollektion mit dem Motto *süffig, sportlich, sexy* …«

In diesem Moment betrat Joe die Wohnung und wurde von Murmel stürmisch begrüßt.

»Servus, Joe«, rief Sofie ihm entgegen. »Frühstück is fertig – und i bin aa glei so weit. Aber des muaßt du dir unbedingt anschauen: die Roßhaupter und der Heusinger Seite an Seite im Shoppingsender. Von einer Fusion merkt man da aber nichts: Da will jeder vor allem sein eigenes Bier vermarkten …«

Er küsste sie zur Begrüßung, dann hielt er seine Nase in die Luft und schnupperte skeptisch.

»Was riecht denn hier so verbrannt?«

»Zefix – Vronis Blase! Die hab ich vor lauter TV-Bier-Duell ganz vergessen.«

Sofie sprang auf, lief zum Bügelbrett und riss das Eisen von dem zarten weißen Stoff, auf dem sich aber leider bereits die Umrisse des Bügeleisens bräunlich abzeichneten.

»Des schaut aber gar ned guad aus«, kommentierte Joe fachmännisch.

Sofies Kinn sank nach unten. »Und was jetzt? Des kriag i doch nie mehr aus der Bluse raus!«

»Na, was wohl?«, meinte Joe gelassen und zog den Stecker aus der Dose. »Wir holen jetzt den Flo, und dann machen wir erst mal Zwischenstation im Tal, wo wir für die Vroni a neue Bluse kaufen. Worauf wartest du eigentlich noch, Spatzl?«

14

Tausendundeine Nacht

Es dauerte dann natürlich doch alles länger als geplant. Die Innenstadt platzte fast aus allen Nähten, so viele Menschen schoben sich durch Münchens gute Stube. Erst im dritten Geschäft wurden sie fündig. Zum Glück kannte Flo den Geschmack seiner Liebsten ganz genau. Zur zartlila Bluse wählte er noch einen grauen Strickrock nebst passendem Jäckchen, damit die Vroni keinesfalls am See frieren musste. Sofie ergänzte die Ausstattung durch einen Schal mit Paisleymuster in Pastellfarben.

Nach dem Shoppen wirkte Murmel, der die vielen fremden Mäntel und Stiefel, denen er im Stadtgedränge hatte ausweichen müssen, so gar nicht gemocht hatte, richtig erleichtert. Neben Flo auf der Rückbank liegend, begann er bald entspannt zu schnarchen.

Joe steuerte den Wagen auf die Autobahn zu, während Sofie noch einmal auf das ungleiche Duo zurückkam, das sie heute Morgen im Shoppingkanal entdeckt hatte.

»Die Roßhaupterin wollte ihr Bier an den Mann – äh, die Frau – bringen wie immer, und der Heusinger hat sich einfach vorgedrängt. Von wegen Fusion: So herablassend war der zu ihr, als gebe es nur ihn auf der Welt.«

»Eigentlich müsste die Roßhaupterin aber wissen, wen sie sich da ins Boot geholt hat«, gab Joe zu bedenken. »So lang, wia die scho im Geschäft is.«

»Es sei denn, Uschi Roßhaupter hatte keine andere Wahl …«

Sofie legte die Stirn in Falten.

»Vielleicht war die Fusion gar ned freiwillig, sondern eine Notbremse vor dem Offenbarungseid. I muaß amoi den Charly fragen. Der weiß doch immer die allerneuesten Gerüchte!«

»Mr. Wonderful – natürlich«, grummelte Joe. »Hätte ich mir ja denken können! Was kann dieser Loessl in deinen Augen eigentlich nicht?«

»Mir so richtig den Tag verhageln, wie du zum Beispiel, wennst jetzt ned glei mit deinem Gestänkere aufhörst!«

Sofie schaute aus dem Fenster.

»Siehst du überhaupt, wie traumhaft es hier ist?«

Das war nicht übertrieben. Links und rechts der Autobahn stand der dunkle Wald wie mit Puderzucker überstäubt, im Sonnenlicht funkelten die Kristalle um die Wette.

»Wie damals in der Kindheit«, sagte sie. »Als es noch einen richtigen Winter bei uns gab.«

»Aber jetzt im Februar? Reicht des ned an Weihnachten? Jetzt wäre es mir lieber, wenn die Autobahn frei wär und die Fahrbahn nicht so glatt. Es ist nämlich schon halb zwölf.«

»Sie wird denken, wir kommen nicht mehr«, ließ sich Flo besorgt von der Rückbank her vernehmen. »Oder dass uns unterwegs was passiert ist …«

»Dann ruf sie halt an«, empfahl Sofie. »Sorgen machen soll sie sich ja auf gar keinen Fall!«

Aber die Tante Vroni nahm das Gespräch nicht an, so lange Flo es auch läuten ließ.

»Sie wird no a Anwendung haben«, versuchte Sofie ihn zu besänftigen. »Jetzt reg di bloß ned auf. Mia san ja scho fast da.«

Sie verließen die Autobahn und hielten nun direkt auf den Chiemsee zu, der in blassem Winterblau vor ihnen lag. Ein paar Möwen schrien, als sie ausstiegen, in Ufernähe zogen einige Schwäne ihre Bahn.

Das große Gebäude war im alpenländischen Stil gehalten und nicht mehr ganz taufrisch, wie Sofie sofort feststellte: Seit sie so viel Zeit mit Wohnungsbesichtigungen verbrachte und dabei mit so viel Schrott konfrontiert wurde, hatte sich ihr Blick für architektonische und sonstige Mängel deutlich verschärft.

In der Eingangshalle schlugen ihnen Schwaden fettigen Currygeruchs entgegen, wie man ihn eigentlich nur von den billigen Imbissbuden rund um den Hauptbahnhof kannte.

»Das stinkt ja grausam.« Joe hielt sich die Nase zu. »Was essen die denn hier?«

»Die da wollen vielleicht gar nix anderes.«

Sofies Kinn wies in eine von lauter pechschwarz bekleideten Frauen bevölkerte Ecke.

»Des san ja mindestens drei Dutzend«, meinte Joe beeindruckt. »Und alle in der Burka!«

»Naa, des nennt ma Nikab«, korrigierte Sofie. »Burka hoaßts, wenn s' nur durch a Gesichtsgitter rausschauen. Außerdem san die meistens hellblau.«

»Aber viel sehen die auch so nicht«, warf Flo nun ein. »Zwei von denen sind schon mitten im Training vom Radl gefallen, hat mir die Vroni erzählt. Und jetzt fallt mir auch ei, wo sie stecken könnt!«

Energisch wandte er sich nach rechts. Sofie, Joe und Murmel folgten ihm, während er zwei Glastüren durchschritt und schließlich vor einem großen, hellen Fitnessraum stehen blieb.

»Da, schauts!«

Seine Stimme vibrierte vor Stolz.

»Ganz souverän auf'm Radl. Des is mei Madl!«

Sofies Blick wurde von einer wild strampelnden Araberin abgelenkt, deren schwarze Gewänder auf dem Fahrrad in alle Richtungen flogen und darunter etwas leuchtend Rotes freigaben. Sie schrie kurz auf, als sie die beiden fremden Männer an der Tür sah, ordnete rasch ihre Kleidung und setzte dann ihr Training fort.

Vroni dagegen, in dem schicken apfelgrünen Zweiteiler, den Sofie ihr für die Reha besorgt hatte, begann über das ganze Gesicht zu strahlen: das Signal für Murmel, der sich losriss und wedelnd zu ihr stürmte. Die tief verschleierten Damen auf den anderen Geräten wandten ihre Köpfe ab und taten, als sei er gar nicht da.

»Ja, mei Schlawutzi, mei kloaner!« Mit einiger Mühe kletterte sie vom Fahrrad herunter und angelte nach ihren Gehhilfen. Sofie wollte zu ihr, um zu helfen, doch Vroni wehrte ab.

»Des miassn ma scho alloa schaffa«, sagte sie. »Sonst wird des mit dem Gesundwerden nämlich nix. Meine beiden Krückerl san ma inzwischen scho richtig ans Herz gwachsen. Erna und Franzl, so hob i sie getauft. Und ihr glaubts ja gar ned, was ma damit alles anstellen kann!«

Ein wenig steifbeinig kam sie auf die drei zu.

Flo schloss sie fest in die Arme und wollte sie gar nicht mehr loslassen, bis auch Sofie und Joe mit dem Begrüßen an der Reihe waren. Vronis Freude über die neuen Sachen in der Tüte war riesengroß, und Sofies stotternde Entschuldigung über das Bügelmalheur schob sie mit einer lässigen Handbewegung zur Seite. Dann verschwand sie in der Umkleidekabine und kam nach einiger Zeit perfekt gestylt im neuen Outfit wieder heraus.

»Und jetzt?«, fragte sie unternehmungslustig.

»Was immer du willst«, meinte Flo aus tiefstem Herzen. »Du bestimmst. Wir folgen dir!«

»Dann nix wie raus! Mei Jackn, die hängt scho an der Garderobe. I muss endlich wieder amoi frische Luft schnuppern. Und von diesem Seniorenpampf, den sie uns hier tagtäglich auftischen, hob i scho lang die Nasn gründlich voll.«

Gemeinschaftlich beschlossen sie, die kurze Strecke bis zum See zu wagen, und nahmen Vroni in ihre Mitte. Doch nach ein paar Schritten wurde sie blass, blieb stehen und rang nach Luft. Auf einmal wirkte sie so zart und zerbrechlich, dass Sofie richtig Angst bekam. Die Tante war ihr Ein und Alles. Ihr durfte nichts passieren!

»Pass bloß auf dich auf«, sagte sie besorgt. »Soi ma lieber wieder umkehren? Oder soi i an Rollstuhl holen?«

»Bloß ned! I muaß nur kurz verschnaufen. Is scho was ganz anderes, so in Gottes freier Natur«, meinte Vroni und stützte sich schwer auf ihre Gehhilfen. »Und auf'm eisigen Boden no dazu. Da merkt ma erst amoi, wos ma im Krankenhaus verlernt hat! Und wia oid ma hoid do scho is …«

»Des hab i jetzt überhört!«, widersprach Sofie energisch. »Ich finde, du gehst schon wieder großartig. Besser als in meinen kühnsten Träumen. Außerdem hast du doch noch zwei Wochen vor dir. Wenn du so weitermachst, kannst du sicher bald wieder mit'm Flo abrocken.«

Doch Vroni blieb auffallend still, bis sie das Restaurant erreicht hatten. Dessen große Fensterfront erlaubte einen uneingeschränkten Blick auf den winterlichen See. Nach intensiver Speisekartenlektüre bestellte sich Vroni Kalbsbackerl mit Schupfnudeln und danach eine Portion Apfelstrudel mit Sahne. Sie ließ nicht ein Fitzelchen übrig.

»So.« Sichtlich befriedigt schob sie ihren Teller beiseite. »Des hob i jetzt aber braucht!«

»So schlimm?«, fragte Sofie besorgt. »Hast du noch immer Schmerzen?«

»Ja, scho, aber des ist ganz normal, sagt der Doktor. Außerdem kriag i ja was dagegen. Es ist nur …«

Sie hielt inne.

»Liegt es vielleicht an den Araberinnen?«, erkundigte sich Joe.

»Naa«, erwiderte Vroni. »Di san eigentlich ganz nett. Die Gsichter hams zwar verhüllt, aber an de Augn sieht ma scho, wenns lächeln. Und scheene Augn hams ja!«

»Was fehlt dir denn dann?«

Flo musterte sie eindringlich.

»Ihr natürlich!«, sprudelte Vroni los. »Du, die Sofie und auch du, Joe. Vom Murmel ganz abgesehen! Und mei Wohnung, mei Straß, mei ganzes Giasing. Und de Madonna. I ko zwar überall mit ihr redn, aber i seh sie ned, weil i ja ned direkt nach Maria Hilf komm …«

»Jetzt scho.«

Flo griff in seine Jackentasche und holte eine kleine Holzfigur heraus.

»Die hab i dir geschnitzt, Vroni. Damit du dich auch am See von ihr behütet fühlst – und überall sonst.«

Vronis Augen füllten sich mit Tränen. »I brauchat jetzt an Kaffee«, krächzte sie, um ihre Rührung zu verbergen.

»Den kriegst du«, versprach Sofie und bestellte eine Runde

für alle. Dann nickte sie Joe zu. »Und danach lassen wir die beiden am besten ein Weilchen in Ruhe.«

Während Vroni sich mit Florian in ihr Zimmer zurückzog, unternahmen Sofie und Joe einen langen Spaziergang. Murmelchen rannte voraus, kam aber immer wieder brav zu ihnen zurückgetrabt. Ein kräftiger Wind pfiff durch ihre Jacken, doch mit der Sonne im Rücken ließ es sich gut aushalten. Auch hier war überall Winterwunder pur. Das Schilf wirkte wie silbrig bestäubt, am Ufer hatte sich bereits eine formidable Eisschicht gebildet, die das Wasser milchig bedeckte.

»Die zwei san einfach nur goldig«, meinte Sofie. »Das Glück mit dem Flo gönn ich ihr so sehr!«

»Mhm«, machte Joe. »Mir wars allerdings ganz recht, wenns mit unserem Glück aa a bissl schneller voranging.«

Sofie dachte an Charlys aufmunternde Worte und atmete tief ein und aus.

»Des tats ja vielleicht«, sagte sie mutig. »Wenn du ned gar so drängen tatst. So hab ich ständig das Gefühl, i mach irgendwas falsch. Und des mach ich dann aa prompt. Und dann fühl i mi no schlechter.«

Sie blieb vor ihm stehen und schmiegte ihre Hand im Wollhandschuh an seine Wange.

»Warum pressierts dir denn gar so arg mit dieser Wohnung, Joe?«

Seine kastanienbraunen Augen tauchten tief in ihre grünen.

»Des fragst du no?«, murmelte er.

»Ja, genau des frag ich di.«

Er schien mit sich zu kämpfen, ehe er antwortete.

»Weil i Angst hab, du laufst mir sonst wieder weg.«

»Aber des hab i do gar ned vor. Versprochen!«

»Und der Charly …«

»Der Charly is a wunderbarer Freund. Und ja, zwischen uns hats scho ganz ordentlich gebitzelt. Aber mit wem steh ich jetzt hier am See – mit ihm oder mit dir?«

Seine Lippen senkten sich auf ihre. Sie küssten sich so innig und ausdauernd, dass Murmelchen ungeduldig zu bellen begann und sie sich lachend wieder voneinander trennten.

»Umkehren?«, fragte Joe.

»Umkehren!«, bekräftigte Sofie und nahm sich vor, diesen kostbaren Augenblick in der Wintersonne so lange wie möglich in sich zu bewahren.

Wieder zurück in der Reha, empfingen sie eine rosig angehauchte Vroni und ein leicht verstrubbelter Flo, die sich immer wieder verliebte Blicke zuwarfen.

»Ich würde mir ja ein Zimmer hier in der Nähe nehmen und ganz dableiben«, sagte er. »Aber das will sie nicht.«

»Naa, weils jetzt vor allem ums Gesundwerden geht!«, erklärte Vroni kategorisch. »Mit meine ganzen Anwendungen hab i doch gar koa Zeit für di. Und wenns ma langweilig wird, na red i mit der Muttergottes. Oder mit einer von meinen neuen schwarzen Freundinnen.«

Sie zwinkerte einer der Verschleierten zu, die prompt schelmisch zurückzwinkerte.

»Aber jetzt möcht i noch kurz wissen, wos ois in Giasing passiert is, bevor ihr wieder heimfahrt!«

Sofie berichtete ihr von Manus Leichenfund. Vroni war bestürzt, weil sie Nathalie Grimm persönlich gekannt hatte.

»A paarmal bin i in Manus Salon neben ihr gesessen«, sagte sie. »Hübsch war sie ja, aber innerlich aufgeräumt war des Madl nie. Immer so hibbelig, als würds im nächsten Moment was Wichtiges verpassen. Besonders schlimm wars dann nach

Weihnachten. Als obs nur no Hummeln im Hintern ghabt hätt.«

»Da war sie schon mit dem jungen Roßhaupter verlobt«, sagte Joe.

»Ja mei, vielleicht ja grad deshalb.«

Vroni zog die Brauen hoch.

»Der hat doch nie was anbrennen lassen, und des hob i garantiert ned nur aus der Zeitung. Fast jedes Mal, wenn i eahm in seinem auffallenden Cabrio irgendwo gseng hob, saß a andere Braut daneben. Der is koa Mo zum Glücklichwerden für a junge Frau, des woaß i ganz bestimmt!«

»Und was sagst du zu Schorsch Heusinger?«, erkundigte sich Sofie. Schließlich entging ihrer Tante nichts, was in Giesing los war.

Vronis Lippen wurden schmal.

»Wo der hitritt, da wächst koa Gras mehr«, antwortete sie. »I woaß ned genau, wie viele Firmen der scho auf dem Gwissen hat, aber a Handvoll warns bestimmt. Der schluckt die anderen Brauereien wia nix. Und weg sans. Übrig bleibt immer nur er …«

Übrig bleibt immer nur er …

Mitten auf der Rückfahrt schrak Sofie aus dem Nickerchen hoch, das sie sich erlaubt hatte, während Joe souverän den Wagen nach München lenkte. Flo und Murmel schnarchten einträchtig hinten im Fond.

»Woaßt was?«, sagte sie. »Zur Beerdigung von Nathalie Grimm, da genga mia zwoa. I will des Spektakel ganz aus der Nähe anschauen. Und sehr viel weiter seid ihr ja no ned in dem Fall, oder?«

Er schüttelte den Kopf.

»Leider. Für mich lügen die alle. Der Roßhaupter genauso wie seine abgelegten Schicksen.«

»Die Frage ist nur, wie gut sie es tun«, sagte Sofie nachdenklich. »Und wie lange sie damit noch durchhalten. Irgendjemand verliert immer die Nerven. Vielleicht geben uns die restlichen Ergebnisse aus der Tox ja einen Hinweis darauf, wer das sein könnte.«

»Unbedingt«, sagte Joe. »Aber morgen is erst amoi frei. Und woaßt du, was des bedeutet, sofern wir an keinen Tatort gerufen werden?«

»Ja«, flüsterte Sofie, die den Gedanken an den riesigen Wäscheberg verscheuchte, der im Bad noch auf sie wartete. »Sonntag im Bett – einfach nur herrlich!«

Joe nickte begeistert. »Wird langsam wieder Zeit, moanst ned, Spatzl?«

Sofie legte ihm die Hand auf den Schenkel und setzte ein vielsagendes Lächeln auf.

»Dann bliebe nur noch eine Frage zu klären: Wer von uns geht zwischendrin mit'm Hund raus?«

15

Letzte Warnung

Als er sie sah, war es schon zu spät. Außerdem waren sie zu viert – er hatte keine Chance und spürte sofort, wie die Angst seinen Schweiß rinnen ließ. Dass sie Baseballschläger dabeihatten, zeigte ihm, wie ernst sie es meinten. Und wie wenig sie von ihm wussten.

Seine Eltern und er hatten als Christen in Aleppo gelebt; schwer genug in einem Staat, in dem der Islam nahezu alle Bereiche kontrollierte. Seine Mutter liebte westliche Kleidung und hatte das Kopftuch draußen nur angelegt, um keinen Ärger zu bekommen. Aber jeder, der vor Assads Bombenterror nach Deutschland floh, war in deren Augen einfach ein verdammter Moslem.

Aus die Maus. Dass ihm ausgerechnet dieser Spruch jetzt durch den Kopf ging, hätte ihn trotz seiner Panik fast zum Lachen gebracht. Was die Angreifer aber nur noch wütender gemacht hätte. Deshalb verkniff er es sich im letzten Moment.

»Jetzt bist du dran, du Kamelficker!«, wiederholte der Größte und Breiteste der vier. »Und wenn wir hier mit dir fertig sind, wird dich nicht einmal deine eigene Mutter wiedererkennen.«

Hätte er die Werkstatt doch nur früher verlassen! Aber Dimitri hatte ihm angeboten, an dem alten Übungsmodell den

Aus- und Einbau des Vergasers noch einmal zu üben, und er hatte die Gelegenheit ausgiebig genützt.

»Streber« nannten sie ihn in der Berufsschule.

»Kamelficker« hatten ihn die vier Schläger genannt.

Sein wirklicher Name war Faris ...

Der erste Schlag traf ihn an der Schläfe. Der zweite ließ seine Lippe platzen. Und dann prasselten sie auf einmal von allen Seiten auf ihn, auf Kopf, Brustkorb und Schenkel, zuerst nur von vorn, weil er mit dem Rücken zu den Garagentüren stand. Doch dann trugen ihn seine Beine nicht mehr.

Faris sackte in sich zusammen, schrie und wimmerte, aber sie dachten gar nicht ans Aufhören, schlugen immer weiter auf ihn ein.

Zwischendrin packte einer seinen Kopf und riss ihn an den Haaren nach hinten. »Du siehst sie nie wieder, kapiert?«

Die Stimme kam ihm irgendwie bekannt vor. Die stechend blauen Augen, die ihn unter der übergezogenen Sturmhaube wütend anfunkelten, ebenfalls.

»Das war unsere letzte Warnung. Einmal noch, und wir schneiden dir zuerst die Hände und danach deinen Schwanz ab. Und dann lassen wir dich wie einen Straßenköter im Dreck verrecken!«

Erneut setzte ein unbarmherziger Wirbel an Schlägen ein. Faris war schon halb weggedämmert, in ein graues Land aus Schatten und seltsamen Formen, in das der Schmerz nur ab und zu in spitzen Ausläufern drang.

Irgendwann die letzten Fußtritte. Dann zerrten sie ihm Pullover und Unterhemd nach oben und schmierten irgendetwas auf seinen nackten Bauch.

Anschließend verschwanden sie so blitzschnell, wie sie aufgetaucht waren, in der Dämmerung.

Faris lag eine ganze Weile auf dem eisigen Boden, schmerzdurchflutet, unfähig, sich zu bewegen oder gar aus eigener Kraft aufzustehen. Es fühlte sich schlimmer an als auf dem Boot, auf dem er tagelang das zornige Wühlen des Meeres gespürt hatte. Schlimmer sogar als die Albträume nach dem tödlichen Feuer, das vom Himmel herab auf Aleppo gefallen war.

Damals war er wenigstens kein Feigling gewesen.

Jetzt aber begann er zu weinen. Vor Schmerz und aus Scham. Sein Gesicht war tränennass, als sich auf einmal jemand neben ihn kniete.

»*Sabbi?*«

Halluzinierte er? Hatte da wirklich jemand gerade auf Arabisch »Junge« zu ihm gesagt?

»Du kannst hier nicht liegen bleiben.«

Faris wollte etwas antworten, aber seine Zunge war plötzlich viel zu dick für seinen Mund. Wenigstens konnte er wieder halbwegs denken. Und seine Ohren schienen auch noch zu funktionieren.

Jetzt wusste er plötzlich, wer das sein musste, der da mit ihm redete: der Mann in dem weiten Mantel, der immer all sein Hab und Gut in Plastiktüten mit sich trug und so lange in den Ländern des Maghrebs gelebt hatte. Zuerst hatte er ihn für einen Penner gehalten, als er Aram besuchen kam. Aber dann hatte er sich mit ihm unterhalten und gemerkt, dass er jedenfalls im Kopf keineswegs ein Penner war. Hatte er nicht so einen seltsamen Namen? Richtig: Mecki, so nannten ihn alle.

Faris nickte stumm.

»Wenigstens lebst du! Aber du brauchst einen Arzt.«

Ganz vorsichtig bewegte Faris seinen Kopf.

»Du brauchst einen Arzt!«, sagte Mecki, doch Faris röchelte: »Nein, kein Arzt.«

»Du musst untersucht und verbunden werden!«

»Nein, bitte nicht.«

»Du brauchst aber dringend Hilfe!«

Mecki überlegte.

»Ich kenne jemanden, zu dem ich dich bringen könnte.«

»Ein Freund?«, flüsterte Faris.

»Ja, könnte man so sagen. Eine Freundin.«

»Ist sie ein Arzt?«

»Ja und nein. Aber sie weiß trotzdem, was zu tun ist.«

Mit aller Kraft half Mecki Faris auf die Beine.

»Zum Glück ist es nicht weit von hier. Das schaffen wir, wenn du dich auf mich stützt.«

»Wir gehen?«

Faris klang immer noch ängstlich.

»Ja. Wir gehen. Lass uns beten, dass sie auch zu Hause ist!«

16

Erste Hilfe

Kreizsackkzement – das durfte doch nicht wahr sein!

Entgeistert starrte Sofie auf das zartrosa Oberhemd, das sie soeben aus der Waschmaschine gezogen hatte. Es war Joes allerbestes, wie sie wusste, so gut wie bügelfrei – und morgen hatte er es anziehen wollen. Doch auch der Rest des Trommelinhalts sah nicht viel besser aus: Unterhemden, Schlüpfer, Büstenhalter – alles, was bis vor Kurzem noch strahlend weiß gewesen war, hatte die bevorzugte Farbe kleiner Mädchen angenommen.

Und was nun?

Natürlich gab es Entfärber in der Drogerie, aber die hatte heute zu. Ihr graute vor Joes spöttischem Blick, der sie in solchen Fällen »seine Lieblingschaosqueen« zu nennen pflegte. Nach einigem Grübeln fiel ihr ein altes Hausmittel ein, zu dem Tante Vroni in solchen Fällen früher gegriffen hatte: Backpulver!

Sie lief in die Küche, durchforstete ihren Vorratsschrank und brachte hinter Mehl, Zucker und Salz tatsächlich einen Fünferpack davon zum Vorschein. Seit drei Jahren abgelaufen? Kein Problem. Sie wollte es ja schließlich nicht in einen Marmorkuchen mischen.

Sofie legte die verfärbte Wäsche zurück in die Trommel, riss die Tütchen auf und schüttete den gesamten Inhalt darauf. Dann schaltete sie die Waschmaschine erneut an und beobachtete nachdenklich die ersten Drehungen.

Na, ob das auch hinhauen wird …

Ein dezentes Läuten an der Tür brachte ihre innere Stimme augenblicklich zum Verstummen.

Joe war zurück. Jetzt schon – so ein Mist!

Dabei hatte er ihr doch versprochen, mit Murmel einen langen Spaziergang im Schnee zu machen …

Sofie zog die Stirn kraus, als sie die unregelmäßigen Schritte auf der Treppe hörte. Nein, es war nicht Joe, sondern Max von Loessl, Charlys Onkel, den alle »Mecki« nannten. Er kam an der Seite eines jungen, blutverschmierten Mannes, den er sorgsam stützte.

»Sorry, Sofie!«, sagte er jetzt zu ihr. »Ich weiß, es ist Sonntag. Und ich weiß auch, wir gehören beide nicht hierher. Aber es ist ein Notfall. Ich wusste einfach nicht, wo ich sonst mit ihm hinsollte.«

»Wer ist das?«, fragte Sofie. »Und was ist passiert?«

»Faris Sabia aus Aleppo«, antwortete der junge Mann. »Es war – ein Unfall.«

Sie trat einen Schritt zurück und ließ die beiden herein.

»Faris macht beim Dimitri eine Lehre zum Mechatroniker«, erläuterte Mecki. »Dort hab ich ihn vorhin am Boden vor den Garagentoren gefunden. Er ist überfallen worden von vier Typen in schwarzen Umhängen, mit Sturmhauben maskiert. Sie hatten Baseballschläger dabei. Ich hab sie noch wegrennen sehen.«

Faris verharrte stumm.

»Sie gehören dringend in ärztliche Obhut.«

Sofies Blick flog über die Wunden im Gesicht. »Man muss Sie röntgen und sorgfältig untersuchen.«

»Nein, kein Arzt!«, sagte Faris flehend.

»Doch, und zur Polizei müssen Sie auch. Was man Ihnen angetan hat, ist eine gefährliche Körperverletzung und damit eine Straftat.«

»Keine Polizei!« Faris' dunkle Augen wurden auf einmal fast schwarz. »Kein Krankenhaus, keine Behörden ...« Er war schon fast wieder an der Tür.

»So große Angst haben Sie? Dann sollten Sie Ihre Peiniger erst recht strafrechtlich verfolgen lassen«, meinte Sofie. »Und machen Sie das bitte bald. Jetzt sind die Verletzungen noch frisch.«

Faris schüttelte den Kopf, was ihm sichtlich Schmerzen bereitete.

»Keine Angst«, sagte er. »Aber ich kann nicht. ICH KANN NICHT!«

»Er scheint seine Gründe zu haben, Sofie«, schaltete sich jetzt Mecki ein. »Er kann und will nichts sagen.« Sein Tonfall wurde bittend. »Könntest du ihn dir vielleicht trotzdem einmal anschauen?«

Es wäre ihr schwergefallen, dem Mann, der eine so große Ähnlichkeit mit Charly hatte, diese Bitte abzuschlagen.

»Also gut«, sagte sie. »Ich kann ja einen Blick riskieren. Aber ich hab hier keine Unfallstation. Bis auf das Allernötigste an Verbandszeug und Desinfektionsmitteln ist so gut wie nichts im Haus.« Sie öffnete die Tür zum Badezimmer. »Dann hinein mit euch!«

»Danke«, sagte Mecki und ließ dem Verwundeten den Vortritt.

Sofie wies ihn an, sich auf den Badewannenrand zu setzen.

Dann säuberte und desinfizierte sie behutsam die Wunden an Schläfe und Lippe.

»Haben Sie Kopfschmerzen?«, fragte sie. »Dann könnte es eine Gehirnerschütterung sein. Damit ist nicht zu spaßen.«

»Ja«, antwortete Faris, »aber nicht so schlimm. Sie haben mehr hierhin geschlagen.« Er deutete auf seinen Brustkorb und auf die Schenkel.

»Ziehen Sie sich bitte aus!«

Faris starrte sie hilflos an.

»Wenigstens obenrum. Wie sonst soll ich Sie untersuchen?«, meinte Sofie, während Mecki ihm von der Schwelle aus aufmunternd zunickte.

Mit hochrotem Gesicht schlüpfte er aus Jacke, Pullover und Hemd. Überall auf dem Brustkorb entdeckte Sofie rötliche, birnenförmige Verletzungen mit relativ scharfen Begrenzungen.

»Ich tippe auf Baseballschläger«, sagte Sofie. »Richtig?«

»Woher wissen Sie das?«, fragte Faris verdutzt.

»Wir sind ganz gute Fährtenleser, was Körperspuren betrifft«, sagte Sofie. »Sonst kämen wir nicht sehr weit in unserem Job. Unsere Kundschaft ist nämlich meistens schon tot, wenn sie zu uns kommt. Die können wir nichts mehr fragen.«

Jetzt berührte sie seinen rechten Rippenbogen.

Faris zuckte zusammen.

»Schmerzen beim Atmen?«

»Ja«, erwiderte Faris. »Luft ist irgendwie weniger …«

»Da könnten durchaus zwei oder sogar drei Rippen gebrochen sein«, meinte sie. »Ohne Röntgenaufnahmen kann ich nicht mehr dazu sagen. Das tut höllisch weh, verheilt aber von selbst. Mit ein paar scheußlichen Wochen müssen Sie allerdings rechnen.«

Faris hielt den Kopf gesenkt und starrte auf seinen flachen Bauch. Auch Mecki konnte die Augen kaum von dem obszönen Geschmiere lösen, das ihn dort entstellte: ein großes Hakenkreuz, dessen Ränder unsauber ausliefen. Wie schwarzes Blut, das langsam tropfte …

»Das ist ja wohl die größte Schweinerei, die ich seit Langem gesehen habe«, sagte Sofie bestürzt. »Das waren Neonazis. Wie sehr ich die hasse – die haben überhaupt nichts kapiert!«

Aber bei aller Bestürzung überwog doch gleich wieder ihre Professionalität: »Keine Ahnung, welche Farbe sie verwendet haben«, überlegte sie. »Sieht für mich aber so aus, als würde sie nicht so leicht wieder weggehen. Vielleicht mit Terpentin?« Sie bemühte sich, möglichst sachlich zu klingen. »Tut es hinten auch weh?«

»Ja«, sagte Faris. »Überall. Aber das vergeht wieder. Meinen Vater haben sie mal eingesperrt und tagelang verhört. Als er zurückkam …« Er verstummte.

»Wie alt sind Sie, Faris?«, fragte Sofie sanft.

»Neunzehn«, antwortete er. »Fast zwanzig.«

»Sie sind allein nach Deutschland gekommen?«

Faris nickte unendlich traurig.

»Meine Eltern sind noch in Syrien. Mit meinen Schwestern …« Er fuhr sich mit der Hand über das Gesicht.

»Hören Sie, Sie müssen diese Leute anzeigen!«, sagte Sofie beschwörend. »Bitte mach du ihm das klar, Mecki, wenn er schon nicht auf mich hören will. Solche Typen dürfen nicht ungestraft davonkommen, sonst machen die so etwas immer wieder.«

Faris hatte sich nun wieder angezogen und starrte zu Boden.

»Ich nehm ihn jetzt erst einmal mit«, sagte Mecki. »Danach sehen wir weiter. Ein paar saubere Anziehsachen bekommt er auf jeden Fall. Und etwas Anständiges zu essen auch.«

»Zu euch nach Grünwald in die Villa?«

Sofie wusste von Charly, dass Mecki nach all dem, was sie im letzten Sommer erlebt hatten, schließlich doch bei seinem Bruder eingezogen war, wenngleich er dessen noble Behausung bei halbwegs passabler Witterung oft genug verschmähte. »Na, der wird Augen machen!«

»Ach, Theo wundert sich fast über gar nichts mehr«, meinte Mecki mit einem kleinen Schmunzeln. »Er ist viel toleranter geworden, seit ich bei ihm wohne. Außerdem haben meine Zimmer im Souterrain einen eigenen Eingang. Da stören wir niemanden. Komm, Faris! Wir zwei machen uns jetzt auf den Weg. Die Straßenbahn hält gleich an der nächsten Ecke.«

Der junge Syrer ging folgsam hinaus, dann drehte er sich noch einmal zu Sofie um.

»Shukraan«, sagte er sichtlich bewegt und zog die Schultern nach oben, als ob er friere. »Danke.«

Sie blieb auf dem Rand der Badewanne sitzen und starrte in das Bullauge der Waschmaschine. Das alte Hausmittel schien leider nur wenig bewirkt zu haben. Weiß sah definitiv anders aus.

Sollte sie Joe von dem überraschenden Besuch erzählen?

Seine Antwort konnte sie sich schon denken, und auch ihr war klar, dass sie sich nicht von Mecki und dem Jungen zum Stillschweigen hätte überreden lassen sollen. Aber Faris hatte so verzweifelt gewirkt, so mutterseelenallein, dass er ihr einfach nur leidgetan hatte.

Sie würde Aram nach ihm fragen, Shirins Bruder. Vielleicht wusste der ja etwas über die Hintergründe dieser feigen Attacke. Nach der schnellen Reparatur von Dr. Iglus Auto hatte er ohnehin etwas gut bei ihr.

»Spatzl?«

Sie hörte, wie sich ein Schlüssel im Schloss drehte, dann Joes energische Schritte auf dem alten Dielenboden und Murmels aufgeregtes Begrüßungsbellen.

»Wo steckst du denn?«, rief Joe.

Es war immer noch *ihr* Schlüssel, den sie ihm mitgegeben und mit dem er nun also die Tür aufgesperrt hatte. Denn irgendetwas in Sofie weigerte sich hartnäckig, ihm einen eigenen Nachschlüssel machen zu lassen.

»Mia san wieder da!«

»Des is guad«, erwiderte sie.

»I bin hier, im Bad. Magst du eigentlich Rosa, Joe?«

17

Schein und Sein

Zwei Tage später kehrte eine übellaunige Dr. Falk zurück ins Institut, und damit war das entspannte Arbeiten, das sie während ihrer Abwesenheit alle so genossen hatten, schlagartig zu Ende. Spike musste seine Musik im Sektionssaal ausmachen und wurde von ihr auch noch angepfiffen, als er ein paar Kollegen aus der Tox ein Ultraschallbild seiner ungeborenen Tochter zeigte.

»Bitte konzentrieren Sie sich ausschließlich auf unsere Arbeit!«, schäumte sie. »Wir sind schließlich ein Organ der Rechtspflege. Alle miteinander! Und so sollten wir uns auch verhalten.«

»Auweia«, flüsterte Spike Sofie zu, die unwillkürlich auch den Kopf eingezogen hatte. »Da muss irgendwas schrecklich schiefgelaufen sein! Entweder hat ihr Lover am Strand eine australische Millionärin aufgegabelt und es ihr prompt per SMS mitgeteilt. Oder sie hat mit ihrem Karren irgendwo in den Bergen aus Versehen eine Megalawine ausgelöst …«

Oder die Elke Falk wird jetzt doch nicht Mrs. Ober-Ötzi wie geplant …, dachte Sofie, biss sich aber gerade noch rechtzeitig auf die Zunge. Nein, von ihr würde niemand etwas erfahren. Nicht einmal Spike. Versprochen war versprochen, auch wenn die Falk sich noch so deppert aufführte. Da kam ihr der ganze Papierkram, den sie heute in ihrem Kabuff abarbeiten musste, gerade recht. Nicht einmal Murmel konnte sie ablenken, denn den hatte sie bei Flo gelassen, weil sie ja später noch zu Nathalie Grimms Beerdigung wollte.

Beim Durchsehen ihres Riesenstapels stieß sie auf das erbbiologische Gutachten der hausinternen DNA-Abteilung über eine mögliche Vaterschaft von Tobias Roßhaupter. Ihr Blick flog über die Ergebnisse, bis er an den DNA-Markern hängen blieb. Bei vier von ihnen gab es keinerlei übereinstimmende Erbmerkmale zwischen Vater und Kind. Folglich konnte er auf keinen Fall der Erzeuger der Tochter sein, die Nathalie Grimm »unter ihrem Herzen trug«, wie es so schön heißt.

»Sappralot!«

Sofie wandte sich an George, ihren beinernen Freund in der Ecke.

»Jetzt wird es noch einmal richtig spannend. Vielleicht hat Roßhaupter ja doch von der Schwangerschaft gewusst. Er könnte dahintergekommen sein, dass sie ihn betrogen hat. Oder Nathalie schluckte die Abtreibungspillen aus Verzweiflung, weil sie fürchtete, es würde ja doch alles herauskommen.«

Sofie griff zum Telefon, rief Joe an und teilte ihm die neuesten Erkenntnisse mit.

»Dann sollten wir ihn uns wohl doch noch einmal gründlich vornehmen«, meinte er. »Und die ganzen Ladys gleich mit dazu. Manu geht übrigens auch mit auf die Beerdigung. Wir sehen uns dann dort.«

Jetzt wählte sie die Nummer vom Hausverwalter Stein. Wieder nur der Anrufbeantworter, und das schon seit zwei Tagen. Was für einen seltsamen Typ hatte die alte Dame da eigentlich engagiert? Oder bedeutete sein Abtauchen, dass die Wohnung in der Lilienstraße längst vergeben war und er sich lästige Nachfragen ganz einfach vom Hals halten wollte? Wie auch immer – sie wollte sich jedenfalls später einmal nicht vorwerfen müssen, nicht alles versucht zu haben!

Sofie gab sich einen Ruck und sprach einmal mehr auf seinen Anrufbeantworter. Herr Lederer und sie seien nach wie vor sehr interessiert, flötete sie zuckersüß in das Telefon. Ob denn die Möglichkeit bestehe, dass er die Wohnung noch einmal kurz in Augenschein nehmen könne?

Dann musste sie los. Um für den Friedhof angemessen gekleidet zu sein, hatte sie heute auf ihr Fahrrad verzichtet und einen älteren schwarzen Wollmantel angezogen, in dem sie allerdings schon nach den ersten Metern im Freien zu frieren begann. Sie war froh, als sie endlich nach unten zur U-Bahn gehen konnte. Die kurze Strecke danach von der Untersbergstraße bis zum Ostfriedhof legte sie sehr zügig zurück, und so blieb noch ein bisschen Zeit, um am Grab der Eltern vorbeizuschauen. Seit dem letzten Herbst, als Vronis Knie solche Beschwerden gemacht hatte, dass auch kurze Strecken nur noch quälend waren, hatte sie die Pflege übernommen. Doch so perfekt wie die Tante bekam sie es einfach nicht hin, so sehr sie sich auch bemühte. Der starke Schneefall, der so spät im Winter eingesetzt hatte, tat sein Übriges. Die Schale mit Christrosen, Moos und Tannenzweigen, die sie erst vor zwei Wochen hergetragen hatte, wurde unter dem dicken Weiß geradezu erdrückt, und in der kleinen Laterne eine Kerze anzuzünden erwies sich wegen der hohen Luftfeuchtigkeit als aussichtsloses Unterfangen.

»I denk trotzdem an euch«, sagte Sofie leise. »Immer! Außerdem is die Vroni bestimmt bald wieder fit. Und dieses zapfige Wetter hört aa amoi wieder auf. Dann wird alles besser.«

Gleich darauf ging sie zur Aussegnungshalle, wo Joe sie bereits an einer der klassizistischen Säulen erwartete. Er trug seine dunkle Daunenjacke offen und schien ebenfalls ein bisschen zu frösteln.

»Augen auf«, meinte er, nachdem er Sofie zur Begrüßung umarmt hatte. »Alles kann heute wichtig sein!«

Als die Türen aufgingen, schritt zu ihrer Überraschung Uschi Roßhaupter als Erste hinter dem Sarg, flankiert von Schorsch Heusinger, der ihr seinen Arm bot, als sie auf dem verschneiten Weg in ihren Stiefelchen fast ausgerutscht wäre. Ihnen folgten Tobias Roßhaupter, neben dem eine dünne, große Frau im braunen Nerz stöckelte, die sie nicht kannten. Danach schlossen sich einige Mitarbeiter der Brauerei an – nicht gerade viele, wie Sofie bemerkte. Die tote junge Frau schien wenig Freunde gehabt zu haben. Nicht einmal ihre Tante aus Spanien hatte sich herbemüht. Die Damen Steinbauer, Krauss und Gantert hielten eher Abstand zu den anderen, als sei ihnen ein zu enger Kontakt unangenehm. Keine von ihnen trug eine einzelne Rose in der Hand, wie es bei Beerdigungen üblich war.

Manu, ungewöhnlich schick im flauschigen grauen Webpelz und passender Mütze, die sie ein wenig wie eine russische Zarin aussehen ließ, lief aufgeregt zu Joe und Sofie, die sich dem Zug in einigem Abstand anschlossen.

»Wo ist denn die Lerchenmüller?«, fragte Sofie als Erstes. »Die hat es sonst doch immer ganz besonders wichtig mit dem Junior!«

»Krank, soviel i woaß«, sagte Manu. »Eine schwere Erkältung mit Fieber. Damit könnt sie sich ja heut hier den Tod holen.«

Sie rückte näher an die beiden heran.

»Mir ist da noch was eingefallen«, flüsterte sie den beiden zu. »Im Dezember, da war doch die Weihnachtsfeier vom TSV

1860. Die Grimm war dabei, die beiden Roßhaupters, der Heusinger und i, weil i den Damen zwischendurch die Haare richten soit. Die Gantert, die Lerchenmüller, die Krauss und die Steinbauer wurden später noch eigens hergekarrt. Weils den Spielern sonst wahrscheinlich zu wenig Frauen gewesen wären.«

»Und, weiter?«, drängte Joe ein wenig ungehalten, weil er sich eine gute Position sichern wollte, um am Grab alles möglichst genau beobachten zu können. »Des is doch scho a hoibe Ewigkeit her!«

»I bin ja no ned ganz fertig«, sagte Manu. »Die Seniorchefin hab i nur kurz auftoupiert, bei der war eigentlich ois paletti. Aber die Nathalie hat gegen Mitternacht arg zerrupft ausgschaut, da hob i no amoi schwer Hand anlegen miassn. Der Junior hatte sie scho vermisst. Ebenso wie die Spieler oanen ihrer Kollegen – fast a hoibe Stund, wenn i mi recht erinnere.«

Sie legte eine bedeutungsvolle Pause ein.

»Manu«, sagte Joe drohend. »Komm zum Punkt. Was willst du uns sagen?«

»Moyo Aboudi, der schwarze Mittelstürmer aus Kamerun. Den hams inzwischen an den VfL Bochum verkauft. Is scho verreckt, oder? Da schiaßt er jetzt die Tore, auf die die Löwen vergeblich gewartet ham.« Sie verdrehte schwärmerisch die Augen. »So a netter Kerl! Und hübsch no dazu – wie der sich bewegen ko! Ned die Spur von Arroganz. ›Mein Name bedeutet auf Deutsch *fruchtbarer Regen*‹, hat er mir beim Tanzen verraten.«

Sie presste sich die Hand vor den Mund.

»Im Nachhinein klingt des ja fast scho makaber …«

»Und du bist dir wirklich sicher?«, fragte Sofie nach, die Manus Vorliebe für Ausschmückungen und Übertreibungen schon aus ihren gemeinsamen Schulzeiten kannte.

Manu nickte so heftig, dass ihr Kunstfell auf dem Kopf zu zittern begann.

»I woaß, wos i woaß. Und des woaß i ganz gwiss.«

Weihrauch wurde verströmt, ein Bibeltext verlesen. Als der Sarg in das offene Grab gesenkt wurde, glitt Tobias Roßhaupter auf dem gefrorenen Boden aus. Für einen Moment sah es aus, als würde er sich der Toten hinterherwerfen wollen, doch seine Mutter sprang nach vorn und riss ihn zurück. Beide stürzten und fielen halb übereinander. Uschi Roßhaupter stieß einen entsetzten Schrei aus und wurde von Heusinger wieder nach oben gezerrt, der daraufhin ihren Arm gar nicht mehr loslassen wollte. Die dünne Frau neben dem Junior hatte sich nicht von der Stelle gerührt, genauso wenig wie das Damentrio, das mit Nathalie ihren Junggesellinnenabschied gefeiert hatte.

Es dauerte ein paar Augenblicke, bis alle wieder sicher auf ihren Beinen standen und sich beruhigt hatten. Dann traten sie der Reihe nach vor. Uschis kleiner Rosenstrauß landete auf dem üppigen blutroten Bouquet ihres Sohnes. Credo und Fürbitten waren wohl wegen der Kälte gestrichen worden, man hörte nur ein schnelles Vaterunser und den abschließenden Segen.

So rasch, wie Roßhaupter, seine Mutter und ihre jeweiligen Begleitungen zur Seite traten, schienen sie an Kondolenzbezeugungen nicht allzu interessiert zu sein. Sofie und Joe näherten sich ihnen trotzdem, während Manu sich absetzte, um zurück zu ihrem Laden zu gehen.

»Sie?«

Heusingers Augen weiteten sich erstaunt. Trotz der Kälte war sein Kopf unbedeckt, was Stirn und Ohren stark gerötet hatte und sehr ungesund aussehen ließ.

»Ich dachte, es geht nur um eine Wohnung …«

»Wir sind dienstlich hier«, erklärte Joe, »wir müssen Sie sprechen. Es ist dringend.«

Sein Tonfall schien nichts Gutes zu verraten.

»Sehen Sie denn nicht, in welch erbärmlichem Zustand sie sich befindet?«, antwortete Heusinger an Uschis Stelle. »Sie ist eine alte Frau, die gerade um ein Haar …«

»Schorsch!«

Uschis Stimme klang reichlich angesäuert.

»Halt dich gefälligst zurück. Ich kann immer noch für mich selbst sprechen, und das wird auch noch eine ganze Weile so bleiben.«

Sie wandte sich Joe zu.

»Wo wollen wir denn reden, Herr Kommissar? Natürlich bin ich dazu bereit. Eigentlich wollten wir ja gleich zurück in die Brauerei. In diesen schwierigen Tagen des Übergangs muss jeder auf seinem Posten sein. Passt es Ihnen, wenn wir uns dort unterhalten?«

Es war also kein Leichenschmaus vorgesehen, nicht mal ein simples Kaffeetrinken, das bei dieser Eiseskälte bestimmt allen gutgetan hätte.

Sofie ließ den Junior und seine Begleiterin nicht aus den Augen, der das Ganze reichlich gleichgültig zu sein schien. Ihr Gesicht war glatt und ausdruckslos. Sie wirkte wie ein Model, das eine perfekte Projektionsfläche für jede Art von Werbung sein konnte. In welchem Verhältnis sie wohl zu ihm stand?

»Carlotta Pelzig«, sagte Tobias Roßhaupter, als habe er Sofies Gedanken erraten. »Eine sehr alte Freundin, die extra nach München gekommen ist, um mir in dieser schweren Stunde beizustehen. Fahr ruhig schon mal zurück ins Hotel, Carlotta.

Ich melde mich dann später. Vor dem Eingang stehen immer Taxen.«

Carlotta nickte nur kurz, dann stöckelte sie über den Schnee davon.

»Also los«, meinte daraufhin Joe. »Bringen wirs hinter uns.«

18

Schwarz auf weiß

Ein kräftiger Wind schien durch die Büroräume des Rössl-Bräus geweht und alle Fotografien von den Wänden gefegt zu haben. Wo noch vor wenigen Tagen Uschi Roßhaupter und ihr Sohn aus diversen kitschigen Rahmen gelächelt hatten, hingen nun sehr große, sehr bunte Plakate von nicht ganz überzeugender ästhetischer Qualität. Zu sehen waren schneebedeckte Berge, grüne Wiesen und braune Bierfässer – vor allem aber der Name *Heusinger-Bräu* in riesigen Buchstaben und grellem Blau.

»Ja, so sind sie, die neuen Zeiten.«

Uschi Roßhaupter zuckte mit den schmalen Schultern. Das schwarze Kaschmirkleid mit dem ausgestellten Rock ließ sie noch zierlicher wirken. Müde sah sie aus, deutlich gealtert. Ihre dunklen Augenringe vermochte nicht einmal das großzügig aufgetragene Camouflage-Make-up ganz zu überdecken. Von dem quirligen Persönchen im Teleshoppingkanal war nicht mehr viel zu erkennen.

»Ich denke, es wird sich schon noch einspielen. Sind halt zwei junge Hirsche mit stattlichen Geweihen, der Schorsch und mei Bua, die müssen erst noch ihre Revierkämpfe austragen. Aber ich bin ja auch noch da.«

»Und das lassen Sie sich gefallen?«, fragte Sofie nach. »Schließlich bringen Sie doch den guten Namen und die bessere Qualität mit in diese Bier-Ehe ein!«

»Der Ober sticht den Unter. So sagt man bei uns in Bayern. Und das Kapital ist derzeit auf der Heusingerseite. Leider.«

»Wir müssen Sie zu der Weihnachtsfeier Anfang Dezember letzten Jahres in den Räumen des TSV 1860 befragen«, übernahm nun Joe das Wort. »Waren Sie dort die ganze Zeit anwesend, Frau Roßhaupter?«

»Natürlich.«

Die Sehnen an ihrem mageren Hals traten stärker hervor. »So macht man das als Chefin bei einem Spitzenkunden. Aber was hat das mit Nathalies Tod zu tun?« Sie wirkte irritiert. »Ich denke, deshalb befragen Sie mich doch …«

»Nach Zeugenangaben war Frau Grimm auf dieser Feier eine ganze Weile verschwunden. Ihr Sohn soll vergeblich nach ihr gesucht haben. Können Sie das bestätigen?«

Uschi Roßhaupter versuchte die Stirn zu runzeln, doch die Botoxladung zwischen ihren dünn gezupften Brauen war offensichtlich zu stark.

»Jetzt, wo Sie es sagen … Ja, der Tobi hat nach ihr gesucht. Das muss so gegen Mitternacht gewesen sein. Er fragte mich, ob ich die Nathalie irgendwo gesehen hätte, aber das hatte ich nicht. Irgendwann war sie dann wieder da.«

»Hat sie einen Grund für ihre Abwesenheit genannt?«

»Ich glaube, ihr war nicht gut. Deshalb musste sie raus an die frische Luft.«

»Allein?«, fragte Sofie.

»Woher soll ich das wissen?«

Uschi Roßhaupter starrte Sofie durchdringend an. »Da sind ständig irgendwelche Leute zum Rauchen raus und rein, von unserer Firma sowieso und auch mehrere von den Spielern. Wenn die ausnahmsweise mal was dürfen, dann schlagen die doch ordentlich zu, das kann ich Ihnen sagen! Worauf wollen Sie eigentlich hinaus?«

»Ihr Sohn ist definitiv nicht der Vater des Kindes, das Nathalie Grimm erwartet hat«, erklärte Sofie in sachlichem Ton. »Das beweist das erbbiologische Gutachten des Instituts für Rechtsmedizin. Wir haben es hier schwarz auf weiß.«

»Sie meinen, sie hat Tobias betrogen? Auf der Weihnachtsfeier? Mein armer Bua!«

Erstaunlich, wie schnell die Frau Roßhaupter immer noch eins und eins zusammenzählen konnte.

»Bisher ist das lediglich eine Hypothese. Aber vom Zeitablauf der Schwangerschaft her könnte es hinkommen«, meinte Sofie. »Falls Ihnen also irgendetwas aufgefallen sein sollte, dann sagen Sie es uns bitte.«

Uschi Roßhaupter klammerte sich an den Schreibtisch.

»Man wurde nicht richtig schlau aus ihr«, meinte sie zögerlich. »Ich hatte immer den Eindruck, dass Nathalie hinter ihrer Porzellanschönheit etwas verbirgt, aber ich wusste natürlich nicht, was. Da gab es keine Familie, nur eine Tante im Ausland, die niemals auftaucht – das hat mich von Anfang an stutzig gemacht. Tobi hat sie trotzdem um den Finger gewickelt, weil sie genau so war, wie er sich immer eine Frau gewünscht hat. Sehr anpassungsfähig, wenn Sie verstehen, was ich meine. Wie ein Chamäleon. Dieses Mädchen wollte nur eins: nach oben, und das möglichst ohne Umwege. Das habe ich als Mutter natürlich sofort gespürt.«

»Wusste Ihr Sohn das auch?«

Joe kam allmählich in Fahrt.

»Vielleicht hat es ihn ja wütend gemacht, als er es begriffen hatte. Und jetzt sollte er sie auch noch heiraten, mit dem Kind eines anderen im Bauch …«

»Hören Sie doch auf!«

Uschi Roßhaupter stand auf und hielt sich in einer übertrieben deutlichen Geste die Ohren zu. »Keinen Augenblick werde ich Ihnen länger zuhören. Mein Sohn mag vielleicht ein verliebter Depp gewesen sein, aber doch niemals ein Mörder. Nichts hat er gewusst – gar nichts! Dafür lege ich meine Hände ins Feuer.«

In diesem Moment betrat Schorsch Heusinger das Zimmer.

»Sie sind ja immer noch da.«

Sein genervter Blick streifte zuerst Sofie und Joe, dann seine Geschäftspartnerin.

»Polizei im Haus, das wirft aber kein gutes Licht auf unser Unternehmen«, belferte er. »Und dann auch noch die Mordkommission. Das muss aufhören, Uschi – und zwar sofort!«

»Wir führen unsere Ermittlungen so lange durch, wie es nötig ist«, sagte Joe mit eisiger Stimme. »Sonst können wir alle Zeugen auch gern zu uns ins Kommissariat laden.«

»Ist ja schon gut!«

Heusinger hob abwehrend seine fleischigen Hände.

»Es ist nur so, dass man als braver Bürger ja keinerlei Erfahrung mit so was hat. Und als Firmenchef muss man ohnehin ständig an das Renommee seines Betriebes denken. Ich war ja noch sehr jung, als ich von einem Tag auf den anderen das Ruder übernehmen musste. So etwas prägt einen eben.«

Er wandte sich wieder an Uschi Roßhaupter.

»Zum Glück hat sich hier schon eine Menge getan, seitdem ich mit an Bord bin. Aber das reicht noch lange nicht. Da muss sich noch viel mehr ändern. Übrigens: Die Braumeister Schott und Wölfel sind jetzt da, wir könnten also endlich …«

»Wann haben Sie die Weihnachtsfeier des TSV 1860 im vergangenen Dezember verlassen, Herr Heusinger?«, unterbrach ihn Joe.

»Wieso wollen Sie das wissen?«, giftete er ihn an.

»Beantworten Sie einfach meine Frage«, erwiderte Joe.

Heusinger überlegte.

»Also, das muss so gegen 23 Uhr gewesen sein. Ich war seit Tagen stark erkältet und hatte einiges an Medikamenten genommen, um den Abend überhaupt durchzustehen. Trinken konnte ich da natürlich nichts. Das macht auf Dauer keinen Spaß, wenn die anderen neben dir fröhlich bechern und du immer nur Mineralwasser im Glas hast. Ich hab mir dann ein Taxi gerufen und bin nach Hause gefahren.«

»Allein?«, fragte Sofie.

Heusinger rollte die Augen.

»Natürlich allein! Wenn ich nicht ganz auf dem Damm bin, will ich doch niemanden in meiner Nähe haben, schon gar ned irgendeine Schicksn!«

Erneut wandte er sich an Frau Roßhaupter.

»Können wir dann, Uschi? Ich hab meine Zeit nicht gestohlen. Und den Tobias, den brauchen wir auch noch …«

»Der kommt dann später dazu«, sagte Joe. »Jetzt sind erst einmal wir mit unseren Fragen an der Reihe.«

Roßhaupter junior wurde blass, als ihm Sofie zwei Zimmer weiter das Schreiben der DNA-Abteilung in die Hand drückte.

»Das gibts ja nicht!«, stöhnte er, nachdem er es gelesen hatte. »Betrogen hat sie mich also auch noch. Wen wollt ich denn da eigentlich heiraten? Ich muss total verrückt gewesen sein!«

»Oder maßlos sauer, als Sie dahintergekommen sind«, meinte

Joe seelenruhig. »Auf der Weihnachtsfeier beim TSV 1860 im letzten Dezember haben Sie Ihre Verlobte vermisst. Dazu gibt es Zeugenaussagen. Hatten Sie da gleich einen Verdacht, oder sind Sie erst später misstrauisch geworden?«

»Wieso …«

Er schüttelte den Kopf.

»Gar nix war ich! Nur a bissl angeheitert.«

»Jetzt stellen Sie sich nicht dumm«, sagte Sofie. »Ihre Verlobte war fast eine halbe Stunde lang verschwunden. Zur gleichen Zeit haben die Spieler einen ihrer Kollegen gesucht. Wie von Zauberhand tauchen die beiden dann später wieder auf, der fesche Junge aus Kamerun und Nathalie, so zerrupft, dass ihre Frisur eiligst nachgebessert werden muss … Von alldem wollen Sie nichts bemerkt haben? Das können Sie Ihrer Großmutter erzählen, Herr Roßhaupter!«

Seine Augen sprangen fast aus ihren Höhlen.

»Ein Schwarzer?«, stammelte er.

»Menschen aus Westafrika haben in der Regel eine dunklere Hautfarbe, ja«, erwiderte Sofie. »Wussten Sie nun davon – ja oder nein?«

»Nein, nein und noch einmal nein!«, rief er, bevor er sich wieder halbwegs fasste und seine Stimme senkte.

»Ja, ich fand es komisch, dass sie so lange weg war, und ja, geärgert hab ich mich auch darüber. Aber dann hat sie mir versichert, dass ihr auf einmal ganz schummrig geworden sei und sie unbedingt rausmusste. Natürlich hab ich ihr geglaubt – warum auch nicht?«

Er blickte von Sofie zu Joe und wieder zurück.

»Sie müssen mir glauben, bitte! Ich wäre doch niemals fähig gewesen, meinem Schneewittchen auch nur ein Haar zu krümmen!«

Wenn er log, dann log er gut. Aber Sofie war versucht, ihm zu glauben. Tobias Roßhaupter mochte ein stadtbekannter Hallodri sein, der jahrelang kaum Rücksicht auf die Gefühle der Frauen genommen hatte, mit denen er ins Bett stieg. Doch bei seinem Schneewittchen war es anders für ihn gewesen. Weil Nathalie Grimm an etwas in ihm gerührt hatte, das die anderen zuvor nicht vermochten? Oder weil er bei all dem Schummeln und Betrügen zu guter Letzt auf seine Meisterin getroffen war?

Joe schien ähnlich zu denken wie sie. »Sie können jetzt zu Ihrer Besprechung mit den Braumeistern gehen«, sagte er. »Aber bitte halten Sie sich für weitere Befragungen in den nächsten Tagen bereit!«

Roßhaupter nickte und verschwand.

»Und jetzt zu den Nattern«, meinte Joe. »Immer wieder schön, sich mit reizenden Frauen zu unterhalten!«

Sofie und er befragten die Damen Gantert, Steinbauer und Krauss nacheinander über die Weihnachtsfeier. Offenbar war der eklatante Frauenmangel erst im Lauf der Festivität virulent geworden – dementsprechend spät hatte man sie benachrichtigt.

»Die Chefin selbst war am Telefon«, sagte Ricarda. »Eigentlich hatte ich gar keine Lust mehr, aber was will man machen? Da hab ich mich angezogen, geschminkt und die Haare hochgesteckt, das hat ganz schön gedauert. Und dann war weit und breit kein Taxi zu kriegen, ewig lang nicht. Ich glaube, es muss schließlich nach halb eins gewesen sein, als ich endlich dort war.«

»Ich bin sogar noch später gekommen«, versicherte Simone. »Ich war nämlich schon im Bett. Aber weil die Chefin gar so gebenzt hat, bin ich doch noch einmal aufgestanden und hab mich aufgetakelt. Ich nehme immer meinen eigenen Wagen, aber der ist erst einmal nicht angesprungen. Bis ich den am Laufen hatte und endlich bei den Löwen ankam, muss es fast eins gewesen sein.«

Katja gab vor, sich nur noch vage erinnern zu können.

»Keine Ahnung, wann genau das war, auf jeden Fall war es spät. Annette ist mir verheult entgegengerannt, als ich reinwollte, aber das heißt ja nichts bei der, weil die überhaupt so nah am Wasser gebaut ist. Vielleicht hat sie es nicht ertragen, dass Tobi und Nathalie gerade auf der Tanzfläche einen Schieber vom Allerfeinsten zelebriert haben, so innig, dass nicht mal ein Löschblatt zwischen sie gepasst hätte. Die Nathalie soll vorher mal länger verschwunden gewesen sein? Davon weiß ich nichts.«

»Wir brauchen noch die Aussage der Lerchenmüller«, meinte Joe, als sie mit den dreien fertig waren. »Mick und ich werden sie zu Hause aufsuchen. Ob die sich untereinander abgesprochen haben?«

»So spinnefeind, wie die sich sind?« Sofie zog eine Grimasse. »Eher unwahrscheinlich. Aber ich glaube trotzdem, dass wir mit unseren Befragungen ganz nah dran an der Wahrheit sind. Ich kann sie schon spüren, aber ich seh sie noch nicht.«

Sie lächelte ihn an. »Und wir beide? Zu dir oder zu mir kann ich dich heute nicht fragen, weil ein gewisser Murmel wohl schon ungeduldig auf mich wartet …«

»Dann zu dir«, sagte Joe. »Ich muss aber vorher noch mal kurz beim Dimitri vorbei.«

»Schon wieder was am Auto?«, fragte Sofie.

Er nickte grimmig. »Die Zündkerzen, fürchte ich. Im Frühling hau ich die alte Schrottkarre weg. Oder wir fahren einfach nur noch Motorrad …«

Sofie überlegte. Sollte sie mitkommen? Das gäbe ihr die Möglichkeit, unauffällig nach Faris zu schauen. Aber die verlockende Vorstellung eines kurzen Heimwegs, einer warmen Suppe und vor allem Murmelchens quietschlebendiger Gegenwart gab schließlich den Ausschlag.

»I geh dann schon mal vor«, erklärte sie. »Komm einfach nach, wenn du so weit bist.«

19

Nachgärung

Manches ließ sie sich eben nicht nehmen, von niemandem, auch wenn sie selbst nie eine richtige Lehre im Brauwesen absolviert hatte. Als Bub wäre das natürlich keine Frage gewesen, aber sowohl ihr Vater als auch ihr späterer Mann hielten nichts von Frauen, die ihre Nase zu tief in Dinge steckten, die ihrer Meinung nach nur Männer etwas angingen. Trotzdem war Uschi Roßhaupter über die Jahre zu einer Spezialistin im Umgang mit Hopfen und Malz geworden, das wusste jeder in der Brauerei. Was keine Gnade vor ihren Augen oder ihrem anspruchsvollen Gaumen fand, wurde verworfen, dieses eiserne Gesetz galt bis heute. Wahrscheinlich rührte daher auch ihr großer Erfolg im Shopping-TV – weil sie eben wusste, wovon sie redete. So etwas schätzten die Kunden. Besonders die weiblichen.

Vor allem der Gärung galt ihr besonderes Interesse. Die Schaumberge oder *Kräusen*, wie man sie fachmännisch nannte, die sich nach der Würze in den Bottichen auftürmten, hatten sie von Anfang an fasziniert. Hier *geschah* etwas, das konnte man sehen, und das gefiel ihr. Am neuen Standort gab es dafür eigens hergerichtete Kellerräume, die sie allabendlich zu besuchen pflegte, bevor sie nach Hause fuhr.

Auf Simon Schott konnte sie sich natürlich verlassen, darum ging es nicht. Sie hatte den jungen Braumeister kurz nach seiner Ausbildung in Weihenstephan eingestellt, weil ihr sein offenes Wesen und seine Neugierde gefallen hatten. Und jetzt wollte Heusinger ihn einfach durch seinen bräsigen, kreuzlangweiligen Heinz Wölfel austauschen, weil seiner Ansicht nach ein Braumeister für die beiden fusionierten Betriebe völlig ausreichte?

Also Schott kündigen? Nicht mit ihr! Da würde sie ihm lieber schon morgen seinen Wölfel vor die Tür setzen, als auf ihren Schott zu verzichten.

Sie schloss die untere Tür auf und flanierte an den Edelstahlbehältern entlang. Rechter Hand standen die zylindrokonischen geschlossenen Lagertanks, in denen die Nachgärung erfolgte. Linker Hand reihten sich vier große offene Gärbottiche aneinander, in denen man verfolgen konnte, wie der Schaum nach und nach in sich zusammenfiel und die Hefe sich mehr und mehr am Boden absetzte. Die Bottiche fassten bis zu 3000 Liter und waren für so kleine Personen wie sie nur über eine Trittleiter zu erreichen. Ein ausgetüfteltes Alarmsystem überprüfte den CO_2-Gehalt in der Luft und begann schrill zu klingeln, sobald er zu hoch wurde. Ein Heidengeld hatten sie für das System bezahlt – aber so viel Sicherheit musste in einem Musterbetrieb wie ihrem einfach sein!

Uschi Roßhaupter war gern hier unten, aber heute spürte sie, dass sie in keiner guten Verfassung war. Nicht allein wegen des Kommissars und seiner Begleitung, die immer weiter im »Fall Nathalie« herumstocherten, sondern auch wegen ihrem Sohn, der sich in der Diskussion mit Heusinger immer weiter in die Ecke treiben ließ. Nicht Tobias hatte für die Weiterbeschäftigung von Schott gekämpft, sondern sie. Wie ein zahnloser Tiger war er ihr vorgekommen – und das im Angesicht eines Nilpferds, das bereit war, alles rücksichtslos niederzutrampeln, was sich ihm in den Weg stellte.

All das Kämpfen und Streiten hatten sie sehr müde gemacht. In ihrem Kopf pochte es, und schlechter als sonst sah sie auch. In ihren Ohren hörte sie ein seltsames Brausen, das immer durchdringender wurde. Sie würde doch jetzt nicht auch noch vor lauter Stress einen Tinnitus bekommen? Am besten, überlegte sie, wäre es, wenn sie sich bald mal wieder gründlich von ihrem Hausarzt durchchecken ließe. Tobias brauchte sie dringend als Unterstützung an seiner Seite, das war ihr vorhin klar geworden – und zwar wohl noch eine ganze Weile.

In diesem Moment meinte sie, draußen Schritte zu hören.

War da jemand vor der Tür?

Uschi Roßhaupter lauschte, aber alles blieb still. Wahrscheinlich hatte sie sich das Geräusch nur eingebildet. Es waren doch alle längst nach Hause gegangen. Nur sie harrte als Letzte hier noch aus – sie war eben eine Unternehmerin vom alten Schlag …

Rücklings lehnte sie sich gegen die Wand.

Bloß einen Moment ausruhen und neue Kraft schöpfen – dann würde es schon wieder gehen. Im Sommer war sie auch deshalb gern hier unten, um der Hitze zu entfliehen und danach erfrischt an ihren Schreibtisch zurückzukehren. Aber heute war es draußen ja gar nicht heiß, sondern bitterkalt. Und erstaunlicherweise kam es ihr so vor, als sei es auch hier unten deutlich wärmer als sonst. Ob deshalb ihre Hände so komisch gerötet waren?

Uschi Roßhaupter schloss die Augen. Jede Bewegung fiel

ihr unendlich schwer. Doch irgendwann gab ihr Körper nach, und sie rutschte zu Boden. Mit dem Rücken an der Wand sitzend spürte sie, wie ihr immer übler wurde.

Jetzt bloß nicht kotzen, dachte sie noch. Dann wurde ihr schwarz vor den Augen.

20

Scharfe Neuigkeiten

Sofie war fast schlecht vor Hunger, als sie endlich mit Murmel in ihrer Wohnung ankam. Dem Mops schien es genauso zu gehen. Sie füllte den Napf mit seinem Lieblingsfutter, und als er es binnen Kurzem verschlungen hatte, bettelten seine braunen Hundeaugen um mehr, aber das kannte sie schon und blieb hart. Meistens jedenfalls.

Eigentlich hatte sie vorgehabt, für Joe und sich eine Minestrone zu kochen, aber schon die Vorstellung, erst noch Unmengen von Gemüse schnippeln zu müssen, hielt sie davon ab. Viel lieber wäre sie jetzt einfach ins Vorderhaus zu Tante Vroni gegangen, um sich an ihren stets gedeckten Tisch zu setzen. Aber das ging ja nun leider nicht …

Missmutig starrte Sofie in den Kühlschrank. Darin war nichts, das sie irgendwie gereizt hätte. Dass jemand wie sie, der so gern aß, derart fantasielos am Herd sein konnte! Das hatte schon beim ersten Zusammenleben mit Joe immer wieder zu heftigen Zwistigkeiten geführt, und leider hatte sich das seitdem auch kaum geändert. Zwar behauptete er felsenfest, diese kleine Schwäche von ihr sei ihm vollkommen egal. Aber wie würde das nach einigen Wochen aussehen, wenn sich immer mehr Routine einstellte?

Seufzend inspizierte sie das Gefrierfach – und begann über das ganze Gesicht zu strahlen. Die liebe, liebe Tante Vroni! Da hatte sie doch vor ihrem Krankenhausaufenthalt tatsächlich noch ein paar Leckereien hineingepackt! »Leberknödelsuppe« stand verheißungsvoll auf einem der Plastikgefäße. – Keine in ganz Giesing konnte die so gut zubereiten wie eine gewisse Veronika Ilmberger!

Sofie gab den Inhalt in einen Topf und schaltete den Herd ein. Auf nicht zu hoher Flamme erhitzen, so viel vom Küchenlatein verstand sogar sie. Sie tauschte den dicken Pullover gegen ein Shirt. Würde der Abend ihr heute allein gehören, hätte sie jetzt garantiert ihren superbequemen senfgelben Hausanzug aus ihren Berliner Zeiten angezogen, der ganz unten im Schrank schlummerte. Aber diesen Anblick konnte sie Joe beim besten Willen wirklich nicht zumuten. (Auch das war etwas, das frau bedenken musste, wenn sie mit einem Mann zusammenzog: nie wieder unbeobachtet zu sein und sich herrlich gehen lassen zu können!)

Inzwischen duftete es überall in der Wohnung nach Vronis Suppe, und plötzlich überkam Sofie eine regelrechte Sehnsuchtswelle. Vroni hatte sie aufgezogen, als sie ihre Eltern bei einem tragischen Verkehrsunfall verlor – da war Sofie erst neun Jahre alt gewesen. Die Tante hatte sie stets behütet, bestärkt und fit fürs Leben gemacht. Sofie liebte ihre Geradlinigkeit, ihren Stolz und ihren Mut, mit dem sie sich allen Problemen stellte. Tante Vroni hatte das, was man »Herzensbildung« nannte – und genau das wollte sie ihr jetzt am liebsten sagen.

Als hätten sich die beiden abgesprochen, klingelte in diesem Moment das Telefon.

»I bins«, hörte Sofie jemanden sagen. »Die Vroni. Woaßt du, was mir heute passiert is?«

»Hoffentlich nix Schlimmes mit'm Knia«, sagte Sofie besorgt.

»Naa, i glaab, des heilt ganz guad. I nehm jetzt nur no oa Tablettn zu de Mahlzeiten. Des passt scho. Aber diese arabischen Weiber … Du glaubst es ja ned!«

»Haben sie dir was getan?«

»Des woaß i ned«, antwortete Vroni, »darum geht es ja. I war im Lift, als drei von dene aa no nei wollten. Und weils gar so eng war, bin i mit meine Krückerl wieder naus, um Platz zu macha. Und dann hat oane von dene was zu mir gsagt …«

Vroni verstummte.

»Ja, was denn, um Himmels willen?«, fragte Sofie. »Hat sie dich beschimpft? Des muaßt du dir fei ned gfoin lassen – von niemandem ned! Du bist genauso Patientin wie die aa.«

»Ja, wenn ich des nur wüsst … I kenn das Wort ja ned … Irgendwas mit Sch … Wart amoi, jetzt woaß i's wieder: *Shukraan*. Ja, genau, des hots gsogt. War des was Schlimmes?«

Sofie musste laut lachen, als sie das hörte. »Naa«, erwiderte sie dann, »ganz im Gegenteil! *Shukraan* heißt ›danke‹ auf Arabisch. Die wollte bloß höflich sein.«

»Danke?«, wiederholte Vroni perplex. »Und du bist dir wirklich ganz sicher?«

»Bin i«, bekräftigte Sofie und hatte plötzlich wieder Faris' verletztes junges Gesicht vor sich. »Ganz zufällig hab i des Wort selber erst vor a paar Tagen gelernt.«

»Guad.« Vroni klang zufrieden, wenn auch leicht erschöpft. »Und bei eich? Ois im Lot?«

»Mit mir und dem Joe? – Ja«, sagte sie. »Im Fall Nathalie Grimm sind wir aber noch nicht viel weiter. Es gibt zwar durchaus interessante neue Erkenntnisse, aber ich hab das Gefühl, dass wir irgendetwas übersehen. I woaß bloß no ned, was.«

»Da fällt mir was ein«, hörte Sophie Vroni sagen. »Mitte Januar, als i zum letzten Mal vor der OP bei der Manu war, saß die Nathalie nur zwei Stühle weiter von mir. Plötzlich is da so a junger Schwarzer in den Salon gekommen und hat sie recht freundschaftlich begrüßt, Bussi links, Bussi rechts, so wia mas hoit unter de Promis macht.«

»Und weiter?«, fragte Sofie.

»Arg wars ihr, regelrecht peinlich, dabei war des a ganz attraktiver Kerl. Und teuer angezogen, ois nur vom Allerfeinsten! Abfahren hat sie ihn lassen, aber so was von. Und die Manu, die sollt am besten nix davon mitbekommen, des hab i ganz genau gemerkt. Die Nathalie hat richtig aufgeatmet, als der wieder draußen war. In der Klinik hab i dann sei Foto in da Zeitung gseng. Den ham die Löwen teuer an irgendeinen anderen Verein verkauft. I woaß bloß nimmer, an wen. Und wie der ghoaßn hot, woaß i jetzt aa nimmer.«

»Moyo Aboudi«, erwiderte Sofie wie aus der Hüfte geschossen. »Der schwarze Mittelstürmer aus Kamerun.«

»Ja«, sagte Vroni. »Kannt scho sei …«

»Danke für den Tipp«, sagte Sofie. »Das fügt sich sehr gut in unser Bild …«

»Oans no, Sofie.« Vronis Stimme klang weich. »Wenn du grad schwer im Stress bist, brauchst fei ned am Wochenende zu mir rausfahren. Der Flo kimmt aa so her. Da geht jede Stund a Zug vom Hauptbahnhof.«

»Du bist pfundig!«, meinte Sofie aus tiefstem Herzen. »Jetzt schau ma mal, wie alles wird. Wir telefonieren!«

»Pfüat di«, sagte Vroni. »Und pass guad auf di auf!«

Mit einem Lächeln ging Sofie zurück in die Küche, in der es nun gar nicht mehr gut roch, sondern angebrannt. Deifi noch amoi – hatte sie den Herd doch nicht auf die kleinste Stufe gestellt? Im Topf schwamm nur noch ein lächerlicher Rest Brühe, die vormals festen Knödel waren zu hässlichen dunklen Bröseln zerfallen.

Nicht einmal das kriegst du hin!

Ihre innere Stimme klang mal wieder besonders streng.

Und was sollte sie nun Joe vorsetzen?

Die Klingel riss sie aus ihren Überlegungen. Und dann kam er auch schon die Treppe herauf, einen großen Korb in der Hand – Charly Loessl in Mantel und Schal und mit einem schelmischen Lächeln im Gesicht.

»Überfall!«, sagte er. »Ich hatte so gehofft, dass ihr zu Hause seid.«

Sofie bat ihn herein.

»Ist der Joe auch da?«, erkundigte er sich.

»Der kommt später. Ich weiß noch nicht genau, wann. Willst du nicht ablegen?«

»Ja, aber nur ganz kurz.« Er zog seinen Mantel aus, dann klopfte er auf seinen Korb. »Das hier ist alles für euch. Ein libanesischer Imbiss. Ich dachte mir, ein bisschen Schärfe kann nicht schaden an einem so frostigen Abend!«

Bald bog sich der Küchentisch fast unter all den Schälchen und Tellern, die er zum Vorschein brachte: Es gab Suppe aus roten Linsen mit Kardamom, Hummus, Auberginenkaviar, gefüllte Weinblätter, *Muhammara*, eine Paprikacreme mit Walnüssen, Knoblauch und Harissa, Falafelfrikadellen, Börekröllchen mit Schafskäse und Spinat sowie *Kibbeh*, Hackfleischbällchen mit Bulgur. Dazu hatte er Fladenbrot ausgepackt, das noch lauwarm war.

Sofie kam es so vor, als würden sie alle Düfte des Orients umwehen, und als sie die ersten Bissen probierte, verdrehte sie verzückt die Augen.

»Mir war heute irgendwie danach«, sagte Charly, der sie nun auch noch den köstlichen Rotwein probieren ließ, den er mitgebracht hatte. »Und ein schlechtes Gewissen habe ich auch. Weil ich euch doch den Mund so wässrig gemacht habe. Deshalb bin ich eigentlich hier.«

»Wieso denn das?«, fragte Sofie kauend.

»In der Wohnung über mir wurde übrigens heute den ganzen Tag lang gesungen. Sehr gut gesungen.« Er legte eine kleine Pause ein. »Du kennst doch Mozarts ›Le nozze di Figaro – Die Hochzeit des Figaro?‹«

»Nicht so gut wie du …«, antwortete Sofie, die kulturell lange nicht so bewandert war wie er. Was sie aber – neben anderem – gerade so an ihm mochte.

»In dieser Oper gibt es eine charmante Hosenrolle«, sagte Charly. »Cherubino, einen jungen Schalk. Und dessen Arien hat die Dame heute hingebungsvoll geübt.«

»Das heißt, die schöne Wohnung über dir ist jetzt weg?«

Plötzlich schmeckten Sofie die eben noch so würzigen Börekröllchen fade. »Jetzt bin ich aber enttäuscht. Ich hab x-mal vergeblich versucht, diesen Stein zu erreichen!«

»Ich fürchte, ja«, gestand Charly. »Ich hab sie später auf der Treppe getroffen und angesprochen. Mietvertrag hat sie noch keinen, aber das dürfte lediglich eine Frage von Tagen sein.«

»Ist sie hübsch?«, wollte Sofie wissen und ärgerte sich im gleichen Moment über ihre Frage.

»Durchaus«, erwiderte Charly. »Sehr rothaarig, lustig und gut gelaunt. Gina Matteo heißt sie. Eine neue Mezzosopranistin an der Bayerischen Staatsoper in München.«

Plötzlich wirkte er ein wenig verlegen. Sie schien ihm wirklich gut gefallen zu haben.

Sofies Laune sank weiter, aber das wollte sie sich auf keinen

Fall anmerken lassen. Und selbst wenn mehr aus dieser neuen Nachbarschaft werden sollte – wie kam sie überhaupt dazu, sich in Charlys Privatleben einzumischen?

Sie hatte sich für Joe entschieden und damit gegen Charly. Punkt.

Trotzdem gab es da etwas in ihr, das sie gerade scheußlich pikste und stach. Um sich nichts anmerken zu lassen, wechselte sie rasch das Thema.

»Weißt du vielleicht etwas über diesen Schorsch Heusinger? Den, der jüngst mit dem Rössl-Bräu fusioniert hat?«

»Nicht viel«, antwortete Charly. »Aus den Münchner Klatschspalten hält er sich meistens raus. Ganz im Gegenteil zu seinem Onkel Beppo Heusinger. Der muss ein bunter Hund gewesen sein.«

»Inwiefern?«

»Er hat sein Schwulsein ganz öffentlich zelebriert. Was damals ganz und gar nicht üblich war für den Chef einer Münchner Brauerei. Partys, Männergeschichten, Abenteuer, so lautete seine Devise. Irgendwann hatte er vom Bier offenbar genug und hat sich für immer in die Tropen abgesetzt. Seitdem führt sein Neffe Schorsch die Geschäfte.«

Er musterte Sofie nachdenklich. »Warum fragst du?«

»Ist irgendwie ein seltsames Trio«, erwiderte sie. »Uschi Roßhaupter, ihr hübscher Sohn und er. Ein Trio mit jeder Menge Sprengstoff, würde ich sagen.«

Stürmisches Klingeln.

Sofie ging öffnen.

»Du hast Besuch?«, fragte Joe, als er den Männermantel an der Geraderobe sah.

»Ja«, sagte sie, »stell dir vor, der Charly ist ganz spontan vorbeigekommen und hat uns …«

Er ging in die Küche. Seine Augen flogen über den reich gedeckten Tisch.

»Spontan?«, wiederholte Joe langsam. »Für mich schaut das hier ganz anders aus!«

»Nur ein kleiner Entschuldigungsimbiss«, erklärte Charly, dem nicht entging, wie finster Joes Miene geworden war. »Weil ich euch die Wohnung über mir erst so schmackhaft gemacht habe – und jetzt ist sie leider schon weg. Ich hoffe, du magst Libanesisch?«

»Naa«, sagte Joe pampig. »Da steh i gar ned drauf. Und überhaupt – des ganze Essen, der Wein, da fehlt ja bloß noch Kerzenlicht. Für mi schaut des eher wia a romantisches Dinner zu zweit aus!«

»Aber nein«, sagte Charly, »das hast du völlig falsch verstanden … Das war wirklich ganz spontan. Eine reine Freundschaftsgeste …«

»Falsch verstanden? Freundschaftsgeste?«

Joe wollte sich nicht beruhigen, bis Sofie ihm energisch über den Mund fuhr: »Jetzt führ dich doch bitte nicht so auf, Joe. Das wird ja langsam richtig peinlich mit deiner Eifersucht! Und: Dein Eigentum bin i no lang ned. Des werd i aa nie sei. Aber oans is dir jetzt mal wieder perfekt gelungen: Die Stimmung is im Eimer. Gratuliere!«

Wütend funkelten sich die beiden an, bis Joe zur Seite blickte.

»Mir reichts jetzt. Dann lasst es euch ruhig weiter gut munden! Habe die Ehre, die Herrschaften – und noch viel Spaß!«

Schneller als Sofie reagieren konnte, war er auch schon wieder zur Türe hinaus.

»Super«, sagte sie. »Das alte Spiel. Wieder einmal. Und ich hatte gedacht, wir wären schon viel weiter.«

»In der Liebe gibt es halt keine Regeln«, meinte Charly. »Ihr zwei werdet euch sicher bald wieder …«

Doch Sofie fiel ihm ins Wort: »Sei mir ned bös, Charly, aber Beziehungsratschläge brauche ich jetzt auch keine von dir. Und der einzige Mann, den ich heut noch ertrage, is der Murmel. Tust du mir den Gefallen?«

21

Schaumgestorben

In Bauchlage dümpelte Uschi im Jungbier, die Arme nah am Körper, die Augen geschlossen. Ihr schwarzes Wollkleid hatte sich mit der trüben Flüssigkeit vollgesogen und umschmeichelte ihre dünnen Beine wie eine dunkle Wolke. Ihre Lederstiefel waren vollgesogen und doppelt so breit wie am Vortag. Kein Anblick, der ihr zu Lebzeiten gefallen hätte, so viel stand fest.

Gestern noch dieser blöde Streit wegen nichts und wieder nichts – und nun standen sie also hier gemeinsam am Gärtank, Sofie und Joe, begleitet von Mick Lorenz.

»Fotos vom Tatort gibt es schon«, erklärte Lorenz, dem die latente Spannung zwischen dem Ex-und-wieder-on-Paar nicht entgangen war. »Braumeister Schott hat die Leiche entdeckt. Und sofort die Polizei alarmiert.«

»Das ist richtig.«

Der junge Mann mit dem blonden Schopf nickte.

»Komischerweise steckte der Schlüssel von außen. Das ist mir sofort aufgefallen, denn sonst wird hier immer abgeschlossen. Ich dachte, ich seh nicht richtig, als ich heute früh wie jeden Tag die Tanks inspiziert habe. Die Chefin war sehr gern hier unten. Aber doch nicht so …«

Seine Stimme brach. Er schien sie wirklich gemocht zu haben.

Sofie nickte ihm aufmunternd zu.

»Wozu dient dieser Tritt?«, fragte sie.

»Das hat der Herr Kommissar auch schon wissen wollen«, erwiderte Simon Schott. »Der Kesselrand ist ja ziemlich hoch. Wenn man nicht ganz so groß ist, steigt man darauf, um hineinzuschauen. So hat das Frau Roßhaupter oft gemacht. Vielleicht ist ihr dabei schwindelig geworden.«

»Ist gestern Abend etwas Außergewöhnliches geschehen?«, fragte Joe.

»Es gab eine heftige Diskussion zwischen der Chefin, dem Junior, Schorsch Heusinger und mir«, sagte er. »Braumeister Wölfel war auch mit dabei.«

»Worüber?«

»Über die Zukunft.« Schott verzog den Mund. »Falls es überhaupt noch eine gibt. Die Chefin wollte mich behalten, Heusinger wollte mich loswerden. Wäre es nach der Chefin gegangen, wäre Wölfel heute wohl arbeitslos. Da hat er echt Glück gehabt.«

»Wann haben Sie die Firma verlassen?«

»Muss so gegen 21 Uhr gewesen sein. Der Junior ist mit mir raus. Die Chefin wollte noch bleiben.«

»Und Heusinger?«, bohrte Joe weiter.

»Der bekam zwischendrin einen wichtigen Anruf und ist schon kurz nach 20 Uhr aufgebrochen. Den Wölfel hat er gleich mitgenommen.« Er schnaufte. »Die Chefin und ich waren heilfroh, als die beiden weg waren.«

»Sie kann jetzt raus«, meldete sich Sofie nun wieder zu Wort. »Bitte verlassen Sie den Raum, Herr Schott! Hauptkommissar Lederer wird Sie sicherlich später noch weiterbefragen.«

Auf Plastikfolien gebettet, sah Uschi Roßhaupter so klein aus wie ein Kind. Unter dem Kleid trug sie trotz ihrer Zartheit ein engmaschiges beiges Mieder, das die faltige, tief gebräunte Haut noch mehr zusammenschnürte.

»Haltung bis in den Tod«, murmelte Sofie, inzwischen in ihren weißen Ganzkörperanzug gehüllt. »Das muss ihr erst einmal eine nachmachen. Auf ihre Weise war sie schon einmalig, diese Uschi Roßhaupter!«

»Wann ungefähr setzt du die Todeszeit an?«

Joes Stimme klang betont sachlich.

»Keine Ahnung: Du weißt doch, wie schwierig das ist. Wenn überhaupt, dann kann ich erst nach der Obduktion …«

»Ja, ja«, unterbrach er sie. »Ich weiß. Selbstmord, Unfall oder Mord?«

»Bis auf ein paar blaue Flecken am rechten Handgelenk sehe ich keine äußeren Anzeichen auf Fremdeinwirkung«, meinte Sofie. »Aber sie könnte sich ebenso gut auch irgendwo gestoßen haben. Dünne Haut, nicht mehr ganz taufrisch und kaum ein Gramm Fett am Leib. Da kann so etwas manchmal ganz schnell gehen. Selbsttötung würde ich ausschließen. Eine wie die Uschi Roßhaupter wirft sich nicht in ihr eigenes Bier.«

»Und die Todesursache?«

»Du kennst das Prozedere, Joe.« Auch sie gab sich betont dienstlich. »Dazu später mehr.«

»Der Sohn ist übrigens ziemlich von der Rolle«, erklärte Joe. »Wir mussten einen Notarzt holen, damit er uns nicht vollends durchdreht. Annette Lerchenmüller war die Erste im Büro und kümmert sich rührend um ihn. Glücklicherweise scheint sie wieder genesen zu sein. So können wir sie später auch noch über die Weihnachtsfeier befragen.«

Er räusperte sich.

»Spatzl, übrigens, wegen gestern …«

Sofie stand auf. »Ich wäre dann so weit. Sie kann jetzt in den Bergesarg. Und dann gleich in die Rechtsmedizin. Je schneller wir sie auf dem Sektionstisch haben, umso besser.«

22

Ein Freund, ein guter Freund

Annettes Haut war rosiger als sonst, ihr Zopf begann sich aufzulösen, und statt der Brille mit den randlosen Gläsern trug sie heute eine mit einem zarten, petrolfarbenen Rahmen, der ihrem flächigen Gesicht mehr Kontur verlieh.

»Er ruht jetzt.«

Sie wirkte mädchenhafter, weniger streng, verteidigte aber doch wie Zerberus höchstpersönlich die Schwelle zu Tobias Roßhaupters Büro.

»Nein, Sie können jetzt nicht zu ihm. Vollkommen ausgeschlossen. Ich gebe lediglich weiter, was der Notarzt gesagt hat. Wollen Sie vielleicht auch noch sein Leben riskieren? Es ist doch so schon mehr als genug, was Tobi zu ertragen hat!«

»Dann sprechen wir eben erst mal mit Ihnen«, ergriff Joe die Gelegenheit. »Wir haben Sie gestern bei der Beerdigung von Nathalie Grimm vermisst.«

»Ja.« Ihr Kopf sank nach vorn. »Das ist mir auch wirklich arg. Aber ich war auf einmal so schlecht beieinander, nix wie Husten und Schnupfen, Fieber und Halsweh – ich war einfach nicht in der Lage zu kommen.«

»Und heute ist plötzlich alles wieder gut?«

Joes Stimme klang etwas spöttisch.

»Natürlich nicht, aber man reißt sich eben zusammen. Das kennen Sie doch sicher auch, Herr Kommissar. Wenn es gehen muss, dann geht es auch. Das hat mir schon meine Mama so beigebracht.«

Sie sah ihn tapfer an. »Was wollen Sie denn von mir wissen?«

»Es geht um die Weihnachtsfeier beim TSV 1860? im letzten Dezember. Wir wissen bereits, dass dort ein ziemlicher Damenmangel herrschte, weshalb Sie und einige Kolleginnen nachträglich noch ›eingeflogen‹ wurden, wenn ich das mal so sagen darf. Richtig?«

»›Eingeflogen‹ ist gut«, sagte sie mit einem leicht grimmigen Unterton. »›Herzitiert‹ trifft es wohl besser. Eine solche Chefin duldet keinen Widerspruch. Also hab ich mich auf den Weg gemacht. Aber nicht für sie, sondern für den Tobias. Damit er bei seinem Kunden gut dasteht. So ein bekannter Fußballverein ist wichtig für eine kleine Firma.«

»Wann genau waren Sie bei der Feier?«

Sie zuckte die Achseln.

»Das weiß ich leider nicht mehr so genau. Eher spät. Ich würde sagen, kurz vor Mitternacht.«

»Nathalie Grimm war einige Zeit unauffindbar. Haben Sie das mitbekommen?«

Das zarte Rosa auf ihren Wangen wandelte sich in ein tiefes Rot.

»Genau das war doch ihre Masche«, erwiderte sie unerwartet heftig. »Sich immer und überall wichtigmachen, egal womit. Wenn sie nicht genug Beachtung fand, hat sie sich einfach was ausgedacht. Das war immer so!«

»Und das hat Sie so aufgeregt, dass Sie tränenüberströmt nach Hause gestürmt sind?«, fragte Joe. »Das zu glauben fällt mir schwer. Da muss doch noch viel mehr gewesen sein!«

»Ich erinnere mich nicht mehr genau …« Annettes Stimme erstarb.

»Ich bin überzeugt, Sie erinnern sich, Frau Lerchenmüller«, mischte sich nun auch noch Mick Lorenz ein. »Und zwar ganz genau. Was ist vorgefallen, das Sie dermaßen aufgewühlt hat? Es hat übrigens keinen Sinn zu leugnen. Wir haben glaubwürdige Zeugenaussagen, die das bestätigen. Sie waren vollkommen aufgelöst. Aber weshalb?«

»Nichts war, gar nichts!« Sie machte eine kleine Pause. »Es war spät, ich war todmüde, diese Fußballer sind so gar nicht meine Kragenweite, und als ich den Tobi dann so gesehen habe, da ist es wahrscheinlich einfach mit mir durchgegangen …«

Sie zog ein Taschentuch heraus und betupfte ihre Augen.

»*So gesehen?*«, setzte Joe nach. »Wie genau haben Sie Herrn Roßhaupter denn gesehen?«

»Sturzbetrunken. Ohne Würde. Mit offenem Hemd und schmutziger Hose. So, wie ein Firmenchef niemals sein sollte. Schon gar nicht in der Öffentlichkeit. Zum Hanswurst hat er sich gemacht, irgendwas gelallt und Nathalie schamlos an sich gepresst …«

Sie schaute zu Joe auf.

»Ja, ich hätte ihn davor bewahren müssen, weil er doch mein bester Freund ist. Aber verraten Sie mir auch, wie? Da war kein Durchdringen mehr zu ihm. Ich hab alles versucht – vergeblich. Er wollte einfach nicht auf mich hören, nicht an jenem Abend. Deshalb bin ich dann irgendwann einfach geflüchtet.«

»Danke für Ihre Offenheit«, sagte Joe. »Und was war mit dem Spieler aus Kamerun und Nathalie? Hat Sie das vielleicht noch mehr durcheinandergebracht?«

»Welcher Spieler?«

»Moyo Aboudi. Mittelstürmer. Ziemlich treffsicher, wies aussieht. Es heißt, Nathalie und er seien urplötzlich wieder aufgetaucht, nachdem sie zuvor offenbar eine ganze Weile gemeinsam verschwunden waren.«

Annettes Augen waren blau, groß und wirkten sehr, sehr unschuldig.

»Mir ist nichts von einem solchen Spieler bekannt«, versicherte sie. »Afrikaner, müssen Sie wissen, Herr Kommissar, sind auch so gar nicht mein Fall!«

Sie stand auf.

»Außerdem muss ich jetzt wieder zurück zum Tobias. Der hat gerade auf tragische Weise seine Mutter verloren und braucht dringend meinen Beistand. Daran kann und wird mich niemand hindern. Auch nicht Sie.«

23

Geplatzte Träume

Leiche von extrem schlankem Körperbau. Ein Meter sechzig groß, 45 Kilo …«

Elke Falk räusperte sich.

»Da hat wohl jemand sein ganzes Leben lang äußerst diszipliniert gegessen. Sonst bekommt man das nicht so hin, schon gar nicht im Alter. So viel Willensstärke bringen nur ganz wenige Frauen auf – ich weiß, wovon ich rede.«

Sofie schwieg. Wenn sie eines gründlich satthatte, dann immer wieder diese Anspielungen auf ihre Figur aus dem Mund ihrer ebenso blasierten wie beneidenswert schlanken Chefin hören zu müssen. Aber dass sie diesmal so gar nicht darauf reagierte, schien Dr. Iglu ein wenig zu irritieren. Umso besser!

»Weißlicher, feinblasiger Schaumpilz vor Mund und Nase. Entstanden durch die Vermischung von Wasser, ich meine natürlich in diesem Fall Jungbier, und Luft sowie von den Bronchialepithelien durch die Reizung vermehrt sezernierten Schleims.«

Dr. Falk schaute auf.

»Würde schon passen, dass die noch gelebt hat, als sie in den Gärtank gelangt ist – wie auch immer.«

»Darin schwimmen wollte sie wohl kaum«, meinte Sofie trocken. »Und mit den Örtlichkeiten war sie bestens vertraut. Das hat Braumeister Schott ausgesagt. Was wiederum bedeutet, dass jeder in der Firma wusste, dass sie sich gern da aufhielt …«

Sofie hatte in dem Raum mit den Tanks etwas gesehen, das ihr wichtig vorkam, ohne zu wissen, warum. Jetzt kramte sie in ihrer Erinnerung, was es wohl gewesen sein konnte.

»Geben Sie schon wieder die Miss Marple junior?«, erkundigte sich die Falk spöttisch. »Überlassen Sie die Lösung des Falls doch lieber unserem charmanten Kriminalhauptkommissar Lederer! Oder kriselts mal wieder im interdisziplinären Ermittlungsteam?«

Heigeign, greisliche, dachte Sofie wütend, weil die Falk leider genau den Finger in die Wunde gelegt hatte. Seit Joes plakativem Abgang vor Charlys Köstlichkeiten hatten sie so gut wie kein privates Wort mehr miteinander gewechselt. Was natürlich auf Dauer unhaltbar war. Aber nach großer Versöhnung war ihr noch gar nicht zumute.

Zum Glück konzentrierte sich die Falk jetzt wieder aufs Dienstliche

»Waschhautbildung an Handflächen und Fußsohlen mit Quellung und Runzelung der Oberhaut. Haut wirkt ausgelaugt und hell. Vier kleinere Hämatome am rechten Handgelenk«, diktierte sie weiter. »Sonst äußerlich keine Spuren von Fremdeinwirkung. Rötliche Totenflecken. Bläulich gefärbte Nagelbetten …«

Die Öffnung der Kopfhöhle brachte weitere Erkenntnisse zum Tod durch Ertrinken.

»Einblutungen in den Felsenbeinen. Die Keilbeinhöhlen enthalten Ertrinkungsflüssigkeit …«

Der Geruch dieser Leiche war eine ganz besondere Herausforderung.

»Bierleichen hatten wir ja schon einige«, kommentierte die Falk salopp. »Aber sozusagen ›im Bier gegart‹ war bislang noch keine.«

»Von ›Garen‹ kann wohl keine Rede sein«, meinte Sofie. »Es sei denn, Sie sprechen von Niedrigtemperaturen unter zehn Grad.«

Inzwischen waren sie bei der Öffnung der Brusthöhle angelangt, aus der sie die Organe entnahmen und präparierten.

»Feinblasiger Schaum in der Luftröhre«, diktierte Dr. Falk, »Schaumbelag ebenfalls in den Bronchien. Lungen hochgradig gebläht bei trockener Schnittfläche.«

Sofie drückte mit den Fingern hinein. Tiefe Dellen entstanden, die sich hielten, als sie die Finger längst wieder zurückgezogen hatte.

»Typische Ertrinkungslunge«, fasste Elke Falk zusammen. »Dazu passen auch die verwaschenen Blutungen unter dem Lungenfell, die Blutfülle an Leber und Nieren sowie die auffallende Blutarmut der Milz. Rechte Herzkammer deutlich erweitert …«

Sie diktierte, als ob ein Verfolger hinter ihr her sei.

»Vitalzeichen wie aus dem Lehrbuch. Sie hat definitiv noch gelebt, als sie in den Tank kam. Aber war sie noch bei Bewusstsein?«

»Sie denken an die hellroten Totenflecken?«, sagte Sofie, die sich doch an etwas in dem Kellerraum erinnerte, aber nicht mehr genau wusste, was es gewesen war.

»Exakt. Könnte ein Hinweis auf CO sein«, sagte die Falk.

»Kohlenmonoxid in einer Brauerei? Das ist doch keine Garage!«, widersprach Sofie. Doch plötzlich war ihre Erinnerung wieder da: An der einen Wand im Keller der Brauerei hatte sie eine Mess- und Warnanlage gesehen.

»Aber vielleicht Kohlendioxid, CO_2«, überlegte sie, »das im Prozess der Gärung neben der Bildung von Alkohol freigesetzt wird? Die blauen Nagelbetten würden dazu passen, ebenso die hellen Totenflecken. Dieser Spur sollte man unbedingt nachgehen …«

Elke Falk nickte. Irgendwie schien sie nicht ganz bei der Sache zu sein, auch Spike war heute eigenartig drauf, ungewohnt hibbelig. Um ein Haar wäre ihm vorher sogar ein Röhrchen aus der Hand gefallen, was ihm sofort einen warnenden Eisblick von Dr. Iglu eintrug. Man spürte förmlich, wie er sich daraufhin innerlich zusammenriss, um nur ja keinen Fehler zu begehen.

Der Mageninhalt war so spärlich, dass das kleinste Gefäß dafür ausreichte: »Damit soll sich die Tox weiterbeschäftigen«, sagte Elke Falk und fasste sich an den Kopf.

»Ist Ihnen nicht gut?«, fragte Sofie.

»Ja«, knurrte sie. »Die Herren in Bozen haben mir da einen Brocken hingeworfen, an dem ich noch immer zu kauen habe.«

»Sie sind raus aus der Bewerbung?«

Eine musste es ja auf den Punkt bringen. Sofie dachte an Falks frostigen Spitznamen und verkniff sich ein Lächeln, als sie sagte: »Dabei hätte diese Aufgabe so gut zu Ihnen gepasst!«

»So sehen Sie das also auch!« Sofies feine Ironie entging der Falk vollkommen. »Urplötzlich haben sie einen neuen Kandidaten aus dem Hut gezaubert, der angeblich noch kompetenter für diese Aufgabe sei als ich. Männlich natürlich! Diese Kerle halten doch immer zusammen, wenn es darauf ankommt. Man wolle jedoch fair sein, deshalb könne ich meine Bewerbung noch einmal nachbessern, gab man mir gnädigerweise, unter der Hand, zu verstehen.«

Sie schnaubte.

»›Nachbessern‹ – als ob ich das jemals nötig gehabt hätte! Bei mir sitzt immer alles beim allerersten Versuch, anders kenne ich das gar nicht. Aber ganz, wie die wollen! Eine Elke Falk drängt sich nicht auf. Niemals, niemandem und nirgendwo. Und schon gar keinen Männern! Das werden diese Südtiroler Museumsheinis auch noch begreifen. Dann allerdings könnte es für sie und ihren berühmten Fund aus dem Eis leider zu spät sein …«

»Sie sollten sich das nicht so sehr zu Herzen nehmen«, versuchte Sofie sie zu trösten. »Es kommt bestimmt eine andere gute Chance …«

Elke Falk musste wirklich angeschlagen sein, sonst hätte sie sich jegliches Mitgefühl verbeten. So aber nickte sie nur matt, bevor sie weitersprach: »Ich muss mal kurz an die Luft.« Ihre Stimme wurde weicher. »Was mit Murmel an meiner Seite natürlich deutlich erfreulicher wäre. Überhaupt ist unser Mops jetzt schon verdammt lange bei Ihnen, Frau Kollegin. Wäre schön, wenn ich den süßen kleinen Kerl auch endlich mal wieder hätte!«

»Morgen«, versprach Sofie, weil sie wusste, dass Murmelchen Elke Falk liebte. Aus durchaus nachvollziehbaren Gründen, übrigens. Weil sie ihm gegenüber so liebenswürdig war wie zu keinem anderen Lebewesen, ihren Freund eingeschlossen.

»Dann ist es ja gut. Ich hatte schon die Befürchtung, Sie wollten ihn ganz für sich behalten!«

Spike und Sofie atmeten auf, als die Falk den Sektionssaal verlassen hatte. »Sie macht es einem wirklich nicht leicht«, meinte Spike.

»Nein, das tut sie nicht«, bestätigte Sofie. »Inzwischen glaube ich manchmal fast, sie kann gar nicht anders. Selbst wenn sie wollte.«

Spikes Augen lächelten, dann wurde er wieder ernst.

»Ich hätte da noch eine Bitte an Sie. Privater Natur.«

Sofie musterte ihn neugierig.

»Dann heraus damit!«

»Wir spielen heute Abend in einem kleinen Club. *Milla,* in der Holzstraße. Ab 22 Uhr. Es ist unser allerletztes Konzert vor der Babypause. Shirin singt. Sonst wäre es ja ohnehin nur die halbe Miete. Und ich würde mir so wünschen, dass Sie auch mit dabei sind. Ich weiß, es ist reichlich kühn, Sie das erst am Tag des Auftritts zu fragen, aber ich musste erst Mut dazu fassen.«

»22 Uhr«, meinte Sofie nachdenklich. »Das ist aber ganz schön spät ...«

»Bitte!«

»Also gut«, sagte Sofie. »Ich werde da sein, wenn Sie mich schon so nett fragen. Gibt es denn einen speziellen Anlass?«

Jetzt schien auf einmal der ganze Mann zu strahlen. Sein Lächeln war selbst unter dem Mundschutz unübersehbar.

»Das könnte man durchaus so sagen!«

24

In the Dock

Der Club war bereits brechend voll, als Sofie ankam. Nach einem ausgiebigen Schneegassigehen mit Murmel hatte sie sich nur ein paar Minuten aufs Sofa legen wollen, um ganz kurz auszuruhen, und war dann doch tatsächlich eingeschlafen! Daraufhin eilte sie im Turbo ins Bad, pinselte sich die Augen auf »smoky«, zerrte halbwegs brauchbare Ausgehklamotten aus dem Schrank und warf sich dann in ein Taxi. Jetzt konnte sie nur hoffen, dass der Mops friedlich weiterschlief, bis sie wieder zurück war.

Spike am Schlagzeug nickte ihr erleichtert zu, als sie sich zwischen den anderen Gästen ein Stück nach vorn in Richtung Band schob. Das *Milla* im Glockenbachviertel war ein langer, schmaler, dem ehemaligen Verlauf des Bachbetts folgend schräg nach unten führender Schlauch, der auf den ersten Blick den Charme einer Garageneinfahrt hatte. Am oberen Ende die Bar, am unteren die Bühne, dazwischen ein paar durchgesessene Polstersofas an den Seiten sowie ein Platz für den Mann am Mischpult. Von der Bühne führte eine Treppe hinauf in den Aufenthaltsraum der Bands, wo sich heute also auch In the Dock auf ihren Auftritt vorbereitet hatten. Den Bass bediente gewohnt souverän Aram, der neue Gitarrist war ein blonder Schlaks mit Vollbart und stylishem Männerdutt, den Sofie noch nicht kannte – sein Instrument beherrschte er jedenfalls vorzüglich. Überstrahlt aber wurden alle von Shirin: Die Schwangerschaft hatte sie noch schöner gemacht. Ihre dunklen Augen funkelten wie Sterne, und die paar Kilo mehr, die sie nun auf den Rippen hatte, ließen sie weiblich wie nie zuvor aussehen. Shirin trug nicht ihr übliches rockiges Bühnenoutfit mit enger Jeans und Nietenjacke, sondern ein knöchellanges, schwarzes Kleid wie eine französische Chansonsängerin, aus dem ihre runde Babykugel wie eine glückliche Verheißung ragte.

Schon bei den ersten Tönen bekam Sofie Gänsehaut, so rau und verführerisch schmeichelnd klang diese Stimme. Alles lag in ihr: Freude, Leid, Verlassenheit und Zuversicht, Orient und westlicher Rock, und sie erschien um vieles reifer als der jugendliche Körper, aus dem sie kam.

Call it magic,
Call it true
I call it magic,
When I'm with you …

Sie spielten eine interessant arrangierte Coverversion von *Magic,* einem Song von Coldplay, Spikes Lieblingsband, die Sofie nach seinen nimmermüden Einsätzen im Sektionssaal ebenfalls lieben gelernt hatte. Und sie spielten den Song verdammt gut. Niemand im Raum konnte sich dem Sog dieser von einem leidenschaftlich vorantreibenden Bass getragenen Musik entziehen, weder Dimitri, der mit seinen Kollegen aus der Werkstatt zusammenstand und Bier aus der Flasche trank, noch der junge Flüchtling, dem sie erst neulich Erste Hilfe geleistet hatte. Alle bewegten sich im Takt dazu.

Faris war nicht allein gekommen. In seiner Nähe entdeckte Sofie das markante Profil von Max von Loessl und nicht weit entfernt die sehr ähnliche, ein wenig jüngere Version davon: Charly.

Er nickte ihr lächelnd zu, ein Weinglas in seinen schlanken Händen, und ging im Slalom an den Leuten vorbei auf sie zu.

»Wie schön, dich auch hier zu sehen, Sofie!«, rief er ihr ins Ohr. »Sie singt wunderbar, findest du nicht auch?«

»Ja, das tut sie«, bestätigte sie, froh darüber, dass er ihr die schlechte Laune von neulich offenbar nicht nachtrug. Jetzt schämte sie sich richtig, ihn unbeherrscht angeblafft zu haben, obwohl es doch Joe war, über den sie sich so sehr geärgert hatte.

»Ihre Kleine wird es einmal sehr gut haben. Von so einer Stimme allabendlich in den Schlaf gewiegt zu werden, das muss doch paradiesisch sein!«

Charly lächelte. »Ich mag die ganze kleine Familie«, meinte er. »Und besonders mag ich, wie gut es für Spike ausgegangen ist. Hätte schließlich auch ganz anders laufen können.«

Sofie nickte. Durch die üblen Machenschaften eines früheren Bandkollegen, Tom Sailer, der ihn in Drogengeschichten verwickelt hatte, musste Spike drei Jahre lang ins Gefängnis. Und dann hatte sich Tom, der inzwischen inhaftiert war, auch noch an Shirin herangewanzt, mit höchst gefährlichem Stoff gedealt und Aram abhängig gemacht.

»Nicht nur für ihn«, bestätigte Sofie. »Für Aram war es damals auch ziemlich knapp. Wenn ihr ihn nicht gefunden hättet, als er so zwischen Leben und Tod hing …«

In ihren Gedanken wischte sie die hässlichen alten Bilder wie lästige Mücken zur Seite.

»Inzwischen sieht er wieder sehr viel gesünder aus. Ich denke, er ist vollkommen clean und wird es hoffentlich auch bleiben. Und das ist wichtig, jetzt, wo Aram bald zum ersten Mal Onkel wird.«

Sie lächelte Charly an. »Apropos Onkel: Wie hast du Max eigentlich in einen Raum mit so vielen Menschen bekommen? Das mag er doch sonst gar nicht!«

»Das wollte er heute sogar selbst. Er hat eine Art Patenschaft für diesen jungen Mann übernommen.«

Charlys Kinn wies in Faris' Richtung.

»Es macht ihn richtig wütend, wie feige man ihn verdroschen hat. Jetzt will er alles unternehmen, dass es nicht noch einmal dazu kommt. So kämpferisch hab ich ihn jahrelang nicht mehr erlebt.«

»Was durchaus gefährlich werden könnte«, meinte Sofie. »Dein Onkel ist zwar mutig, das wissen wir, aber doch kein junger Mann mehr. Sich einem Trupp bewaffneter Schläger entgegenzustellen …«

»Sie waren bewaffnet?«, unterbrach sie Charly. »Davon haben die beiden mir nichts gesagt!«

»Baseballschläger«, sagte sie lakonisch. »Damit kannst du jemanden auch totschlagen. Ich hab Faris nach dem Überfall verarztet. Max hatte ihn zu mir gebracht. Er war ganz schön zugerichtet. Einschließlich Hakenkreuz auf dem Bauch.«

Sofie hob die Augenbrauen. »Aber jetzt scheint es ihm ja wieder besser zu gehen, schau doch nur mal!«

Das Mädchen, das neben Faris stand – *sehr nah* neben ihm stand –, war groß und schlank. Jeans, schwarze Bomberjacke, die langen blonden Haare zum Pferdeschwanz gebunden. Ein zartes, junges Gesicht, das vor Aufregung rosig übertönt war.

»*Oh, I think I've landed*«, röhrte Shirin immer noch in den Spuren von Coldplay, »*in a world I hadn't seen…*«

Faris und das Mädchen hielten Händchen, strahlten sich an und hatten ganz offensichtlich alles um sich herum vergessen – sogar seine schmerzenden Rippen.

»Punktlandung«, kommentierte Sofie. »Ach, noch einmal so unverschämt jung sein – und so bis über beide Ohren verliebt!«

»Das ist Sigi Sangl«, sagte Charly trocken. »Eine waschechte Giesingerin und Faris' Freundin. Leider halten ihr Bruder und dessen Giesinger Kumpels wenig von ihrem neuen syrischen Freund …«

»Haben die ihn so verdroschen?«, schaltete Sofie schnell. »Sigis Bruder und seine Gang? Jetzt versteh ich, warum er auf keinen Fall etwas sagen wollte …«

Spikes einsetzendes Schlagzeugsolo brachte sie zum Verstummen. Er gab alles, legte all seine Gefühle in sein Spiel, seine Hoffnungen und Ängste, seine ganze Liebe – bis er plötzlich abbrach.

Applaus brandete auf, in dem Spike unvermittelt aufsprang und zu Shirin lief, um sich bühnenreif vor ihr auf die Knie zu werfen.

»Königin meines Herzens!«, rief er. »Mutter unserer süßen Prinzessin, die bald das Licht der Welt erblicken wird: Leicht gemacht hab ichs dir ja wirklich nicht in den letzten Jahren. Und ich kann dir leider auch nicht hundertpro versprechen, dass ich bis zum Lebensende keinen Schmarrn mehr machen werde, denn ich bin nun einmal, wie ich bin. Aber ich liebe dich, nein, ich liebe euch beide von ganzem Herzen! Willst du mich heiraten, Shirin?«

Sofie spürte einen dicken Kloß im Hals, als sie sah, wie Spike einen silbernen Ring aus der Hosentasche zog. Auch Charly neben ihr schien sichtlich ergriffen zu sein.

»Ja, du Idiot!«, sagte Shirin lächelnd. Ihre dunklen Augen glitzerten verdächtig, als sie sich von ihm den Ring anstecken ließ. »Ja, ja und nochmals ja. Mama wird vielleicht Augen machen! Sie hatte nämlich schon Angst, du würdest mich nie mehr fragen.«

»Uff!«, sagte Sofie, nachdem sich die beiden innig geküsst hatten und dabei vom Publikum ausgiebig beklatscht worden waren. Dann setzte sich Spike wieder hinter sein Schlagzeug, und die Band begann erneut zu spielen. »Das ging ja ganz schön ans Eingemachte. Ich glaub, ich könnt jetzt ein Glas Wein vertragen.«

»Hol ich dir an der Bar«, sagte Charly. »Weiß oder Rot?«

»Rot wie die Liebe, natürlich, und Hauptsache gut«, erwiderte Sofie mit einem schelmischen Augenzwinkern, während Shirin sang:

Be what you want to be
and you get a head, a head full of dreams
into life I've just been spoken
with a head full, a head full of dreams …

Sie konnte nicht länger stillstehen, sondern begann zu tanzen wie auch die meisten anderen ringsumher. Das an der Bar schien zu dauern, aber das war ihr im Moment ganz egal. Es gab nur noch sie, die Musik, den Rhythmus und Shirins Stimme, die schmeichelte und kratzte und die sie nun mit geschlossenen Augen genoss.

»Hallo, schöne Frau«, hörte sie plötzlich eine vertraute Männerstimme neben sich. »So ganz in sich versunken? Darf ich dabei vielleicht ein bisschen Gesellschaft leisten – ganz ausnahmsweise?«

Sie öffnete die Augen und musste lächeln.

Was für ein verrückter Kerl! Aufbrausend, ungerecht, höllisch eifersüchtig – und dann wieder im nächsten Moment so charmant und liebenswürdig, dass sie nach all den Jahren noch immer weiche Knie bekam. Die braunen Locken mit den attraktiven Silberfäden waren feucht. Sein Atem ging schnell, als sei er gerade gelaufen oder in just diesem Moment ziemlich aufgeregt. Er sah sie an, als ob alles Glück der Welt einzig und allein von ihrer Antwort abhinge.

»Darfst du, schöner Mann«, erklärte sie. »Ausnahmsweise. Wer, wenn nicht du, Joe …«

25

Unter Verdacht

Konnte Glück ansteckend sein?

Seit drei wunderbaren Tagen war Joe Lederer beinahe versucht, daran zu glauben. Spikes emotionaler Antrag auf der Bühne, die zarte, junge Zuneigung von Faris und Sigi, die sich gegen handfeste Anfeindungen durchsetzen musste, all das hatte zu einer heißen Liebesnacht mit Sofie geführt, die seitdem nicht die letzte geblieben war.

Wie gut sie sich in seinen Armen anfühlte! Wie weich sie war und wie aufregend sie roch – nach Rosen, ihrem grünen Shampoo, vor allem aber nach sich selbst. Sie war die Frau seines Lebens, und er wünschte sich noch viele solcher Nächte mit ihr – auch wenn die Nachbarn unter ihr mit dem Besenstiel gegen die Decke klopften, weil sie mal wieder zu laut gewesen waren!

Das Schöne daran war, dass Sofie neben all ihren seelischen und körperlichen Vorzügen auch noch diesen klugen Kopf besaß, über den er allerdings auch schon kräftig geflucht hatte, weil er so eigen und stur sein konnte. Manchmal jedoch war es einfach nur herrlich, zusammen mit ihr laut zu denken. So hatte er heute früh, gleich nach dem Aufwachen, noch im Bett alles mit ihr Revue passieren lassen.

»Zwei ungeklärte Todesfälle, die beide irgendwie mit dem Rössl-Bräu zusammenhängen. Totschlag? Mord? Ein Täter? Mehrere? Wir ermitteln nach allen Seiten, aber noch immer haben wir nur Verdächtige und nichts Greifbares in der Hand.«

»Eigentlich müssten heute die Laborergebnisse von Uschi Roßhaupter kommen«, sagte sie. »Vielleicht bringen ja die euch weiter. Habt ihr inzwischen alle Alibis überprüft?«

»Wie denn? Wo noch nicht einmal der Todeszeitpunkt feststeht?«

»In dieser kalten Brühe ist das leider nicht möglich ...«

»War ja kein Vorwurf«, unterbrach er sie, »sondern lediglich eine Feststellung. Natürlich haben wir alles versucht, was möglich war, aber das reicht leider nicht aus. Tobias Roßhaupter wurde von der Lerchenmüller nach Hause gefahren, die dann praktischerweise gleich bei ihm übernachtet hat, so aufopferungsvoll, wie sie nun einmal ist.«

»Annette und der Junior?«, fragte Sofie überrascht nach. »Da hat sie aber nicht allzu lange um ihre Kollegin getrauert ...«

»Alles nur aus reiner Freundschaft zum Tobias, sagt sie!« Joe verdrehte die Augen. »Weil sie vor Sorge um ihn fast selber schon krank sei. Ich kann mir das bald nicht mehr anhören! Aber solange wir nicht das Gegenteil beweisen können, müssen wir es wohl so hinnehmen.«

»Das wird doch nix mit dene zwoa.« Sofie kuschelte sich enger an ihn. »Da passt diese aufgebrezelte Carlotta Pelzig, die ihn zum Grab begleitet hat, scho vui eher in sei Beuteschema. Ich wette, die ist noch immer in München. Was ist denn mit den anderen Kandidaten?«

»Braumeister Wölfel hat seinen Chef nach Unterhaching gefahren und dort mit ihm angeblich in dessen Haus noch ein Bier getrunken. Oder zwei oder drei, sagt er.«

»Und danach?«

»Per Taxi nach Hause. Er wohnt in Harlaching und hat sogar die Quittung aufgehoben.«

»Na wenn schon!« Sofie lief langsam zur Höchstform auf. »Er kann ja später noch einmal zurück zum Rössl-Bräu gefahren sein. Hat sein Braumeisterkollege, Simon Schott, nicht erwähnt, dass die Roßhaupterin den Wölfel am liebsten ganz schnell entlassen hätte? Wie sieht es denn mit Fingerabdrücken aus?«

»An der Klinke sind jede Menge«, antwortete Joe. »Innen wie außen. Die Tote selbst, ihr Sohn, Heusinger, Wölfel, Schott und noch einige andere. Aber was beweist das schon? Wenn ich vorgehabt hätte, die Uschi Roßhaupter über den Jordan zu schicken, hätt ich sicher Handschuhe angezogen. Du nicht?«

Später am Tag erreichte Joe dann Sofies Anruf aus der Rechtsmedizin.

»Die toxikologische Analyse ist negativ«, sagte sie. »Irgendwelche giftigen Substanzen wurden nicht gefunden. Ihr solltet euch noch einmal den Keller und die CO_2-Messanlage anschauen.«

»Was glaubst, was wir gerade machen?«, sagte Joe. »Mick und ich sind direkt vor Ort. Herr Schott hat mir gerade einiges dazu erläutert. Es könnte durchaus sein, dass die Alarmanlage manipuliert wurde, sonst wäre sie vermutlich losgegangen. Und das hört man, hat er mir versichert – und die Roßhaupter hätte dann auch ganz sicher gewusst, in welcher Gefahr sie sich befand.«

»Na, dann bis später«, sagte Sofie. »Wir sehen uns bei der Wohnungsbesichtigung.«

Joe lächelte. Sofie war wieder mit im Boot, und vielleicht hatten sie heute auf dem ehemaligen Agfa-Gelände ja endlich mal Glück. Er hoffte es inständig: Dass das Gelände in Giesing lag, war schon mal kein schlechtes Zeichen …

»Bis später, Sofie. I gfrei mi scho.«

»Normalerweise hätte die Lüftung anspringen müssen«, ergänzte Simon Schott, nachdem Joe das Telefonat beendet hatte. »Die wird nicht nur über eine CO_2-Messsonde, sondern auch noch über ein Zeitrelais gesteuert. Spätestens dann weiß hier jeder, dass er nichts wie raus muss!«

»Aber dazu war Frau Roßhaupter offenbar nicht mehr in der Lage«, meinte Mick Lorenz. »Das könnte jemand ausgenützt, wenn nicht sogar willentlich herbeigeführt haben. Es sei denn, sie wäre in ihrem wackligen Zustand aus eigenem Antrieb die Leiter hinaufgekrabbelt … Aber warum sollte sie das tun?«

»Sie war ein Profi«, versicherte der junge Braumeister. »Man konnte jede Menge von ihr lernen. Ich hab ihr vieles zu verdanken. Ihr Tod macht mir echt schwer zu schaffen.« Sein Gesicht wirkte ehrlich betrübt.

»Sie betonen das so nachdrücklich«, hakte Joe nach. »Als ob nicht alle so wie Sie empfinden würden.«

»Na ja, die Chefin besaß durchaus das Talent, sich Feinde zu machen«, erwiderte Schott nach einigem Zögern. »Manchmal hatte ich sogar den Eindruck, das bereite ihr Spaß. ›Wer nicht für uns ist, ist gegen uns‹, hat sie oft zu mir gesagt. Oder auch: ›Wo viel Feind, da auch viel Ehr‹. Sie hat ihr ganzes Leben lang kämpfen müssen. Irgendwann hat sie das dann wohl zu ihrem Lebensmotto gemacht.«

»Hatte sie denn ganz konkrete Feinde?«, hakte Mick nach.

»Der Sohn zum Beispiel, der sich nie aus dem Schatten der allmächtigen Mutter befreien konnte?«

»Tobias?« Simon Schott lachte kurz auf. »Dem fehlte dazu der Mumm, wenn Sie mich fragen! In der Hosentasche die Faust gegen sie ballen? Das ja. Aber sich hinunterschleichen und die Anlage manipulieren? Das traue ich ihm nicht zu.«

»Das technische Know-how hätte er gehabt?«

Der Braumeister nickte.

»Wer sonst noch?«, fragte Joe.

»Ich möchte niemanden anschwärzen …« Der junge Braumeister schaute von Joe zu Mick und wieder retour. »So etwas liegt mir nicht.«

»Kommen Sie schon«, drängte Joe. »Wir brauchen Ihre Informationen!«

Noch immer fiel Schott die Antwort sichtlich schwer.

»Wölfel«, sagte er schließlich. »Unsere Gesellen. Und natürlich auch ich.«

»Was ist mit Heusinger?«, fragte Mick.

Er überlegte erneut, dann nickte er kurz.

»Denke schon. Auch wenn er nur ein paarmal hier unten war, soviel ich weiß. Aber das Prinzip dieser Anlagen ist ähnlich. Kennst du eine, kennst du sie eigentlich alle. Und im Heusinger-Bräu haben sie natürlich auch so eine.«

Simon Schott schien zu frösteln.

»Dorthin muss ich jetzt übrigens gleich«, erklärte er. »Könnte mir was Schöneres vorstellen.«

»Weil Schorsch Heusinger Ihnen gleich kündigen wird?«

»Ganz im Gegenteil! Keine Ahnung, was in ihm vorgegangen sein mag, aber auf einmal braucht er mich doch. Jetzt soll alles moderner und vor allem ertragreicher werden. Ein neues Sudhaus will er bauen lassen. Dafür muss aber erst ein Teil der alten Anlagen abgerissen werden. Die Bagger sind bereits zugange. Jetzt möchte er wissen, zu welchen Tanks ich ihm rate – ausgerechnet ich, den er vor Kurzem noch unbedingt loswerden wollte.«

Schott zuckte die Schultern und grinste kurz. »Wie schnell sich die Zeiten doch ändern können!«

26

Familienterror

Ausnahmsweise war Sofie mal viel zu früh dran. Was bedeutete, dass sie in der beißenden Kälte auf Joe und den Vermieter warten musste. Um nicht aus Versehen anzufrieren, unternahm sie einen kleinen Spaziergang durch das neue Areal, das sich nun da ausgebreitet hatte, wo einst über Jahrzehnte das Agfa-Hochhaus das Stadtbild beherrschte.

Die ambitionierten Architekten hatten es sicherlich gut mit ihren künftigen Mietern und deren Nachkommen gemeint. *Alles sehr kinderfreundlich*, war ihr erster Eindruck. Schnurgerade Wege, reichlich Spielplätze mit Sandkästen und den verschiedensten Klettergerüsten, umrahmt von kleinen Rasenstücken und niedrigem Gehölz, das erst noch ordentlich in die Höhe schießen musste, bevor es die Bezeichnung Baum oder Strauch wirklich verdienen würde. Im Sommer würde es hier vermutlich hübsch sein, sobald die neuen Fassaden in der Sonne leuchteten und lauter glückliche kleine und große Menschen auf ihren Balkonen und Terrassen Eis schleckten. Aber dieser eisige Februarnachmittag verwandelte alles in eine Art Totenstadt. Die dünnen Hölzer bogen sich unter der Last des Schnees, die Fassadenfarbe hatte sich in ein kränklich wirkendes Gelbgrün verwandelt, und auch die dicken Eiszapfen, die von den Dachfirsten hingen oder unter den Balkonen prangten, wirkten eher bedrohlich als winterlich-romantisch.

Obwohl es noch lange nicht dunkel war, schien kaum jemand unterwegs zu sein, bis auf eine windgebeutelte junge Mutter, dick eingemummt, die rechter Hand einen megateuren Kinderwagen vor sich hertrieb, während ein weinendes Kleinkind an ihrer linken Hand wütend strampelte.

Sofie vermisste Läden, Kneipen, ein Café – etwas, das diesen durchgestylten Wohnsilos ein bisschen Leben einhauchen konnte. So aber mochte das Gelände zwar auf dem Stadtplan als Giesing verzeichnet sein – mit dem Viertel, das sie so sehr liebte, hatte es rein gar nichts zu tun.

Sie fühlte sich plötzlich beklommen. Das Stadtviertel, in dem sie aufgewachsen war, mochte kleinbürgerlich, hier und da schon ein bisschen schäbig und alles andere als schick sein. Und trotzdem war er ihr tausendmal lieber als diese geschleckte Retortenstadt, in der ein Haus wie das andere aussah! Weil das so war, fiel es Sofie jetzt auch ziemlich schwer, wieder zurück zu ihrem Ausgangspunkt zu finden. Eine ganze Weile irrte sie zwischen den einheitlich gestalteten Blöcken umher, verfluchte innerlich den geschlängelten Kletterbaum in quietschbunten Neonfarben, an dem sie jetzt bestimmt schon zum dritten oder vierten Mal vorbeiging, bis sie ein wild winkender Mann in einiger Entfernung endlich erlöste.

»Sofie«, rief Joe ihr zu. »Wo bleibst du denn? Hier samma!«

Erleichtert lief Sofie auf ihn zu, ließ sich herzen und küssen, bis Joe sie zu einem Hauseingang ein paar Meter weiter zog.

»Die Angelegenheit ist nicht ganz ohne«, flüsterte er ihr zu. »Das hab ich auch gerade erst erfahren. Dieses Mal ist es eine Sie, vielleicht bringt uns das ja Glück. Die Wohnung haben ihr die Eltern gekauft. Da war noch alles paletti: guter Job, Lebensgefährte, Kinderwunsch. Dann hat der Typ sich plötzlich aus dem Staub gemacht, der Job ging futsch, und jetzt braucht sie dringend Geld.«

»Okay«, murmelte Sofie. »Sonst noch was?«

»Irgendwie steht sie auf Schwingungen. Frag mich bloß ned, was genau sie damit meint, sondern hör einfach weg, wenns dich zu sehr nervt …«

Die Frau war schlank, klein, sehr blond und hatte etwas Feenhaftes an sich. Ganz in Weiß gekleidet, mit vielen langen silbernen Ketten, die unter dem offenen Mantel klimperten, empfing sie die beiden im Hausflur.

»Loreena Mayer«, säuselte sie. »Angenehm. Mit Herrn Lederer habe ich ja schon telefoniert. Und Sie sind …«

»Sofie Rosenhuth.« Ihren Doktortitel ließ sie instinktiv weg. »Ich freu mich auch.«

Frau Mayer führte die beiden in den Lift, der sich geräuschlos in Bewegung nach oben setzte.

»Alles brandneu«, meinte sie mit einem kleinen Zungenschnalzen, das ein Tick sein mochte und sich fast so anhörte, als wolle sie damit eine störrische Tierherde nach Hause treiben. »Beste Qualität. Und leider dementsprechend teuer. Das werden Sie an den Nebenkosten noch zu spüren bekommen.«

Das klang ja nicht gerade nach Werbung in eigener Sache. Sofie warf Joe einen irritierten Blick zu, den dieser geflissentlich ignorierte. Dann waren sie auch schon im vierten Stock angelangt, und die Vermieterin sperrte die Wohnung auf.

»Sehen Sie sich in Ruhe um«, forderte sie die beiden auf. »Sie müssen ja schließlich spüren, wo Sie hier gelandet sind!«

Eine schwere Patschuli-Wolke nahm Sofie fast den Atem, aber das war erst der Anfang. Möbel gab es kaum, bis auf ein paar Futons und einen niedrigen Tisch, dafür jede Menge Eso-Kitsch. Von den Decken und Wänden baumelten Mobiles, Traumfänger und tanzende kleine Kügelchen in zarten Pastelltönen. Ungezählte Buddha-Statuen waren aufgestellt, sitzend, stehend oder liegend, kombiniert mit bunten Duftlämpchen, die die unterschiedlichsten Aromen von sich gaben. Den Laminatboden bedeckten große weiße Felle. Im Wohnzimmer, das in eine offene Küche überging, versperrten mannshohe aufblasbare Kristalle den Weg zum Balkon.

»Um schlechte Energie fernzuhalten«, sagte Frau Mayer, als hätte sie Sofies Irritation bemerkt. »Das kostet natürlich Kraft, kann ich Ihnen sagen! Wie Sie das lösen, ist Ihre Angelegenheit. Aber Sie werden sich darum kümmern müssen, denn Sie wollen ja schließlich einen Engel einladen. Dabei könnte ich Ihnen allerdings behilflich sein, mit meinen Fähigkeiten …«

Erneut schaute Sofie ratlos zu Joe, der nur mit den Schultern zuckte und weiter ins nächste Zimmer ging.

Die Wohnung war geradlinig geschnitten, quadratisch, praktisch, gut, wie Sofie unwillkürlich dachte. Die Decken waren ihr eine Spur zu niedrig, und auch sonst vermisste sie schmerzlich das Flair, das halbwegs in Schuss gehaltene Altbauten ganz von selbst verströmten. Doch das geräumige Bad war geschmackvoll in Weiß gefliest, zudem gab es ein separates kleines Gästeklo.

»Fußbodenheizung!«, sagte Loreena sichtlich stolz, als hätte sie alles höchstselbst befeuert. »Überall! Und dreifach verglaste Isolierfenster. Sie können sich Tag und Nacht auf dem Boden paaren, wenn Ihnen danach zumute sein sollte. Da sind 2500 Euro warm doch fast geschenkt!«

Hatte sie das gerade richtig gehört?

Sofie trat unwillkürlich ein paar Schritte zurück, doch die Vermieterin folgte ihr augenblicklich und kam sogar noch näher an sie heran.

»Ich kann fühlen, dass Sie so weit sind«, raunte sie. »Bei Frauen ist das immer leichter. Männer können so dermaßen verspannt sein bei diesem Thema, wenn Sie wissen, was ich meine. Wann werden Sie damit anfangen?« Ihre Wange zuckte, und jetzt hörte Sofie auch wieder ihr seltsames Schnalzen. »Gleich nach der Unterzeichnung des Mietvertrags?«

»Womit anfangen, wenn ich fragen darf?«, erkundigte sich Sofie. »Dass die Wohnung so teuer sein soll, höre ich übrigens gerade zum ersten Mal. Das liegt weit über unserem Budget.«

Loreenas großer Mund verzog sich zu einem schelmischen Lächeln.

»Sie sind mir vielleicht eine!«

Sie schlug Sofie mit der flachen Hand leicht auf die Schulter.

»Tut so unschuldig und hat es doch faustdick hinter den Ohren! Ich spüre doch, dass Sie die Wohnung haben wollen, und Ihr Mann will sie erst recht. Aber gefeilscht wird nicht. Nicht mit mir. Es handelt sich ohnehin um einen Freundschaftspreis, den ich da offeriere. Speziell für Sie, damit Sie endlich Ihr heiß ersehntes Ziel erreichen, und das wissen Sie ganz genau.«

Jetzt wurde es Sofie endgültig zu viel.

»Joe«, rief sie. »Kommst du mal bitte?«

»Ja, Spatzl?« Ein Blick auf Sofies Gesicht, und Joe wusste, was die Stunde geschlagen hatte.

»Weißt du vielleicht, wovon Frau Mayer spricht?«

Aber noch ehe Joe antworten konnte, war eben diese schon wieder zur Stelle: »Na, von der kleinen Seele natürlich, die Sie hier empfangen werden. Deshalb wollen Sie beide doch hier einziehen.«

»Welche Seele?«, sagte Sofie säuerlich. »Wir haben einen Mops, falls Sie das meinen, aber der ist heute bei seiner Patenmama untergebracht …«

Loreena Mayer starrte Sofie mit halb offenem Mund an. Allmählich schien ihr zu dämmern, dass sie beide gerade völlig aneinander vorbeiredeten.

»Sie wollen gar kein Kind?«, fragte sie streng und gekränkt zugleich. »Das hat Ihr Mann also nur so dahergesagt, um mich weichzuklopfen?«

»Ich habe gar nichts gesagt«, verteidigte sich Joe. »Ich habe Sie einfach reden lassen, weil ich dachte, so etwas bespricht man besser persönlich.«

Aus der Wohnung darunter drang Kindergebrüll.

»Sehen Sie«, rief Loreena triumphierend. »Andere sind mutiger als Sie! Das ist ein Ort, der kleine Seelen braucht, und nur den Menschen, die offenen Herzens dazu bereit sind, werde ich mein kostbares Eigentum anvertrauen …«

»Zu schlappen 2500 Euro? Wie überaus freundlich von Ihnen! Aber wir verzichten dankend.«

Sofies Stimme war gefährlich leise geworden.

»I geh jetzt. Und zwar gleich. – Joe?«

»Bin scho da.« Joe folgte ihr zur Tür und weiter hinaus in den Hausflur.

»Menschen zu täuschen macht superschlechtes Karma, wusstest Sie das?«, rief Loreena ihnen aufgebracht hinterher. »Das werden Sie noch zu spüren bekommen, alle beide – wenn nicht in diesem Leben, dann eben im nächsten …«

Zum Glück kam bald der Aufzug, sodass Sofie und Joe ihr Gekeife hinter sich lassen konnten.

»Der Wahnsinn«, meinte Sofie, als sie nach unten fuhren. »So etwas habe ich noch nie erlebt. Was es nicht alles gibt auf Giesings weiten Fluren …«

»Am Telefon klang sie eigentlich ganz normal«, meinte Joe kopfschüttelnd. »A bissl aufdraht vielleicht und sehr redselig – aber lang ned so gspinnert wie grad eben.«

Er blieb mitten auf dem Weg stehen.

»Und jetzt, Spatzl?«

»A Bier«, sagte Sofie aus tiefstem Herzen heraus. »Und zwar in einer stinknormalen Giesinger Boazn!«

27

Das mit dem Gras

Das kulinarische Angebot in der fast schon an den Grenzen Giesings zu Perlach gelegenen Gaststätte »Freundschaft«, zu der sie nach der Wohnungsbesichtigung fuhren, erwies sich als eher begrenzt und *sehr* bayerisch, wie Sofie nach einem kurzen Blick auf die Speisekarte feststellte. Aber das kam ihr heute gerade recht. Das Böfflamott mit Semmelknödeln und Blaukraut, das sie bestellte, wurde ebenso flott serviert wie Joes paniertes Riesenschnitzel mit lauwarmem Kartoffelsalat als Beilage. Dass hier inzwischen Heusinger-Bier gezapft wurde, erstaunte sie beide, aber Sofies Pils schmeckte ebenso gut wie Joes perfekt eingeschenktes Weißbier.

»Und was wird jetzt aus uns beiden?«, fragte Joe, als Durst und Hunger gestillt waren. Langsam füllte sich das Lokal immer mehr, vor allem mit Stammgästen, wie es schien, denn die füllige Bedienung im tief ausgeschnittenen blauen Dirndl begrüßte die meisten freundlich mit Namen.

»Inzwischen komm ich mir schon so vor wie damals der Josef und die Maria auf ihrer Herbergssuche!«

»Mit dem entscheidenden Unterschied, dass jeder von uns schon eine ordentliche Wohnung hat«, kommentierte Sofie trocken, die insgeheim noch mit einem warmen Apfelstrudel als Nachtisch liebäugelte.

»Und Jesuskind hamma aa koans. Bloß an Murmel.«

Joe griff nach ihrer Hand.

»I woaß, des war a ganz a verrückte Spinatwachtel«, meinte er und ließ seine Grübchen spielen. »Mit einem Riesenspleen. Und in ihrem Nobel-Silo möcht i ehrlich gesagt aa ned wirklich leben, obwohl die Wohnung so schlecht gar ned war. Aber das mit der kleinen Seele, was sie da gsagt hat …«

Er drückte Sofies Hand fester.

»Warum eigentlich ned, Sofie? Mia san nimma blutjung. Und wenn ned jetzt, wann eigentlich dann?«

»Joe Lederer, Achtung!«, sagte Sofie warnend. »Fängst du jetzt auch noch zum Spinnen an?«

»Naa.«

Joes kastanienbrauner Blick wurde noch intensiver. »Nur zum Träumen. Träumst du denn nie davon, Sofie?«

Und ob sie das tat! Dass Joe und sie eines Tages Kinder haben würden, war für Sofie so sicher gewesen wie das Amen in der Kirche. Pressiert hatte nix dabei. Wer sich schon auf dem Schulhof schöne Augen macht, der hat doch alle Zeit der Welt!

Nur: Dann war eben alles anders gekommen. Ihre Arbeit als Polizistin wurde abgelöst von Abendgymnasium, Studium und Facharztausbildung, was die Prioritäten in Sofies Leben entscheidend verschoben hatte. Dann begann Joe fast notorisch fremdzugehen, weil er mit der veränderten Situation immer weniger zurechtkam und Bestätigung bei anderen Frauen suchte. Das alles waren nicht gerade die besten Voraussetzungen gewesen, um Kinder in die Welt zu setzen. Und so war es schließlich zur Trennung gekommen. Dann zur Scheidung. Und danach war erst mal Sendepause.

Sofie ging nach Berlin, und sie hätte niemals, auch nicht als sie wieder zurück in München war, gedacht, dass Joe und sie jemals wieder zusammenfinden würden.

Aber nun waren sie ja offenbar gerade eifrigst dabei …

Seitdem hörte sie immer öfter diese verdammte biologische Uhr ticken, auch wenn sie das so gar nicht wahrhaben wollte. Sogar Tante Vroni hatte schon die eine oder andere Andeutung in dieser Richtung fallen lassen. Und jetzt kam ihr auch noch der Joe damit daher!

»Gras wächst auch nicht schneller, wenn man daran zieht«, erklärte sie. »Du und i, mir san noch ned so weit, und des woaßt du aa ganz genau. Dieses Mal lass i mir Zeit, und zwar mit allem. Des hob i mia gschworn. Und jetzt muaß i erst amoi wohi.«

Sie stand auf und machte sich auf den Weg zu den Toiletten. Im Waschraum ließ sie sich eine kleine Ewigkeit lang kaltes Wasser über die Innenseite der Handgelenke laufen, dann schüttelte sie ihre Locken und musterte sich kritisch im Spiegel.

Sei doch froh, dass er noch nicht aufgegeben hat!

Da war sie wieder, ihre aufsässige innere Stimme, die sie liebend gern überhört hätte.

Andere Männer hätten doch längst das Handtuch geworfen. So einer wie der Joe, der kann viele Frauen haben: jünger als du, schlanker, weniger kompliziert und vor allem ganz wild darauf, ihm Kinder zu schenken …

Sofie streckte ihrer inneren Stimme und damit sich selbst die Zunge heraus. Dann machte sie sich auf den Weg zurück zu ihrem Tisch. Dabei sah sie plötzlich in einer Nische David Karisimbi sitzen, den Stadtpfarrer von Maria Hilf, der aus Ghana stammte und so viel frischen Schwung in die zuvor stockkonservative Gemeinde gebracht hatte. Sein ansteckendes Lachen entblößte makellose weiße Zähne und schien den ganzen Raum zu erhellen.

»Frau Rosenhuth«, sagte er, »was für eine Freude! Wollen Sie sich nicht einen Moment zu uns setzen?«

Aus der Nähe war sein Lachen nicht mehr ganz so strahlend, wie sie es in Erinnerung hatte. Müde wirkte er, leicht angegriffen, seine samtige dunkle Haut überzog ein Grauschleier.

Die ganze Welt ist grad so zapfig, dachte Sofie bitter. *Das ist für einen Menschen mit einem so offenen Herzen wie David sicherlich eine große Herausforderung.*

»Ich weiß nicht«, sagte sie unschlüssig. »Ich bin eigentlich mit dem Joe da …«

»Dann soll der Herr Lederer doch auch zu uns rüberkommen! Mit dem wollt ich ohnehin schon reden.«

Was hatte er wohl mit Joe zu besprechen? Sie winkte ihn auf alle Fälle mal zu sich. Ein Kirchgänger war ihr Liebster sicherlich nicht, auch sie selbst verließ sich schon seit Jahren darauf, dass Tante Vroni im Zweifel mit der Madonna schon alles Wichtige regeln würde, in ihrer aller Namen. Doch jetzt war die Tante ja am Chiemsee, um nach ihrer Knie-OP wieder richtig laufen zu lernen. Ob die Madonna von Maria Hilf eine ihrer eifrigsten Besucherinnen schon vermisste?

David Karisimbi schien Gedanken lesen zu können.

»Ihre Tante, Frau Ilmberger, geht uns allen ab«, versicherte er. »Macht sie denn Fortschritte in der Reha?«

»Das tut sie«, versicherte Joe, der sich nun ebenfalls an den Tisch setzte. »Und neue Freundinnen hat sie offenbar schon gefunden, so offen, wie unsere Vroni nun mal ist.«

»Eigentlich«, sagte Karisimbi zu Sofie gewandt, »hatte ich

ja gehofft, dass Sie uns dafür mal wieder in der Kirche besuchen kommen. Aber leider vergebens …«

»Ich hab zurzeit einfach wahnsinnig viel zu tun …«, meinte Sofie, ohne weiterzusprechen, weil sie selbst merkte, wie dünn ihre Ausrede klang.

»Sehen Sie, Herr Sonnleitner«, wandte sich der Pfarrer nun an den Mann, der neben ihm saß. »Das ist genau das, worüber wir gerade geredet haben. Früher sind die Menschen in die Kirche gekommen. Heute muss die Kirche zu den Menschen kommen. Und deshalb veranstalten wir das traditionelle Faschingsfest von Maria Hilf am Rosenmontag auch hier, in Ihrer Wirtschaft!«

Jetzt war sein Lachen wieder so strahlend wie eh und je.

»Mit Ihnen beiden, Frau Rosenhuth und Herr Lederer, rechne ich dabei übrigens fest«, erklärte er. »Herr Denninger hat auch zugesagt und versprochen, Frau Ilmberger mitzubringen, mit oder ohne Gehhilfen.«

»A Faschingsfest?«, überlegte Joe. »Ganz so wie früher? Ja, warum eigentlich ned …«

»Ich möchte noch mehr damit verbinden«, fügte der Pfarrer hinzu. »Heutzutage trennt die Menschen so vieles: Hautfarbe, Herkunft, Bildung, Einkommen und alle damit verbundenen Vorurteile …«

Er spielte mit seinem weißen Kragen.

»In unserem schönen Giesing leben inzwischen jede Menge Flüchtlinge, und leider haben die es hier nach wie vor sehr schwer. Oder sollte ich lieber sagen: so schwer wie nie zuvor? Ich war selbst einmal Flüchtling, ich weiß also, wovon ich rede, auch wenn ich inzwischen meine bayerischen Einheimischen perfekt verstehe. So ein Fest ist eine Ausnahmesituation, die den Alltag und alle Sorgen für ein paar Stunden vergessen lässt. Musik macht fröhlich, und Tanzen fördert die Kommunikation. Die bunten Kostüme helfen vielleicht, unnötige Blockaden zu überwinden. Also kommen Sie bitte alle möglichst fantasievoll maskiert, versprechen Sie mir das?«

Sofie und Joe nickten.

»Das ist gut«, fuhr David Karisimbi fort. »Dann kann ich ja jetzt zu meinem nächsten Anliegen kommen. Wir fordern von diesen Menschen aus bedrängten Ländern, dass sie sich hier integrieren. Ich persönlich hab es gut gehabt, denn mich hat der warme Schoß von Mutter Kirche aufgenommen. Womöglich auch deshalb, weil die Kandidaten in Deutschland immer rarer werden. Doch was ist mit den anderen, die nicht Theologie studiert haben und dazu bereit sind, die schwere Last des Zölibats auf sich zu nehmen? Mit einem jungen Mann aus Syrien zum Beispiel, der eine Lehre als Mechatroniker absolviert? Die Arbeit lässt man ihn machen, aber was geschieht, wenn er sich in ein Mädchen aus Giesing verliebt?«

Sofie starrte ihn an. »Faris«, sagte sie. »Faris und Sigi. Sie kennen die beiden?«

»Sie arbeitet als Floristin«, sagte er mit einem kurzen Kopfnicken. »Und er mit Metall. Das Weiche und das Harte, wenn das sich nicht perfekt ergänzt!«

»Ihr Bruder und dessen Freunde sind da offenbar anderer Ansicht«, meinte Sofie. »Was Faris schmerzlich am eigenen Leib erfahren musste. Und der Vater …«

»Ferdi und Hardy Sangl, beides Installateure mit einer eigenen kleinen Firma. Ich kenne die Mutter auch. Sie besucht gelegentlich mit der Tochter meinen Gottesdienst, während die Männer der Familie bislang vor allem durch Abwesenheit geglänzt haben. Ich weiß, dass sich beide sehr abfällig über Ausländer äußern, womöglich meiden sie daher auch mich. Ich kann damit leben, aber was ist mit dem jungen Faris, der seine Sigi liebt und von einer gemeinsamen Zukunft mit ihr träumt?«

»Das könnte schwierig werden«, sagte Sofie. »Vielleicht sogar sehr schwierig …«

»Sehen Sie, Frau Rosenhuth, und genau damit will ich mich eben nicht zufriedengeben!« David Karisimbi begann leidenschaftlich zu gestikulieren. »Wir sollten die Familie dazu bewegen, ihre Haltung dem jungen Syrer gegenüber zumindest zu überdenken. Ich hätte da auch schon eine Idee. Aber dazu brauche ich Sie, Herr Lederer!«

»Mich?«, sagte Joe verblüfft. »Wieso ausgerechnet mich?«

»Weil Sie ein Staatsdiener sind, ein sehr spezieller. Besitzen Sie einen dunklen Anzug?«

»Klaro«, antwortete Joe. »Wenn auch so gut wie nie in Gebrauch. Ich glaub, der hängt bei mir schon seit zehn Jahren im Schrank.«

David Karisimbi lachte. »Das macht nix«, meinte er vergnügt. »Holen Sie ihn raus und bügeln Sie ihn ein bisschen auf. Solange das Jackett noch zugeht …«

»Sigis Bruder und seine Kumpane haben Faris scheußlich zugerichtet«, sagte Sofie. »Die waren ausgesprochen gewalttätig. Haben Sie keine Angst, dass Ihr Plan schiefgehen könnte, Hochwürden?«

»Es heißt doch, das Gras wachse nicht schneller, wenn man daran zieht?«, erwiderte er zwinkernd. »Und sehen Sie, nicht alle Sprichwörter sind wahr. Ich habe schon das krasse Gegenteil davon erlebt, vorausgesetzt …«

In diesem Moment wurde die Tür zur Gaststätte aufgestoßen. Ein junger Mann wankte hinein, die Augen stier auf die Theke gerichtet.

»A Bier«, stieß er hervor. »Und an doppelten Obstler. Aber dalli!«

Sofie und Joe tauschten einen besorgten Blick, dann sprangen sie auf und liefen zu ihm.

»Herr Schott«, fragte Sofie, »was ist denn los? Sie sind ja vollkommen außer sich!«

Er kippte den Schnaps, dann setzte er das Bier an und schluckte das halbe Glas in einem Zug.

»Heusinger-Bier«, sagte er kopfschüttelnd. »Ausgerechnet! Ich könnt auf der Stelle kotzen. Aber des is jetzt aa scho wurscht. Glei no an Doppelten!«

Bald darauf war das zweite Schnapsglas leer, ein drittes folgte gleich hinterher. Erst dann schien er Sofie und Joe wirklich wahrzunehmen.

»Was los ist, fragen Sie mich?«

Solche Mengen hochprozentigen Alkohols war er offenbar nicht gewohnt, Braumeister hin oder her. Sein Gesicht wurde immer fahler und fahler, und beim Sprechen schienen ihm die Worte fast zu entgleiten.

»Das will ich Ihnen sagen!«

Er klammerte sich am Tresen fest.

»Ein Fass haben sie heute freigelegt«, brummelte er mehr in sich hinein. »Tief in der Erde vergraben, am Rand des bisherigen Heusinger-Geländes. Dort, wo das neue Sudhaus entstehen soll. Die Bagger hätten da eigentlich gar nicht arbeiten sollen, aber sie sind zu weit nach unten gekommen. Shit happens. Sagt man das nicht so?«

»Was für ein Fass?«, fragte Joe.

»Aus Metall. Weil der Heusinger schon weg war und der Wölfel zum Zahnarzt musste, haben sie gesagt, ich soll es aufmachen …«

Er presste sich die Hand vor den Mund, als ob er sich augenblicklich übergeben müsste.

»Und weiter?«, hakte Sofie nach, die sich zunehmend Sorgen über seinen Zustand machte. »Was war mit dem Fass?«

»Mit dem Fass?«

Der Braumeister schien zwischen hysterischem Lachen und Weinen zu schwanken.

»IN dem Fass war etwas, das kann ich Ihnen verraten, Frau Doktor! Denn das sind Sie doch, oder? Eine Frau Doktor für die Toten. Und zwar für jene, die auf nicht natürliche Weise zu Tode gekommen sind.«

»Ja, das bin ich«, sagte Sofie. »Also, was war in dem Fass?«

»Gestunken hat es wie die Pest, als wir es endlich aufbekommen haben. Zwei andere neben mir haben auf der Stelle gereihert, und ich glaub, diesen bestialischen Geruch krieg ich nie mehr aus der Nase, solange ich lebe. So etwas sieht man doch sonst nur in Horrorfilmen, nicht im wirklichen Leben …«

Er stockte, sah Sofie wie mit waidwunden Augen an.

Die nickte ihm aufmunternd zu. »Nun reden Sie schon, Herr Schott!«

»Nichts als widerlichen braungrünen Schleim und gelbliche Knochen«, stieß der Braumeister hervor. »Menschliche Knochen!«

28

Echt ätzend

Natürlich waren Sofie Fälle aus der forensischen Literatur geläufig, in denen es um Leichen ging, die man in Flusssäure gelegt hatte. Theoretisch löst diese chemische Verbindung alles auf, nicht allein Haut, Muskeln und Fett, sondern auch die Knochen. In der Praxis jedoch ging der Versuch, damit eine Leiche zum Verschwinden zu bringen, oft genug daneben. Nicht jeder Mörder wusste, was er noch dazu brauchte, um die Hydrolyse perfekt zu machen, oder sie achteten nicht auf die richtige Konzentration, was zur Folge hatte, dass die Opfer ganz und gar nicht spurlos verschwanden. Aber wer die Leiche in dem Fass verschwinden lassen wollte, schien offenbar einiges von Chemie zu verstehen.

»Kalilauge«, meinte Elke Falk anerkennend, als sie die sterblichen Überreste des Fundes auf dem Sektionstisch hatten. »Oder um es weniger trivial auszudrücken: Kaliumhydroxid. Da ist jemand ganz nah am Puls der Zeit!«

Vorangegangen war eine beispiellose Polizeiaktion auf dem Heusinger-Grund. KTU und Spurensicherung hatten das Gelände mehr oder weniger vollständig umgegraben, um sicherzugehen, ob man dort noch auf weitere Leichenfunde stoßen würde. Alles war penibel durchsucht worden: Sudhaus, Gärstation, Lagerräume, die Büros – alles ohne brauchbare Ergebnisse. Was Sofie nicht im Mindesten überrascht hatte, denn die Ekelleiche, wie sie den Fund im Fass intern nannten, war mindestens zwölf Jahre alt, wenn nicht älter. Die Mitarbeiter der Brauerei hatte man auch alle befragt, was aber ebenfalls wenig brachte, denn der Chef hatte nach seiner Betriebsübernahme die gesamte Belegschaft relativ zügig ausgetauscht. Am längsten mit an Bord war noch der Braumeister Wölfel – immerhin seit acht Jahren als technischer Leiter bei ihm in Lohn und Brot.

»Alles hat er aber wohl doch nicht gewusst, sonst wäre es zu einer alkalischen Hydrolyse oder Resomation gekommen«, stellte die Falk in aller gebotenen Sachlichkeit fest. »Die findet bekanntlich in einem Edelstahltank statt und ist in spätestens drei Stunden vorbei. Zurück bleibt neben ein paar Knochenresten eine braune Flüssigkeit, zäh wie Motoröl, die übel nach Ammoniak stinkt, aber bedenkenlos über den Abfluss entsorgt werden kann. Die Praxis kennt man eigentlich aus der Tierkadaverentsorgung, wo sie verstärkt seit den Neunzigerjahren eingesetzt wird. Aber die Produzenten dieser sündhaft teuren Tanks – jeder von denen kostet 200.000 Euro und mehr – sind gerade dabei, auch ins Bestattungsgeschäft einzusteigen. Und das weltweit.«

»Jetzt machen Sie aber mal einen Punkt!«, verlangte Sofie. »Wer möchte schon seine Angehörigen durch die Kanalisation jagen? Trauer braucht doch einen Ort, an dem sie auch gepflegt werden kann. Deshalb gibt es schon immer Friedhöfe, seit Menschengedenken!«

»Das sind vielleicht mehr Leute, als Sie denken, verehrte Kollegin! Und deren Zahl wächst ständig. In Minnesota und New Jersey ist diese Praxis bereits gang und gäbe, auch in Großbritannien zum Teil, in Kanada und Australien. Belgien und die Niederlande prüfen gerade, ob sie so eine ›chemische Bestattung‹ zulassen sollen. Für mich ist es nur eine Frage von Jahren, bis dieser Trend auch zu uns hier nach Deutschland schwappt. Die Vorteile liegen doch klar auf der Hand: kostengünstig, ökologisch, schnell. Passt genau in unsere moderne Zeit.«

Selbst Spike, der sonst gern mal den Abgebrühten spielte, schnappte inzwischen hörbar nach Luft.

»Mei Oma im Ausguss?«, überlegte er kopfschüttelnd. »Krass. Für mich wär das kein Begräbnis mehr, sondern nur noch eine Beseitigung. Das möchte ich nicht erleben müssen!«

»Jetzt haben Sie sich doch nicht so, Herr Moosbichler!«, sagte Dr. Iglu tadelnd. »Ahnen Sie denn nicht, welch fatale Folgen diese übertriebene Friedhofskultur hat, wie sie hierzulande so eifrig zelebriert wird? Entweder suchen die Hinterbliebenen pompöse Eichensärge aus, die zu langsam verwittern. Oder sie gießen die Gräber wie die Verrückten. Dadurch wird zum Beispiel das Erdreich viel zu nass. Dann ist keine natürliche Verwesung mehr möglich, bei der alles biologisch Hand in Hand geht, sondern man stößt auch noch nach zwanzig Jahren oder sogar mehr, wenn die Grabstätte neu vergeben werden soll, auf bestens erhaltene Wachsleichen – das ist dann vielleicht ein Schock!«

Jetzt wandte sich Dr. Iglu an Sofie: »Ich muss mich doch sehr darüber wundern, wie wenig Sie darüber informiert sind, Frau Rosenhuth! Mit solchen Themen müssen wir uns heute nun wirklich beschäftigen. Also vertiefen Sie Ihre dementsprechenden Kenntnisse, wenn ich bitten darf! Ich werde mich zu gegebener Zeit davon überzeugen.«

Die Falk reckte sich und wirkte dadurch tatsächlich ein paar Zentimeter größer.

»Und nun zurück zu unserer Leiche«, sagte sie, höchst zufrieden mit sich selbst. »Viel ist es ja nicht gerade, was uns die Kalilauge da übrig gelassen hat: männlich, nicht mehr ganz jung – wie die Abnutzung der Knochen zeigt, wohl irgendetwas zwischen 45 und 65.«

Der Schädel, den sie aus verschiedenen Teilen mühsam wieder rekonstruiert hatten, wies eine Schusswunde auf, wie das CT ergeben hatte.

»Von hinten«, sagte Sofie.

»Vermutlich aus einer Kleinkaliberwaffe«, sagte die Falk. »Ich beneide die Mordkommission wirklich nicht um diesen Fall. Eine nahezu aufgelöste Leiche und dann auch noch das!«

»Was meinen Sie damit?«, fragte Sofie, die seit Tagen hautnah mitbekam, wie hilflos Joe und seine Kollegen im Nebel ihrer Ermittlungen stocherten.

»Na, was glauben Sie, wie viele unregistrierte Kleinkaliberwaffen in Kellern oder auf Dachböden herumliegen? Wir regen uns immer über die Amis und deren Waffenwahn auf. Aber wenn man in Deutschland mal etwas genauer hinschaut ... Es redet nur kaum jemand darüber.«

»In der Brust ist ein zweiter Einschuss«, stellte nun Sofie fest.

»Ja, wer trifft auch gleich beim ersten Mal letal?«, erwiderte Dr. Iglu mit Eiseskälte, wie um ihrem Spitznamen alle Ehre zu machen. »Selbst gute Schützen können in solchen Augenblicken aufgeregt reagieren und danebenzielen. Mord ist halt kein Kinderspiel. Vermutlich war er nicht sofort tot. Deshalb der zweite Schuss.«

»Oder jemand wollte ganz auf Nummer sicher gehen«, murmelte Sofie.

»Sie meinen, töter als tot?«

Falks kurzes Lachen klang mehr wie ein Knurren. »Ja, es soll durchaus gewisse kriminelle Subjekte geben, die so denken!«

»Das mit dem Zahnstatus, der uns vielleicht weiterhelfen könnte, gestaltet sich schwierig«, fuhr Sofie fort. »Offenbar war er Gebissträger. Oben und unten.«

»Aber auch der hat einen Zahnarzt gebraucht«, erwiderte die Falk. »Der erst recht!«

Ihre Augen glänzten. Sofie deutete das so, dass es wieder etwas besser zu laufen schien mit ihrem Bernd Hirschfeld. Zumindest skypemäßig. Offenbar hatte der Zahnarzt, der ihnen bei ihrem letzten Fall geholfen und bei dieser Gelegenheit ein durchaus wohlgefälliges Auge auf Falks Formen geworfen hatte, in Australien, wo er sich nun schon seit geraumer Zeit aufhielt, keine neue Traumprinzessin entdeckt, die Falks Stelle einnehmen sollte. Vielleicht hatte sie sogar endlich erfahren, wann er wieder in München sein würde.

»Irgendjemand muss ihn vermissen«, mischte sich nun Spike ungefragt ein. »Ein Mensch verschwindet doch nicht einfach spurlos!«

Da hatte er recht, aber bisher gab es noch keine Treffer in den Vermisstenkarteien. »Mehr als zehn Jahre sind eben eine verdammt lange Zeit«, stöhnte Joe und runzelte die Stirn, als er die ersten Ergebnisse erfuhr. »Das ist fast so, wie die berühmte Nadel im Heuhaufen zu suchen!«

»Nur Mut!«, hatte Sofie ihn aufzumuntern versucht. »In dem Fall vom Pfarrer Gattinger & Co. habt ihr damals auch rausgekriegt, dass in dem angeblichen Grab vom Lukas Ertl ein gewisser Sven Vester liegt – und das war ebenfalls alles andere als einfach!«

»Stimmt. Aber jetzt gibts zusätzlich Druck von oben. Denn

alles, was mit Bier zu tun hat, hat in unserer schönen Landeshauptstadt eine ganz besondere Bedeutung, und auf jeden Fall ist es politisch. Erst die Uschi Roßhaupter im Jungbier, dann der greisliche Laugenfund auf'm Heusinger-Gelände! Die Presse überschlägt sich geradezu. Was moanst, welch heftige Wellen da bis ins Präsidium schwappen!«

»Bis ganz nach oben?«

Ein grimmiges Nicken.

»›Ermitteln Sie, Lederer‹, hat der oberste Häuptling mit mahlendem Kiefer zu mir gesagt. ›Ziehen Sie alle Leute zusammen, die Sie dazu brauchen, lassen Sie die Leinen los, aber liefern Sie mir Ergebnisse – und liefern Sie mir die vor allem schnell!‹«

Joe hatte so erschöpft ausgesehen, dass Sofie ihre eigenen Überstunden für einen Moment ganz vergaß. Nun aber konzentrierte sie sich wieder ganz auf die Knochen auf dem Seziertisch: »Vielleicht sollten wir uns an die Stirnhöhle halten? Die ist ja ein ebenso unverwechselbares Unikat wie der menschliche Fingerabdruck. Ein Mann in diesem Alter war vielleicht, na ich würd eher sagen, war sicherlich schon einmal beim Röntgen. Mandeln, Polypen, Dauererkältung, was weiß ich. Etwas, was jeder von uns schon mal gehabt hat. Noch bis vor wenigen Jahren hat man den Kopf viel bedenkenloser durchleuchtet als heutzutage, wo jeder sich vor bleibenden Schäden fürchtet. Röntgen war einmal richtig ›in‹. Und Röntgenbilder müssen dreißig Jahre lang aufgehoben werden. So lautet die gesetzliche Bestimmung.«

»Wollen Sie etwa die Mitarbeiter der Mordkommission durch alle Münchner HNO-Praxen hetzen?«, fragte Elke Falk naserümpfend. »Von den entsprechenden Kliniken ganz zu schweigen. Das wäre ja eine Wahnsinnsaktion!«

»Ganz genau. Da sollten die gleich mal anfangen zu suchen«, überlegte Sofie. »Und wenn das nichts hilft, kommt der Rest von Bayern auch noch an die Reihe.«

29

Klarsicht

Wie hatte sie es nur so lange aushalten können ohne diese klugen grauen Augen, das verschmitzte Lächeln und diese knappen, dafür aber umso treffenderen Kommentare? Es fühlte sich richtig gut an, Vroni hier am Chiemsee ausnahmsweise mal wieder ganz für sich allein zu haben, ohne Flo, ohne Joe – ganz wie früher bei ihren Endlosgesprächen in der Wohnküche, wenn sie über Gott, die Welt und das Leben im Großen und Ganzen wie im Speziellen diskutiert hatten. Sogar Murmel saß brav neben dem Tisch und bewachte die »Krückerl«, wie Vroni sich ausdrückte, während Sofie mit allem lossprudelte, was ihr auf der Seele lag: die missglückte Wohnungssuche, Uschi Roßhaupter, dümpelnd im Jungbier, die Ekelleiche vom Heusinger-Bräu, Joe, der wegen des Drucks seiner Vorgesetzten kaum noch schlief und dabei immer grantiger wurde, Dr. Iglus hinterhältige Bissigkeiten, ganz zu schweigen von dem brutalen Angriff auf Faris, der sich jederzeit zu wiederholen drohte …

Als sie zwischendrin doch mal kurz Luft holen musste, stand plötzlich Flos kleine geschnitzte Marienstatue mit am Tisch.

»I glaab, die brauchst du jetzt«, meinte Vroni. »Kannt außerdem ned schaden, wennst wieder amoi selber in die Maria Hilf geh taatst, soboidst wieder zruck in da Stod bist. Des mach i doch aa immer, wenn i nimmer weiterwoaß. Und bisher, des muaß i scho song, hots no immer ghoifa.«

Sie saßen im Speisesaal und kämpften wacker gegen die Gräten des wenig ansehnlichen blauen Karpfens, der ihnen heute mit klumpigem Kartoffelbrei als Mittagessen aufgetischt worden war. Sofies Portion war längst kalt geworden. Ihr Magen knurrte noch immer unüberhörbar, während Vroni unentschlossen winzige Stückchen aus dem Fisch gepickt hatte und die Beilage mit abgrundtiefer Nichtachtung strafte.

»Ned so ganz unser Fall, gell?«, sagte sie augenzwinkernd und packte ihre Madonna wieder ein. »Jetzt ziagn ma de Mäntel o, geng nüber zum Seecafé, und dort bestell ma uns an ordentlichen Kuchen. Inzwischen versteh i fei, warum meine schwarz gewandeten Freundinnen sich immer was extra zum Essen anliefern lassen. Und stell dir vor, neilings, da hams mi sogar dazu eingeladen! War gar ned schlecht, a Hendl mit irgend a roten Soße und Blumenkohl, nur a bissl scharf vielleicht. Aber i glaab, daran gwohnt ma sich im Lauf der Zeit.«

Nach links und rechts mit ihren Gehhilfen winkend wie einst Queen Mom, durchquerte sie an der Seite ihrer Nichte die Halle, erstaunlich flink, wie diese feststellte.

»Du läufst ja scho fast wieder wia a Sprinterin«, meinte Sofie anerkennend. »Chapeau!«

»Ja, i bin eigentlich ganz zfriedn«, erklärte Vroni. »Obwohl: Ned alle Tag san gleich. Manchmal wachst in da Fria auf, und auf amoi geht gar nix mehr. Na muaßt eben Geduld ham und wieder ganz von vorn anfangen. Des is mit dene Krückerl aa ned anders ois wia im richtigen Leben.«

Heute verwöhnte sie keine strahlende Wintersonne, als sie das Gebäude verließen, See und Himmel verschwammen in einem diesigen Grau. Sogar die wenigen Wasservögel, die zu sehen waren, schienen sich wie in Zeitlupe zu bewegen und erinnerten Sofie an eine in die Jahre gekommene Theaterdekoration.

Im Café erhielten sie einen Fensterplatz, plünderten das Kuchenbuffet und bestellten sich nach der ersten Ladung Kaffee gleich eine zweite hinterher.

»Jetzt erst amoi zu dem Buam aus Syrien, dens so verdroschen ham«, sagt Vroni. »Da tät i am Hochwürdn Karisimbi ganz vertrauen, aa wenn seine Methoden manchmal vielleicht a bissl unorthodox san. Lass eahm nur macha, der woaß scho, wos er tuat!«

Sofie nickte.

»Und mit der Falk bist aa immer no fertigworn«, fuhr die Tante fort. »Einfach da nei und da wieder naus.« Vronis Zeigefinger vollführten an ihren Ohren ein anschauliches kleines Ballett. »Wenns dir gar zu bleed kimmt, na blaffst kurz zurück, aber sonst taat i song: nur die Ruhe!«

Vroni trank einen Schluck Kaffee, dann fuhr sie fort: »I hob die Uschi Roßhaupter immer gmocht, egal wia varuckt s' sich hergricht hot und wia oft s' in de Medien war. Des mit'm Fernsehen, des hot ihr glegen, und des muaß ma aa erst amoi kenna. Unter all ihrer Schminke war sie a ehrliche Haut, die für ihren Buam glebt hot. Und a guade Gschäftsfrau war s' aa. Deshalb hots mi aa gwundert, warum s' sich ausgrechnet mit'm Heusinger zammtoa hot. Mit'm Beppo, seim Onkel, des hätt i ja no kapiert, aber mit dem Schorsch?«

Vroni schnaubte vernehmlich und ließ dabei unauffällig ein Bröckchen Gugelhupf für den erfreut mit dem Schwanz wedelnden Murmel unter den Tisch fallen. Keiner bekam etwas davon mit, so schnell war die milde Gabe verschlungen.

»Woaßt du no mehr über die beiden?«, wollte Sofie wissen.

»Ja und naa.«

Vroni bestellte eine weitere Portion Schlagsahne.

»Da Beppo, des war a Lebemann, aber oana von da liebenswürdigen Sortn. Sei Pech war bloß, dass er a bissl zfria dro war – des is ned leicht für oan, der wo auf Männer steht. Sonst hätt er bestimmt Wiesnwirt wern kenna oder so wos. Aber so? Der hot nämli sei Neigung ned versteckt, ganz im Gegenteil.«

»Jetzt lebt er seit Jahren in der Karibik«, meinte Sofie, die innerlich mit sich rang, ob sie auch noch das dritte Stück Kuchen essen sollte, das sie gerade so anlachte. »Angeblich mit seinem Lover. München scheint er ganz vergessen zu haben. Neues Leben, neues Glück. Sogar sein Neffe kriegt pro Jahr ned mehr ois a billige Weihnachtskartn.«

»Des passt eigentlich ned zu eahm«, meinte Vroni. »Denn der Heusinger Beppo, der war scho immer a Technikfreak. Immer nur das Beste und Neueste, des war sei Devisn. Hi-Fi, Kameras, Autos, des ganze Programm. So isses wenigstens in da Zeitung gstanden. Da muaß de Zeit jetzt mit'm Smartphone, Laptop, Tablet, Internet und dem ganzen Schmarrn doch geradezu das Paradies für eahm sei. Es sei denn …« Sie hielt inne.

»Ja?«, fragte Sofie nach.

»Der Neffe und er wärn über Kreiz. Bös über Kreiz, moan i. So richtig. Für alle Zeiten.«

Eine steile Falte erschien zwischen ihren Brauen.

»Andererseits: Hätt er eahm dann wohl an ganzen Betrieb vermacht, einfach so? Doch wohl kaum, oder? A Neffe is schließlich koa Sohn. Da ko ma, aber da muaß ma ned, wenn ma ned mog. Des is a feiner, aber entscheidender Unterschied.«

Sofies Miene brachte sie zum Schmunzeln.

»Jetzt schau doch ned so verschreckt, Deandl! Mit uns beiden is des natürlich ganz was anderes. Des Bissl, wos i hob, des kriagst amoi du, des is doch ganz klar.«

»Da bin ich aber erleichtert«, grinste Sofie zurück.

»Was moanst du, warum i immer so liab zu dir bin? Doch bloß, um mei Erbe zu sichern.«

»Woaß i doch!«

Vronis ansteckendes Lachen hätte einen Eisklotz zum Schmelzen bringen können. Aber dann wurde sie gleich wieder ernst. »Und jetzt zum Wesentlichen: Der Joe und du – was is da scho wieder los? Euch zwei Kindsköpf kann ma ja ned alloa lassen!«

»Eigentlich nix«, sagte Sofie langsam, weil sie gar nicht wusste, wo sie anfangen sollte. »Es is nur so, dass er mi jetzt auf amoi so unter Druck setzt ...«

»Moment!«

Vroni hob die Hand.

»Herr Ober, bittschön an Himbeergeist für mei Nichtn und mi. Aber nur die allerbeste Marke!«

Bald darauf standen zwei kleine Gläser mit einer durchsichtigen Flüssigkeit vor ihnen.

»Prosit«, sagte Vroni, hob ihr Glas, stieß mit Sofie an und nippte danach genießerisch. »Und jetzt raus mit der Sprache!«

30

Uschis letzte Reise

Over the Rainbow war ein Song, der vielen Menschen ans Herz ging. Judy Garland hatte ihn gesungen, Eric Clapton und vor allem der blinde Israel Kamakawiwo'ole wussten ihn auf ganz eigene Weise zu interpretieren. Aber so anrührend wie von der Stubenmusi, die Tobias Roßhaupter für die Trauerfeier seiner Mutter engagiert hatte, kannte Sofie ihn bislang noch nicht. Die Verbindung von Hackbrett, Harmonika, Harfe und Gitarre brachte viele in der Aussegnungshalle des Münchner Ostfriedhofs zum Weinen, und auch sie selbst spürte, wie ihre Augen feucht wurden.

Der Andrang der Trauernden und Schaulustigen war immens, die Halle musste wegen Überfüllung vorzeitig geschlossen werden. Draußen gab es Blitzlichtgewitter und gleich zwei Kamerateams, die ungerührt ihre Linsen auf die Herbeiströmenden hielten, was einigen mehr als willkommen zu sein schien, anderen dagegen erkennbar lästig war. Halb München war auf den Beinen, um der Chefin vom Rössl-Bräu die letzte Ehre zu erweisen. Natürlich war auch der Shoppingsender vertreten, in dem sie so aktiv gewesen war, dazu die gesamte Brauerei.

»Das war vielleicht ein Andrang gestern«, hatte Manu Sofie bei der Begrüßung noch rasch zugeflüstert. »Alle wollten sich noch die Haare machen lassen. Bis spät war ich auf den Beinen – ich musste sogar die Verena aus dem Mutterschaftsurlaub holen, sonst hätt ma des ois gar ned gschafft.«

Das Ergebnis konnte sich durchaus sehen lassen. Die »Nattern«, wie Joe sie für sich gern nannte – Krauss, Gantert, Steinbauer – waren ganz in Schwarz aufmarschiert, mit makellos frisierten Köpfen, die eher zu einem Cocktailempfang als auf eine Beerdigung gepasst hätten. Annette Lerchenmüller hatte sich von ihrem biederen Zopf getrennt und trug nun einen kinnlangen Bob, der sie in Kombination mit ihrer Brille ein bisschen so aussehen ließ wie das Fräulein vom Amt aus den Zwanzigerjahren. Sie behauptete sich an Tobias Roßhaupters rechter Seite, während seine linke von Carlotta Pelzig besetzt wurde. Daneben stand Schorsch Heusinger, breitbeinig und selbstbewusst, als ob er mit zur Familie gehöre.

Stadtpfarrer Karisimbi fand neben dem Sarg, den weiße Rosen nahezu vollständig bedeckten, auf Anhieb die richtigen Worte:

»Nutzen wir einen Moment der Stille, um ihr über die Grenzen von Leben und Tod zum Abschied die Hand zu reichen. Das kann ein liebes Wort sein, ein freundlicher Gedanke, eine Bitte um Verzeihen, alles an Gutem, was Ihnen gerade zu Uschi Roßhaupter durch den Kopf gehen mag ...«

Sofies Gedanken schweiften ab. Irgendwo in der Menschenmenge mussten die Täter sein, nach denen sie suchten. Nathalie Grimm und Uschi Roßhaupter dürften ihre Mörder gekannt haben, davon war sie fest überzeugt. Selbst der jüngste Leichenfund auf dem Brauereigelände konnte etwas mit diesen Taten zu tun haben, überlegte Sofie. Auch wenn das im Moment noch nur so ein ungefähres Gefühl für sie war.

Worum es bei all dem ging, schien ihr auch sonnenklar zu sein: um Bier, Bier und noch mal Bier …

Wieder ertönte Musik, ein Stück, das Sofie in seiner den Ohren wie der Seele schmeichelnden Melodiösität Mozart zuordnete, aber nicht kannte. Von ihrem seitlichen Stehplatz aus sah sie, dass Roßhaupter junior haltlos weinte, während Heusinger ihm missbilligende Blicke zuwarf. Dass ein Mann so öffentlich Gefühle zeigte, gefiel ihm offenbar ganz und gar nicht. Doch der Tränenfluss von Uschis Sohn wollte gar nicht mehr versiegen, bis Carlotta ihren dünnen Arm um seinen Rücken schlang und ihn fest an sich drückte.

Annette erstarrte zur Salzsäule. Von der Bank der Nattern dahinter kam aufgeregtes Zischen.

Manu stieß Sofie in die Rippen und hob ihren Daumen.

»Seine Neue«, wisperte sie. »Die war gestern no als Allerletzte bei mir. Die zieht jetzt übrigens ganz her. Zwengs am Junior. Des kannt scho was Ernstes werden, mit de zwoa …. Und des Buidl, des sie mit eahm ausgsuacht hot, des gfoit ma fei aa!«

Eine nicht mehr ganz aktuelle Fotografie zeigt Uschi Roßhaupter in der Blüte ihrer Jahre. Strahlend lächelte sie aus einem großen silbernen Rahmen, selbstredend im Dirndl, in dem man sie auch in den Sarg gelegt hatte, wie Manu aus sicherer Quelle wusste.

»Lasset uns beten.«

Die warmherzige Stimme des Stadtpfarrers, in der man immer noch den afrikanischen Sprachduktus mitklingen hörte, erfüllte den Raum.

»Trauer und Schmerz sind in uns, großer Gott, denn Uschi Roßhaupter ist von uns gegangen. Uns bleibt der Trost, dass du dort in der Ferne stehst, um sie zu empfangen. Sei du nun bei ihr und bei uns, denn wir brauchen Kraft, dort und hier.

Trage unsere Gedanken, unsere Worte und unsere Liebe über die Grenze von Leben und Tod hinweg.«

»Amen«, murmelte die Trauergemeinde.

Die Musiker stimmten *Morning has broken* an, was offenbar zu Irritationen führte, weil es einigen der hier Versammelten zu weltlich erschien.

Aber Manu wusste natürlich auch darüber Bescheid: »Uschis Lieblingslied«, wisperte sie. »Deshalb hats der Tobias auch ausgewählt. Die Leit, die san eahm wurscht. Der macht des für sei Mama, für sie ganz aloa ...«

Sofie legte den Finger auf die Lippen. Manus Getuschel zerrte an ihren Nerven, so aufschlussreich es auch sein mochte. Außerdem verspürte sie die altbekannte Beklemmung, die Begräbnisfeiern in ihr auslösten, seit sie als kleines Mädchen zum ersten Mal mit leer geweinten Augen in dieser Halle gestanden war.

Sie war heilfroh, dass der Pfarrer seine Rede über die Tote kurz hielt. Uschis Glauben erwähnte er, die Liebe zu ihrem Sohn, ihre Begeisterung für die Firma. Ihren gewaltsamen Tod umschiffte er geschickt.

»So gern und leidenschaftlich hat sie ihr Leben geführt, aus dem sie viel zu früh gerissen wurde. Doch jetzt ist sie bei Dir, allmächtiger Gott. Nimm sie barmherzig auf in Dein himmlisches Reich und schenke ihr den ewigen Frieden.«

Es folgte der Schlusssegen, dann öffneten sich die Türen, und der Sarg wurde hinausgetragen. Die Menschen schlossen sich an. Wieder klickten Fotoapparate, wieder suchten die Kameraleute in der Menge nach passenden Motiven. Joe und Mick waren im Kommissariat bei einer wichtigen Besprechung, also machte sich Sofie an Manus Seite auf den Weg zum Grab.

»Mei, is des rutschig hier!«, meinte Manu leise. »Jetzt sparns scho beim Streuen auf'm Friedhof – armes München.«

Sie hängte sich bei Sofie ein.

»Und du moanst wirklich, die Pelzig folgt jetzt aufs Schneewittchen? Is des ned a bissl schnell?«

»Ja, mei, so isser halt, der Roßhaupter, und so wird er aa immer bleim! In dem Alter ändern sich die Männer doch nimmer, des siehst ja beim Joe, oder ned? Allein kann der Tobi halt so gar ned sei. Desweng fahrens jetzt aa nach Salzburg, die Carlotta und er. Des hots ma im Vertrauen vazäit. ›Wellness-Tage!‹« Manu kicherte. »I glaab, des werd eher was ganz was anderes. Du, i glaab, die mog mi! Die kannt a guade neie Kundin von mir wern.«

Die Gräber waren schneebedeckt. Von den ebenfalls schwer beladenen Bäumen rieselten dicke weiße Flocken. In den Wipfeln zwitscherten Amseln. Eine stille, friedliche Atmosphäre, die auch den Lebenden guttat. Menschen brauchen solche Orte, dachte Sofie, früher – und heute erst recht. Mit einiger Mühe verscheuchte sie die Gedanken an Elke Falks Ausführungen über chemische Bestattungen, die sie sofort wieder im Kopf hatte.

»Und die Annette Lerchenmüller?«, erkundigte sie sich, während unter ihren Sohlen der Schnee knirschte. »Wohnt die ned scho bei eahm?«

»Des war doch a reine Notfallprävention! Die kapiert ned, was da wirklich läuft, und wenn mas mit da Nasn drauf stößt. Dera is einfach ned zum helfen. Erst gestern hob i ihr a brandneue Frisur gmacht – und heit schauts scho wieder aus wia a Wischmopp!«

»Jetzt bist du aber gemein …«

»Weils wahr is!«, begehrte Manu auf. »Und schau, was hob i grad gsagt: Wer steht jetzt neben eahm am Grab? Na, wer wohl!«

Carlotta Pelzig warf die langen Haare in einer anmutigen Geste zurück. Dann griff sie nach Roßhaupters Hand.

31

Nix is gwiss

Nach der Beerdigung wollte Sofie eigentlich gleich zurück ins Institut, um dort ein bisschen was von ihren immer größer werdenden Aktenbergen abzutragen; außerdem wusste sie, dass die Falk ihr Murmel übergeben wollte. Seit dem Leichenfund im Fass gab sich Dr. Iglu ja seltsam bedeckt und war peinlich darauf bedacht, keinen Augenblick länger als nötig im Institut zu bleiben: Was sie wohl wieder ausheckte? Ging es diesmal vielleicht um einen Sitz im Aufsichtsrat eines Herstellers für Druckbehälter zur Resomation, wie sie in den USA für die dort schon erlaubte chemische Bestattung eingesetzt werden? Hatte das Thema sie deshalb so fasziniert? Oder es gab unerwartete Neuigkeiten im Fall Ötzi, mit denen sie noch nicht herausrücken wollte? Sofie war das eine so gleichgültig wie das andere, solange sie nur der Falk nicht öfter als unbedingt nötig begegnen musste. Murmelchen hin oder her: Freundinnen würden sie beide in diesem Leben sicherlich nicht mehr werden, so viel stand fest. Und deshalb entschied sich Sofie jetzt auch erst mal, bei Charly vorbeizufahren. Nach der Trauerfeier brauchte sie erst mal menschliche Wärme und Zuspruch, und Charly hätte sicher nichts dagegen, wenn sie einfach so bei ihm hereinschneien würde. Jedenfalls hatte er sie eigens dazu aufgefordert, bei ihm vorbeizukommen, wann immer ihr danach war – und zurzeit, wusste Sofie, arbeitete er ohnehin viel zu Hause, weil er an einer größeren Sache saß.

»Ein Buch?«, hatte Sofie getippt, aber Charly hielt sich erst mal bedeckt.

»Buch – das ist ein so großes Wort. Sagen wir lieber, ich bemühe mich, ein paar Gedanken, Erfahrungen und Überlegungen halbwegs brauchbar zu Papier zu bringen. Die meisten stammen nicht einmal von mir. Was die Angelegenheit nicht unbedingt leichter macht.«

Charly lachte sie spitzbübisch an. »Und nein, mehr verrate ich dir jetzt auch nicht, egal wie liebevoll du mit deinen Äugelein blinzelst. Du wirst dich ein bisschen gedulden müssen, Sofie Rosenhuth, so schwer dir das auch fällt!«

Charlys Haustür öffnete sich nach dem ersten Läuten, und als Sofie bei ihm oben war, stand auch die Wohnungstür einladend offen.

»Legen Sie das Paket einfach im Flur ab«, hörte sie seine vertraute Stimme. »Oder muss ich irgendetwas unterschreiben?«

»Ich bins nur«, erwiderte Sofie. »Hättest du vielleicht Zeit für eine Tasse Tee? Ich bin dann auch gleich wieder weg. Oder stör ich dich gerade sehr?«

»Sofie!«

Charly kam ihr entgegen, die Haare leicht strubbelig, als hätte er sie sich gerade gerauft, in einem ausgeleierten grauen Pulli, dem man noch ansah, wie teuer er einmal gewesen sein musste.

»Du störst doch nie. Und Tee ist eine ausnehmend gute Idee! Dann werden vielleicht auch meine eingeschlafenen Gehirnzellen wieder aktiver.«

Er musterte sie lächelnd. »Richtig verfroren schaust du aus. Woher kommst du denn gerade?«

»Von der Bestattung der Roßhaupterin.«

Sofie begann sich aus ihren diversen Schichten zu schälen. »Mit Beerdigungen bin ich jetzt erst einmal durch. Und dann spielen sie auch noch *Over the Rainbow*, mit Harfe, Gitarre und Hackbrett! Da bleibt kaum ein Auge trocken, das sag ich dir!«

Charly war bereits in der Küche verschwunden.

»Russischen Rauchtee?«, hörte sie ihn fragen. »Jasmin oder vielleicht lieber Rooibos mit Vanille?«

»Am liebsten was möglichst Normales«, sagte sie. »Schwarz, mit Milch und Kandis. Eben was für eher schlichte Gemüter wie mich.«

»Das hab ich jetzt überhört.« Grinsend steckte Charly seinen Kopf aus der Tür. »Aber dein Wunsch ist mir natürlich Befehl. Ist gleich so weit! Geh doch schon mal ins Wohnzimmer. Wir müssen den Couchtisch nehmen, auf dem Esstisch herrscht zurzeit nämlich ein absolutes Tohuwabohu …«

Sofie mochte Charlys Humor genauso wie die unaufdringliche Eleganz dieser angenehm temperierten Wohnung. Hier war alles an seinem Platz, als könnte es gar nicht anders sein: das braune Ledersofa, die Landschaftsgemälde, das Regal aus dunklem Holz, das Flo bald schon um ein paar neue Teile ergänzen würde. Das Porträt seines Vaters, das einst einen nachlässigen Bodenplatz gehabt hatte, hing jetzt an der Wand neben dem Fenster. Lange war Charly mit ihm über Kreuz gewesen, weil er seine Wiederverheiratung nicht akzeptieren konnte. Doch jetzt war seine Helene tot, die früher so gern getanzt hatte, ermordet vom gleichen Täter, der auch Charlys

Exfrau Laura auf dem Gewissen hatte. Vater und Sohn kamen sich langsam wieder näher …

Im schräg einfallenden Winterlicht fiel ihr auf, dass der schwarze Flügel ziemlich staubig war. Das hieß: Charly war im Stress, sonst hätte er sein geliebtes Instrument niemals vernachlässigt.

Als hätten Sofies Gedanken dazu das Stichwort gegeben, setzte auf einmal Gesang ein, der eindeutig »von oben« kam – nein, nicht ganz vom Himmel, aber doch aus der Wohnung eine Etage über Charlys. Und das klang, wie Sofie sich höchst unwillig eingestehen musste, zwar nicht himmlisch, aber doch sehr, sehr schön. Und beeindruckend!

»Mozart«, erklärte Charly, der nun gerade mit einem Tablett ins Wohnzimmer kam. »Die Premiere ist schon in ein paar Tagen. Da steigt natürlich die Aufregung. Gina hat mir Karten versprochen, weil die Decken und Wände in diesem Haus eben doch um einiges hellhöriger sind, als sie zuerst angenommen hatte. Magst du vielleicht mitgehen?«

»In die Oper?«, fragte Sofie gedehnt. »Oiso, i woaß ned so recht …«

»Du brauchst keine Angst zu haben, das ist eine ganz moderne Inszenierung, nix mit Reifrock und Plüsch, an dem du dich stören könntest. Und Mozart bleibt sowieso immer frisch und jung. Also, was ist?«

Am meisten stört mich, dass du sie schon Gina nennst, dachte Sofie. *Und wahrscheinlich trinkt sie auch bald hier den Nachmittagstee mit dir.*

»Ich kann es dir noch nicht sagen«, druckste sie herum. »Zurzeit ist so viel bei uns los …«

»Ja, die Leichen stehen sozusagen Schlange bei euch«, meinte Charly mit einem feinen Lächeln. Er füllte beide Tassen mit

Tee, dann reichte er Sofie das Sahnekännchen und die Zuckerdose. Beides aus schwerem Silber, von gediegener Qualität. Alt und gut. Für Charly waren das simple Alltagsgegenstände, mit denen er so selbstverständlich umging wie andere Leute mit Plastikgeschirr. Aber weder bei Sofie oder Vroni noch bei Joe stand so etwas jemals auf dem Tisch.

»Kommt der Joe weiter mit seinen Ermittlungen?«

»Könnte besser laufen. Die einen schweigen verstockt, die anderen haben wachsweiche Alibis, die man ihnen aber leider nicht widerlegen kann. Und der Druck von oben nimmt zu. Beim Thema Bier verstehen sie hier in München keinen Spaß. Das gilt leider auch für die Führungskräfte im Polizeipräsidium.«

Da sprang Charly plötzlich auf, lief hinüber zum Esstisch und kam gleich darauf mit seinem Laptop wieder zurück.

»Du hast mich doch neulich nach den Heusingers gefragt, dem Schorsch und dem Beppo«, sagte er. »Da hab ich mal ein wenig in unserem Archiv nachgesehen.«

Charly fing an, die Seiten runterzuscrollen.

»›Ein wenig‹ ist gut«, meinte Sofie trocken. »Sieht ja fast so aus, als wolltest du eine Doktorarbeit über die Heusingers verfassen!«

»Will ich definitiv nicht«, sagte Charly und grinste. »Soll ich dir den ganzen Schmodder auf deinen Computer schicken? Dann kannst du dich in aller Ruhe damit beschäftigen.«

»Gern! Ist deinem geschulten Reporterauge denn vielleicht schon auf die Schnelle was Spannendes aufgefallen?«

»Eher nicht.«

Charly trank von seinem Tee.

»Nur das vielleicht: Der Beppo Heusinger war ja früher ständig auf irgendwelchen Pressefotos zu sehen. Beppo hier,

Beppo da, Beppo auf der Wiesn, Beppo in der Oper, Beppo im Cabrio, Beppo auf dem Segelboot – meist in Begleitung von jungen, auffallend gut gebauten Kerlen. 2002 bricht das auf einmal abrupt ab. Kein Foto mehr, nirgends. Kein Beppo im Boot, kein Beppo in einer Luxuskarosse, kein Beppo mit einem gut aussehenden Kerl – überhaupt kein Beppo mehr. Nichts und nirgendwo.«

»Vielleicht hatte er irgendwann einfach genug davon, ständig fotografiert zu werden?«, überlegte Sofie. »Und jetzt hat er sich ganz in die Stille zurückgezogen, zu Palmen, Meer und quietschbunten Sonnenuntergängen?«

»Papperlapapp! Selbstdarsteller wie er brauchen immer eine Bühne. Von der gehen sie nicht freiwillig ab, so anstrengend es auch sein mag, immer im Fokus zu stehen. Es sei denn, ein Schicksalsschlag hätte ihn ereilt: eine Naturkatastrophe zum Beispiel oder eine schwere Krankheit, die ihn nun für immer gezeichnet hat. Aber bei uns im Archiv hab ich nichts darüber gefunden. Und in ein Kloster wird er bei seinem Lebenswandel ja wohl kaum eingetreten sein, oder?«

»Nein, das kann ich mir auch nicht vorstellen«, meinte Sofie. »Ich geh jetzt übrigens wieder. Dann kannst du gleich wieder weiterarbeiten, und ich fahre ins Institut.«

Als sie sich erhob, stand Charly ebenfalls auf und meinte: »Eins noch. Dem Heusinger-Bräu geht es finanziell lang nicht so gut, wie man von außen meinen könnte.«

»Woher weißt du das?«, fragte Sofie.

»Aus einer sicheren Quelle. Einer sehr sicheren.«

»Komisch«, erwiderte Sofie. »Uschi Roßhaupter hat kurz vor ihrem Tod gesagt, dass der Heusinger wie im Kartenspiel der Ober sei, der den Unter sticht – womit sie ihr eigenes Brauhaus meinte.«

»Nach allem, was ich jetzt erfahren habe, sieht es für mich eher so aus, als stütze bei dieser Fusion ein Blinder den Lahmen«, meinte Charly. »Aber vielleicht finden sie ja gemeinsam den Dreh und sanieren sich gegenseitig. Obwohl, das mit dem Leichenfund auf dem Grundstück vergessen die Leut nicht so schnell – und wenn sie tausendmal außerhalb der Reichweite der Produktion verbuddelt war. Der Umsatz beim Heusinger-Bier ist zuletzt stark eingebrochen, und das wird sich nicht so schnell wieder umkehren lassen. Die Münchner mögen nun mal kein Ekelbier. Genauso wenig wie eine Ekelleiche.«

Charly begleitete Sofie hinaus in den Flur und sah ihr dabei zu, wie sie sich wieder wintertauglich vermummte.

»Das mit der Oper überlegst du dir noch einmal, versprochen?«,

»Versprochen!«

Er küsste sie auf beide Wangen und hielt sie einen Moment länger in seinen Armen fest, als das unbedingt nötig gewesen wäre.

Beide Herzen schlugen einen Tick schneller.

Beide merkten es.

Und beide sagten kein einziges Wort.

32

Maskera

Ihr Aufzug war ein Wagnis. Pietätlos war er auch, aber blieb ihr eine andere Wahl? Ihr ganzes Leben lang war sie geduldig gewesen, hatte stets Rücksicht genommen, immer die Gefühle der anderen bedacht – nun aber wollte sie kämpfen!

Die Jahreszeit spielte ihr dabei in die Hand. Immer öfter trieben sich Maskierte auf den Straßen herum, weil das Faschingsende näher rückte. Zunächst hatte sie erwogen, als Schneewittchen zu gehen, um ein einziges Mal jenes Feuer in seinen Augen aufleuchten zu sehen, das bislang nur einer anderen gegolten hatte. Doch als sie dann im Kaufhof vor den Versatzstücken des weltberühmten Walt-Disney-Kostüms stand, jener traurigen Mischung aus schwarzem Kunsthaar und billiger Faschingsseide in Weiß, Rot und Blau, hatte sie sich nicht dazu überwinden können.

Was stattdessen?

Ein kleiner Junge an der Hand seiner Mutter mit weißem Gesicht und rot geschminktem Mund hatte ihr plötzlich den zündenden Einfall beschert.

Ein Clown! Aber natürlich keiner dieser ärgerlichen Horror- oder gar Killer-Clowns, die seit einiger Zeit die Leute erschreckten. Nein, eine klassische Clownsfigur musste es sein, und zwar am besten ein Pierrot: Mit dessen melancholischem Aussehen konnte sie sich bestens identifizieren. Außerdem hatte das Kostüm, für das sie sich schließlich entschied, noch einen ganz praktischen Vorteil: einen Reißverschluss in der Mitte, den sie für ihre Zwecke nutzen konnte. Und es war bequem genug, um darunter jene sexy Dessous zu tragen, die schon so lange bei ihr in der Schublade auf einen Einsatz warteten.

Sie hatte also das Kostüm gekauft mit allem, was dazugehörte, um sich daheim vor dem Spiegel in einen traurigen Clown zu verwandeln. Nachdem sie die Linsen eingesetzt hatte, verunstaltete sie ihr Gesicht nicht mit grellen Farben und groben Linien, die ihn abstoßen könnten, sobald sie sich näherkommen würden, sondern sie puderte es nur dezent ab und trug ein wenig Mascara auf. Weitere Schminke war unnötig. Dafür gab es ja schließlich die bunte Kunststoffmaske mit der stilisierten Träne, die sie im passenden Moment abnehmen würde. Er hatte ja durchaus Humor, und vielleicht würde ihr Anblick endlich wieder das Lächeln auf sein Gesicht zaubern, das sie so schmerzlich vermisste.

Sie knöpfte den Mantel zu, nahm ihre Tasche und ging los.

Die Leute lächelten, als sie in die Straßenbahn stieg, das gefiel ihr, wie ihr auch der Gedanke gefiel, als Pierrot ein bisschen Wärme und Poesie in diese kalte Welt zu bringen.

Am Autharıplatz stieg sie aus, wie so viele Male zuvor, und da war es wieder, jenes Herzrasen, das kein anderer Mann in ihr hervorrufen konnte.

Wie denn auch? Er und sie gehörten doch seit jeher zusammen. Untrennbar!

Jeder Schritt hier war ihr vertraut. Die kahlen Bäume am Straßenrand, die gepflegten kleinen Vorgärten, die wie sie auf den Frühling zu warten schienen, um in zarter Pracht zu erblühen. Frühling – das war schon immer ihre Zeit gewesen, all das Wachsen und Gedeihen, dieser wundervolle Neuanfang. Ja, sie konnte es kaum erwarten, bis der Schnee endlich schmolz, bis sie alles neu beginnen würde. Mit ihm!

Jetzt stand sie vor seinem Haus. Eine Doppelhaushälfte, um genau zu sein. Nebenan wohnte eine ältere Frau mit ihrem Sohn, die sie nur flüchtig kannte. Das Küchenfenster war hell erleuchtet. Er war also zu Hause. Für einen Augenblick verspürte sie Erleichterung, dann kehrte die vibrierende Aufregung wieder zurück.

Der Klingelknopf.

Ihre Hand zitterte leicht, als sie ihn berührte.

Er machte auf. Schwarze Jeans, schwarzer Pulli, ernste Miene. Sein Mund öffnete sich leicht, als er sie von oben bis unten musterte, und plötzlich wusste sie, dass sie alles falsch gemacht hatte.

Wieder einmal.

»Ich bins«, sagte sie und zog sich schnell die Maske vom Gesicht.

»Du?«

Er starrte sie an wie eine Erscheinung. »So? Nach allem, was passiert ist?«

»Ja«, sagte sie tapfer, obwohl sie bereits mit den Tränen zu kämpfen hatte. »Gerade deshalb. Kann ich hereinkommen?«

»Du, das passt jetzt wirklich ganz schlecht.«

Er wirkte etwas gehetzt. »Ich erwarte nämlich noch Besuch. Aber einen Moment …«

Er trat zurück und ließ sie in die kleine Diele.

Sie!

In ihrem Kopf gab es plötzlich nur noch dieses eine Wort, das sich wie eine hässliche dunkle Krake auszubreiten schien.

Ja, dahinter konnte nur *sie* stecken!

Sie, die wie eine Chimäre aus dem Nichts aufgetaucht war und offenbar keine Zeit verlor, um zu stehlen, was allein ihr zustand.

»So spät noch?«, fragte sie in zuckersüßem Ton und hätte sich dafür am liebsten gleich auf die Zunge gebissen. Verdammt, was redete sie denn da für Unsinn? Sie wusste doch genau, wie sehr er Vorwürfe hasste.

Er zuckte die Achseln.

»Geschäftlich. Du weißt ja, wie das ist. Manchmal kann man es sich eben nicht aussuchen.«

Nichts wusste sie, gar nichts mehr. Nur dass die sündhaft teure Spitzenunterwäsche auf einmal auf ihrer Haut brannte, als sei sie in flüssiges Feuer getaucht. Der Spiegel gegenüber warf ihr Bild zurück, das blasse Gesicht, die zerdetschten Haare, die Augen, die unter dem Pony klein, wässrig und weinerlich wirkten. Und dazu diese Kostümierung unter dem Mantel – was für ein trauriger Anblick!

Was hatte sie sich dabei nur gedacht? Wollte sie ihn wirklich *so* zurückbekommen?

Panisch riss sie die Knöpfe auf, die auch noch nachlässig angenäht waren, wie sie registrierte, als einer absprang, auf den Steinboden klackerte, davonrollte und unter dem Schirmständer verschwand. So ein Mist! Das mit der Clownsmaskerade hätte sie sich schenken können, aber noch war nicht alles verloren. Jetzt sollte er endlich zu sehen bekommen, was wirklich darunter steckte!

Er packte ihre Hand, die schon hektisch am Zipper zerrte, und hielt sie fest.

»Nicht!«, sagte er, und es klang wie eine Bitte. »Wir würden es bereuen. Beide.«

Es fühlte sich an wie eine schallende Ohrfeige. Sie riss sich los und stolperte zur Tür. Die Maske in ihrer Hand knallte gegen das Holz, ihre Augen waren blind vor Tränen.

Wo war nur diese verdammte Klinke? Raus musste sie. Raus.

Nichts als raus hier.

Endlich berührte sie etwas Metallisches, die Tür ging auf, und sie stürzte weinend ins Freie. Die ersten Schritte sah sie kaum, wohin sie stolperte, weil sie sich wieder die Maske übergestülpt hatte, damit niemand ihre echten Tränen sah. Ein Fenster öffnete sich und schloss sich wieder, das bekam sie am Rande mit. Dann blieb sie an der Ecke plötzlich stehen.

Sollte wirklich alles umsonst gewesen sein? Dann könnte sie sich ebenso gut vor die nächste Straßenbahn werfen.

Sie straffte sich, atmete ein paarmal bewusst ein und aus, bis sie eine Spur ruhiger geworden war. Dann ging sie zurück zu seinem Haus und klingelte zum zweiten Mal.

33

Salzburg fällt aus

Der Anruf erreichte die Mordkommission gegen neun Uhr: Männerleiche in einer Harlachinger Doppelhaushälfte. Eine halbe Stunde später waren Joe Lederer, Mick Lorenz sowie die Kollegen von der Spurensicherung schon vor Ort. Neben einem offensichtlich traumatisierten Mann vom Schlüsseldienst, der immer und immer wieder den Satz wiederholte: »Ich sollte doch lediglich aufsperren«, trafen sie dort auf Carlotta Pelzig, die trotz ihrer Bestürzung in der Lage war, gefasste, erstaunlich präzise Antworten zu geben.

Joe bat sie nach nebenan, in einen kleineren Raum mit einem rechteckigen Tisch und sechs hochlehnigen Stühlen, der offensichtlich als Esszimmer diente, aber eher unbenutzt wirkte.

»Tobias und ich wollten für ein paar Tage nach Salzburg«, sagte sie, nachdem sie Platz genommen hatte.

Er setzte sich gegenüber.

»Hotel Schloss Mönchstein. Die Suite hatte ich online gebucht. Wellnessanwendungen, gut essen, entspannt durch die Altstadt bummeln, einfach mal in einer anderen Umgebung vollkommen abschalten. Wie gut hätte ihm das getan!«

Ganz hinten in ihrer Kehle zitterte ein winziges Schluchzen.

»Wir hatten telefonisch ausgemacht, meinen Wagen zu nehmen. Das war gestern, am späten Nachmittag, so gegen 18 Uhr. Da war er noch sehr lebendig. Er wollte sich gerade etwas zu essen machen.«

Sie fuhr einen nachtblauen SUV, der ein Stück weiter in der Straße parkte.

»Wir wollten früh los. Deshalb war ich auch schon wie verabredet kurz nach sieben da, obwohl mir der Kopf von gestern noch leicht gebrummt hat. Ich habe erst geklingelt, dann angerufen, ihm schließlich mehrere SMS geschickt. Als gar nichts von ihm kam, wurde mir klar, dass etwas nicht stimmen konnte. Tobias hatte sich auf diese Auszeit doch so gefreut. Genau wie ich!«

»Danach haben Sie also den Schlüsseldienst benachrichtigt?«, fragte Joe.

Sie nickte. »Zu viel Alkohol, dachte ich zunächst. Tobias hat immer schon gern gebechert, vor allem, wenn er Probleme hatte, das war nichts Neues für mich. All die Schicksalsschläge der letzten Zeit haben ihn ziemlich mitgenommen. Ich dachte, vielleicht liegt er ja irgendwo im Haus, kommt nicht mehr hoch und braucht Hilfe. Also wollte ich unbedingt zu ihm.«

»Hat er auch noch anderes konsumiert? Betäubungsmittel beispielsweise?«

Sie zog ihre glatte Stirn kraus.

»Sie meinen, ob er gekokst hat? Du liebe Güte, wir haben doch alle mal die eine oder andere Linie ausprobiert! Jetzt hat er meines Wissens nur noch diese Beruhigungsmittel geschluckt, die ihm der Arzt verschrieben hatte.«

Joe machte sich Notizen und nickte ihr aufmunternd zu, damit sie fortfuhr.

»Herr Lindlbauer hatte die Haustür so schnell auf, dass

einem regelrecht Angst werden kann, wie schnell das geht. Er wollte gleich wieder los, aber ich habe ihn gebeten, mich ins Haus zu begleiten. Ich weiß auch nicht: War das ein Instinkt?«

Sie schüttelte den schmalen Kopf.

»Keine Ahnung! Jedenfalls wollte ich nicht allein da hinein.«

»Klüger wäre es gewesen, sofort die Polizei zu rufen. Bei dieser Aktion könnten wichtige Spuren beschädigt worden sein.«

»Aber das macht man doch nicht«, sagte sie. »Man stellt einen Freund doch nicht bloß, nur weil er vielleicht mal einen über den Durst getrunken hat. Wie hätte ich denn ahnen sollen, was wir hier vorfinden würden?«

»Schon gut«, meinte Joe, »wie ging es dann weiter?«

»Ich habe seinen Namen gerufen«, erklärte Carlotta. »Ich war zutiefst beunruhigt.«

»Waren Sie ein Paar?«

Ihre makellos manikürten Hände flogen nach oben.

»Wir mögen ähnliche Dinge, ja, das verbindet. Natürlich gab es da eine starke Anziehung. Aber noch war sich keiner von uns klar, was daraus werden könnte. Deshalb war es ja auch so schwierig für mich, einfach in sein Haus einzudringen. Ich bin nicht der Typ Frau, der sich aufdrängt. Aber jetzt musste ich es tun. Ich habe also gerufen und gerufen, aber es kam nichts zurück. Deshalb sind Herr Lindlbauer und ich in die Küche gegangen, haben in der Toilette nachgesehen und dann im Wohnzimmer. Und da habe ich ihn schließlich gefunden, auf dem Boden, vor der Couch…«

Sie wandte sich ab.

»Haben Sie ihn angefasst?«, fragte Joe.

»Nein. Das weiß man doch aus dem Fernsehen, dass man das nicht soll. Ich hab auf den ersten Blick gesehen, dass Tobias nicht mehr lebt, so starr, wie der dalag. Und dann das ganze Blut um seinen Kopf! Danach habe ich sofort die Polizei verständigt.«

Ihre stark geschminkten Augen verengten sich.

»Jetzt werden Sie mich sicherlich gleich fragen, wo ich gestern Abend war«, sagte sie.

»Und, wo waren Sie?«

»Ab 20 Uhr mit meiner Patentante Betty im *Tantris.* Acht Gänge Gourmet-Menü, das dauert, und so viel kann eigentlich kein Mensch essen, aber es war doch ihr Geburtstag! Danach hat sie mich zurück ins *Vier Jahreszeiten* begleitet, und dort haben wir an der Bar noch einen Absacker genommen. Vielleicht auch zwei. Der Pianist hat einfach göttlich gespielt, und wir hatten uns jede Menge zu erzählen. Ich glaube, es war schon nach eins, als ich schließlich auf meinem Zimmer war. Allein – falls Sie das auch noch interessieren sollte.«

»Die Kollegen würden trotzdem gern Ihre Fingerabdrücke nehmen«, sagte Joe.

»Tun Sie ruhig, was Sie tun müssen«, meinte sie gelassen und streckte ihm ihre dünnen Hände entgegen, als wolle er sofort damit loslegen. »Ich habe Tobias nicht umgebracht. Ich hatte ganz anderes mit ihm vor.«

»Was denn?«

»Na, heiraten jedenfalls nicht. Nicht gleich. Diesem Damoklesschwert war er doch gerade erst entronnen! Wir wollten erst einmal ein bisschen Spaß haben. Das lag ihm, und mir liegt das auch. Aber das ist ja nun alles vorbei …«

Eine Träne lief über ihre Wange und hinterließ im leicht getönten Make-up eine hellere Spur.

»Salzburg fällt aus. Wie schade!«

Mick Lorenz befragte zur selben Zeit in der Küche den Mann vom Schlüsseldienst.

»Ist Ihnen beim Hineingehen etwas aufgefallen, Herr Lindlbauer?«

»Eigentlich nicht«, erwiderte er. »Gepflegter Haushalt, das sieht man immer gleich auf den ersten Metern. Alles ganz normal – bis auf den starken Geruch.«

»Geruch?«

»Nach gebratenem Geflügel. Ich tippe auf Truthahn. Den macht meine Frau nämlich immer zu Weihnachten.«

Herr Lindlbauer verzog kurz genießerisch das Gesicht, dann sank sein Kinn nach unten.

»Aber damit ist es jetzt ja wohl vorbei. Ich würde doch immer an diesen Anblick denken müssen.«.

Er schniefte.

»Mein erster Toter. Für Sie gehört das zum Alltag, aber unsereins steckt so etwas nicht so einfach weg …«

Herr Lindlbauer hatte recht. Bratengeruch erfüllte die Luft, und als Mick den Backofen öffnete, wurde er noch intensiver. In einer großen Reine lag eine riesige Keule, knusprig gebräunt. Ein paar Stückchen davon schwammen in der Soße, als ob jemand schon mit der Gabel reingepikst hätte, um sich vom richtigen Garpunkt zu überzeugen.

Mick, der lediglich eine trockene Brezn zum Frühstück gehabt hatte, weil er doch abnehmen sollte, lief sofort das Wasser im Mund zusammen. Kaum hatte er alle Angaben von Lindlbauer zusammen, und der war aus dem Raum, fischte er sich mit einem Zahnstocher, die er immer in der Tasche hatte, eins davon heraus und kaute genüsslich.

Köstlich, so resch und zart zugleich!

Er musste seine Babsi unbedingt dazu bringen, auch mal

wieder so einen aufwendigen Braten in Angriff zu nehmen. Von diesem kalorienarmen Frosta-Zeug, auf das sie in letzter Zeit so abfuhr, hatte er die Nase jedenfalls gründlich voll.

»Guten Tag!«

Die Falk stand mit ihrem Tatortkoffer in der Tür.

»Hier stinkt es ja wie in einem Schnellimbiss«, meinte sie naserümpfend. »Dass die Leute noch immer auf so etwas stehen! Dabei könnte eine ausgewogene Ernährung mit reichlich Gemüse vielen unserer Zivilisationskrankheiten den Garaus bereiten und gleichzeitig die Solidargemeinschaft entlasten.«

»Ich wars jedenfalls ned«, erklärte Mick. »Wahrscheinlich der Tote – oder eins seiner Weibsen. Gibt ja mehr als genug davon. Himmel, Arsch und Zwirn, jetzt müssen wir die alle wieder aufs Neue verhören! Damit uns bloß nicht langweilig wird.«

»Wo ist die Leiche?«, fragte die Falk leicht indigniert, während sie ihr eisblaues Cape mit dem silbergrauen Fellbesatz gegen einen weißen Schutzanzug tauschte.

»Im Wohnzimmer.«

Mick deutete mit dem Daumen nach links.

»Nebenan finden Sie auch den Kollegen Lederer. Der befragt gerade eine Zeugin.«

Kurzes Räuspern.

»Wir hatten eigentlich mit Frau Dr. Rosenhuth gerechnet …«

»Das kann ich mir schon denken! Aber immerhin ist das bereits die dritte Leiche in einer Familie. Da schaue ich doch besser mal selbst vor Ort nach dem Rechten.«

Wenn Joe von ihrem Erscheinen überrascht war, so ließ er es sich zumindest nicht anmerken. Nach einer kurzen Begrüßung kniete sich die Falk neben die Leiche.

»Stumpfe Gewalteinwirkung gegen den Kopf«, meinte sie,

bereits mit dem Diktafon in der Hand. »Sehen Sie die Wundränder?«

Joe nickte.

»Mit unregelmäßigen Schürfungen. Also irgendwas Stumpfes, aber ohne eine klar rekonstruierbare Form wie zum Beispiel bei einem Hammer. Die Verletzungen liegen überwiegend oberhalb der Hutkrempenlinie. Das passt eigentlich nur zu mehreren Schlägen auf eine noch stehende Person.«

»Aber Roßhaupter ist nicht klein«, wandte Joe ein. »Ich schätze mal, ungefähr eins achtzig …«

»Er könnte sich ja gebückt haben – und just in diesem Moment erfolgten die Schläge auf den Kopf. Ungefähr so …«

Sie hob ihre Hand im Einmalhandschuh und deutete die Bewegung an.

»Wenn man sich bückt, während ein anderer sich mit im Raum befindet, ist das für mich ein Hinweis auf eine gewisse Vertrautheit. Zumindest kennt man sich.«

Joe dachte laut vor sich hin.

»Dazu würde auch passen, dass es bis auf die minimalen Kratzer vom Schlüsseldienst keine Einbruchsspuren an der Tür gibt. Vermutlich hat er seinen Mörder selbst hereingelassen.«

»Möglich«, sagte die Falk, die sich noch immer mit der Kopfwunde beschäftigte. »Seltsamer Schürfungssaum allerdings. Ist mir so in dieser Form bislang noch nie begegnet …«

Sie sah Joe an. »Haben Sie die Tatwaffe schon asserviert?«

Er schüttelte den Kopf. »Wir wissen ja noch nicht, wonach wir eigentlich suchen. Haben Sie vielleicht einen Tipp?«

»Das kann ich Ihnen erst nach der Sektion sagen. Manchmal finden sich ja Fremdkörper in der Wunde, die einen Hinweis darauf geben, aber das alles muss natürlich erst streng wissenschaftlich untersucht werden.«

Ihre Stimme wurde noch eine Spur kühler.

»Ich weiß nicht, wie es die Kollegin damit hält. Verfrühte Spekulationen sind jedenfalls gar nicht mein Fall.«

Joe zog hörbar die Luft durch die Nase.

»Sie haben übrigens auch schon einmal besser ausgesehen, Herr Lederer«, sagte die Falk unvermittelt zu ihm. »So schmal und angestrengt kenn ich Sie sonst gar nicht! Geht es Ihnen nicht gut?«

»Na ja, jede Menge Stress, und jetzt haben wir es schon mit dem vierten unaufgeklärten Tötungsdelikt zu tun. Das nimmt auch einen erfahrenen Beamten schon ganz schön mit.«

Falks fein gestrichelte Augenbrauen schnellten nach oben.

»Ich dachte da eher an etwas Privates. Menschen kompensieren Probleme ja ganz unterschiedlich. Die einen, zu denen übrigens auch ich gehöre, bekommen dann beim besten Willen nichts mehr runter, während andere wiederum unbeherrscht in sich hineinmampfen, bis der Kittel spannt …«

Joes Gesicht verhärtete sich.

»Pardon!«, sagte sie rasch. »Ich wollte Ihnen keinesfalls zu nahe treten. Aber man kümmert sich doch um Kollegen, wenn man sieht, dass etwas nicht ganz so ist, wie es sein sollte. Oder etwa nicht? Wenn Sie mal jemanden zum Reden brauchen, kommen Sie ruhig auf mich zu!«

Joe war sprachlos. Hatte sie ihm wirklich gerade angeboten, sich ihr anzuvertrauen? Ihr? Der eisigen Dr. Falk, bei der er sich nicht immer ganz sicher war, ob sie überhaupt wirklich ein Mensch war aus Fleisch und Blut. Von Gefühlen ganz zu schweigen …

»Sehen Sie das hier?«

Die Falk deutete auf den rechten Unterarm.

»Das könnte eine Radiusfraktur *loco typico* sein.«

»Gibts das auch auf Deutsch?«, fragte Joe.

»Ein Speichenbruch, nahe am Handgelenk, was darauf hindeutet, dass jemand wie hier der Herr Roßhaupter noch im Fallen versucht haben könnte, sich mit der Hand abzufangen. Mehr dazu dann nach der Sektion.«

Die Falk winkte gebieterisch nach den Kollegen der Spurensicherung. »Und jetzt machen Sie mir bitte mal die Leiche frei, die Herren!«

Joe ließ sie weiterarbeiten und kehrte zurück in den Flur. Carlotta Pelzig hatte er bereits verabschiedet. Sie würde weiterhin in München bleiben, zumindest noch bis zu Roßhaupters Beerdigung, und konnte jederzeit erneut befragt werden, falls das nötig wäre.

Er schüttelte innerlich den Kopf. Dieser Münchner Bierclan machte es ihm und seinen Leuten wirklich nicht leicht. Wer kam als Mörder des Juniors infrage? Als Erstes schossen ihm die Namen von Tobias' gesammelten Verflossenen durch den Kopf. Jede von ihnen hätte ein Motiv gehabt, zumal offenbar bereits eine neue Favoritin am Start gewesen war. Sofie hatte ihm gestern Abend von der Beerdigung erzählt. Andererseits passte diese Tötungsart eher zu einem Mann. Roßhaupter war jung und halbwegs sportlich gewesen, also nicht so leicht zu überwältigen. Es sei denn, eine potenzielle Täterin hätte seine Arglosigkeit ausgenützt und ganz überraschend zugeschlagen …

Aber womit?

»Schau mal, Chef!«

Mick kam mit bedeutsamer Miene auf ihn zu.

»Die Kollegen haben das hier gefunden.«

Er streckte seine Hand aus und zeigte Joe einen großen schwarzen, mit Kunstleder überzogenen Knopf.

»Der lag unter dem Schirmständer«, erläuterte er dazu. »Darauf können wir mit großer Sicherheit verwertbare DNA-Spuren sichern. Aber was zum Teufel soll das da sein?«

Weißer Kunststoff, halbwegs biegsam, nicht größer als zwei Zentimeter, mit einer seltsamen blutroten Spitze.

Joe drehte es nachdenklich hin und her.

»Keine Ahnung«, sagte er schließlich. »Geht ebenfalls in die KTU, wie der Knopf. Die werden es schon herausfinden.«

In diesem Moment kam Elke Falk aus dem Wohnzimmer.

»Können Sie mir noch etwas über den Todeszeitpunkt sagen, Frau Dr. Falk?«, fragte Joe.

»Dass ihr Leute von der Kripo uns am Tatort immer die gleichen Fragen stellen müsst!«, seufzte sie. »Uns Rechtsmedizinern bleibt doch gar nichts anderes übrig, als immer wieder die gleichen Antworten darauf zu geben, wenn wir seriös arbeiten wollen. Also: Der Tod ist vor etwa sechs bis zwölf Stunden eingetreten. Hilft Ihnen das jetzt weiter?«

Joe setzte sein charmantestes Lächeln ein, ehe er sagte: »Ginge es ganz ausnahmsweise vielleicht doch ein wenig präziser?«

»Sie sind mir ja einer!« Neckisch erhob die Falk ihren Zeigefinger und meinte: »Also gut, ausnahmsweise – und nur, weil Sie es sind! Von den bisherigen Ergebnissen der äußerlichen Leichenschau, was Körper- und Raumtemperatur betrifft, kann ich den Zeitraum auf circa 21 bis 24 Uhr eingrenzen, wenn auch nicht mit hundertprozentiger Sicherheit.«

Joe sah sie noch immer erwartungsvoll an, aber die Falk strich sich die blonden Haare mit einer lässigen Geste aus dem Gesicht und erklärte: »Das wars. Mehr werden Sie hier und heute nicht von mir hören, selbst wenn Sie einen Handstand machen!«

Elke Falk lächelte ihrerseits, was sie nur sehr selten tat. Dann trat sie einen Schritt näher auf ihn zu. Joe roch einen leicht holzigen Duft, der ihn wider Willen angenehm berührte.

»Und was wir vorher besprochen haben: Mein Angebot gilt weiterhin, Herr Lederer. Jederzeit!«

34

Der Mann mit der Mütze

Inzwischen hatte Sofie Charlys umfangreiches Archivmaterial auch auf ihrem Instituts-PC gespeichert. Stunden um Stunden hatte sie sich schon damit beschäftigt, ohne dass ihr irgendetwas Ungewöhnliches auffiel, bis auf einmal der berühmte Groschen fiel. Ja, es gab eine Gemeinsamkeit, egal an welchen Plätzen oder Orten Beppo Heusinger sich auf den zahlreichen Fotografien auch aufhielt: Sein Kopf war niemals unbedeckt, und meistens zierte ein Schal seinen kräftigen Hals.

Fiese Gene hatten ihm offenbar schon in jüngeren Jahren einen galoppierenden Haarausfall beschert, und um das zu kaschieren, trug er mit Vorliebe bunte Wollmützen. Keine davon glich der anderen, das waren also lauter Unikate, die bestimmt ihren Preis hatten. Und sie kamen Sofie merkwürdig bekannt vor …

»Die kenn ich«, sagte sie zu George, ihrem knöchernen Freund, der wie immer stumm blieb. Doch so sehr sich Sofie auch den Kopf zermarterte, sie kam nicht drauf, woher ihr die Mützen vertraut waren.

Bis auf einmal ein Bild in ihr auftauchte, von einem vorweihnachtlichen Abendbummel durch Schwabing, nachdem sie mit Joe im *Arri* gewesen war, ihrem Lieblingskino. Vor einem kleinen, sehr vollen Schaufenster waren sie stehen geblieben und hatten sich geküsst. Altmodische Puppenköpfe aus Bakelit mit frech geschminkten Gesichtern wie aus den Zwanzigerjahren sahen ihnen dabei zu. Und jede von ihnen trug eine ausgefallene Wollmütze – wie Beppo Heusinger auf den Fotos.

»Frau Rosenhuth?«

Falks näselnde Stimme drang durch die geöffnete Tür.

»Kommen Sie? Tobias Roßhaupter liegt schon auf dem Sektionstisch.«

Zefix!

Am liebsten wäre Sofie auf der Stelle in die Türkenstraße geradelt, um mehr zu erfahren. Dort befand sich nämlich jenes Schaufenster mit den Mützen, an das sie sich gerade erinnert hatte.

Sollte sie Joe informieren? Dazu war es noch eindeutig zu früh! Außerdem war sein Auftreten als Polizist manchmal allzu forsch, um in heikleren Missionen die nötige Diplomatie an den Tag zu legen …

Es gab nur einen, den sie darum bitten konnte.

Sofie nahm ihr Smartphone zur Hand.

»Charly? Sorry, dass ich dich störe. Ich weiß, du bist fest am Schreiben. Aber ein bisschen Bewegung tut auch Autoren ganz gut!«

»Ertappt!«, gestand Sofie, als sie seine Antwort hörte. »Ja, ich brauch dich. Ich hätte da nämlich mal wieder einen Spezialauftrag …«

35

»Ich brauche doch kein Alibi!«

Die Nachricht vom Mord an Tobias Roßhaupter hatte sich in den Büros des Rössl-Bräus wie ein Lauffeuer verbreitet und fast den ganzen Betrieb lahmgelegt. Nur Simon Schott und seine Gesellen verrichteten im Sudhaus, an den Gärbottichen und Reifetanks noch ihre gewohnte Arbeit, in den Büros und auf den Fluren davor standen die Mitarbeiter in kleinen Grüppchen zusammen und zeigten sich je nach Naturell fassungslos oder in heller Aufregung. Nur mit einiger Mühe gelang es den beiden Kriminalern Joe und Mick, das abgelegte Damenquartett des nun also auch so jäh Verstorbenen aufzutreiben, um sie erneut befragen zu können.

»Ich war im Fitness«, versicherte Ricci Gantert tränenüberströmt. »Von acht an bis nach zehn. *Spinning*, da gerät man so wunderbar ins Schwitzen. Dafür gibt es jede Menge Zeugen. Ich bin ja schließlich regelmäßig dort. Wenn Sie wollen, kann ich Ihnen die Namen gern aufschreiben.«

»Tun Sie das bitte«, sagte Joe. »Und danach?«

»War ich noch in der Sauna, bis sie so gegen 23 Uhr zugemacht wird. Der Dreck soll ja schließlich ganz raus aus dem Körper. Danach hat der Tommie Heppler mich heimgefahren, meine Wohnung liegt ja fast auf seinem Nachhauseweg. Und während ich mich halb zu Tode schwitzte, hat man den Tobi umgebracht? Ich fass es immer noch nicht!«

»Als wir uns zuletzt unterhielten, waren Sie ziemlich sauer auf Ihren Chef …«, meinte Joe.

»Ja«, schluchzte sie, »er konnte schon ein Hundling sein. Und was für einer! Wer wüsste das besser als ich, die ich in seinem Vorzimmer doch immer alles mitbekam, was er so am Laufen hatte. Aber das heißt noch lange nicht, dass man seinem Chef den Tod wünscht!«

Sie schnäuzte sich ausgiebig.

»Außerdem ist der Neue keinen Deut besser. Soweit ich das jetzt schon beurteilen kann.«

»Wie?«, fragte Mick Lorenz neugierig nach. »Schorsch Heusinger ist auch ein Hallodri und Frauenheld?«

»Das nicht gerade, aber er hat auf jeden Fall Geheimnisse – und die nicht zu knapp. Seine Tür ist praktisch immer zu. Die Telefonanlage wurde so umgestellt, dass alle Anrufe ihn direkt erreichen. Ich könnte mir eigentlich den lieben langen Tag die Nägel feilen oder die kniffligsten Kreuzworträtsel lösen, so wenig habe ich noch zu tun. Kaltgestellt hat er mich. Richtiggehend aus dem Verkehr gezogen. Ist das vielleicht eine Art, wenn man eine so perfekte Assistentin hat wie mich?«

Auch Katja Krauss, die sich anfangs so große Hoffnungen auf den neuen Chef gemacht hatte, schien bitter enttäuscht.

»Im Vertrieb geht es drunter und drüber«, erklärte sie. »Jeden Tag kommen morgens neue Ansagen, die dann mittags schon wieder geändert werden. Solange Tobi noch da war, konnten wir uns wenigstens halbwegs darauf verlassen, dass wir unsere Arbeitsplätze behalten. Wohnung, Versicherung, Auto, Essen, Kleidung – das läuft doch alles jeden Monat weiter.

Aber was soll jetzt aus uns werden? Dieser Heusinger spricht keine von uns mit Namen an. Ich glaube, der sieht uns nicht einmal richtig. Für den sind wir so was wie arbeitende Ameisen. Sich für den zurechtzumachen wäre vergebene Liebesmüh.«

»Wo waren Sie gestern zwischen 21 und 24 Uhr?«, fragte Joe.

»Mit zwei alten Freundinnen bei einem Chansonabend in der *Lach- und Schießgesellschaft.* Salome Kammer ist dort mit ihrem neuen Programm aufgetreten. War übrigens herrlich, richtig spritzig und frivol. Das brauchte ich aber auch mal wieder nach diesen ganzen Horrormeldungen! Danach haben wir noch zusammen etwas im *Drugstore* getrunken. Bis kurz vor zwölf. Dann sind wir alle mit der U-Bahn nach Hause.«

Sie fuhr sich mit der Hand durch die roten Haare.

»Wir waren den ganzen Abend so fröhlich wie schon lange nicht mehr – ausgerechnet an dem Abend also, an dem der Tobias sterben musste. Das fühlt sich schrecklich für mich an!«

»Wie heißen Ihre Freundinnen?«

Mick Lorenz schob ihr einen Zettel hin.

»Moni Winter und Ina Baum«, antwortete sie und schrieb ihm mit den Namen auch gleich die Handynummern auf.

Simone Steinbauer wurde kreidebleich, als Joe und Mick sie befragten, und der Restalkohol von gestern dampfte ihr aus jeder Pore.

»Ich war bei meiner Nachbarin«, sagte sie. »Eigentlich wollte ich mir nur ein paar Eier leihen, aber dann sind wir ins Reden gekommen und haben uns bei einem Glas Wein festgequasselt. Sie hat einen Wurf niedlicher Katzenwelpen – die allein wären schon ein volles Abendprogramm! Eines von ihnen brachte es doch glatt fertig, sich auf den Balkon zu stehlen.

Dabei ist es dann prompt durch das Gitter einen Stock tiefer gerauscht. Da saß es dann piepsend und zitternd, und wir konnten ihm zunächst nicht helfen, weil in der Wohnung unter meiner Nachbarin niemand zu Hause war! Die Katzenmutter war völlig aus dem Häuschen, meine Nachbarin ebenfalls. Von oben kein Drankommen, von unten ebenso wenig. Leitern, Körbe, Tücher, nix hat funktioniert. Schließlich mussten wir die Feuerwehr holen, und bis das Kleine dann wieder sicher bei seinen Geschwistern lag, war es fast Mitternacht. Ich bin immer noch so was von fertig! Und dann auch noch das mit Tobi … Das gibt mir völlig den Rest!«

Aus einer Eingebung heraus zog Joe unvermittelt den Plastikbeutel mit dem Knopf heraus, den sie am Tatort gefunden hatten.

»Haben Sie den schon einmal gesehen?«, fragte er.

Sie zögerte. »Möglich«, sagte sie dann. »Ist ja nicht gerade der letzte Schrei, vielleicht Vintage. Irgendwo habe ich den aber schon gesehen, glaube ich. Ich weiß bloß nicht wo …«

»Und das hier?«

Joe legte das ebenfalls am Tatort eingetütete Kunststoffteil vor sie auf den Tisch.

»Tut mir leid«, sagte sie nach einer Weile. »Keine Ahnung, was das sein könnte.«

»Na gut«, meinte Joe. Den Namen ihrer Nachbarin brauchte er nicht, denn sie konnten sich an die Kollegen von der Feuerwehr halten. Alle Einsätze werden dort fein säuberlich dokumentiert.

Als sie die Buchhaltung betraten, saß Annette Lerchenmüller mit dem Gesicht zum Fenster und starrte hinaus. Nathalies Schreibtisch gegenüber war leer. Ihr früherer Bürostuhl stand in einer Ecke. Ein dunkler Mantel war nachlässig über die Lehne geworfen.

»Er ist tot«, sagte sie, ohne auf Micks erste Fragen zu reagieren. »Er hätte niemals sterben dürfen. Doch nicht er!«

Joe und er tauschten einen Blick.

»Wo waren Sie gestern Abend, Frau Lerchenmüller?«, versuchte Mick es erneut. »Es geht um den Zeitraum zwischen 21 und 24. Uhr.«

»Zu Hause«, murmelte sie. »Bei meiner Mutter. Sie ist ...«

Ihre Stimme erstarb.

»Krank?«, ergänzte Mick.

»Man kann sie nicht mehr alleine lassen. Tagsüber gibt es einen Pflegedienst. Abends dann mich.«

Sie sprach seltsam ausdruckslos, wie eine mechanische Puppe.

»Ist Ihre Mutter dement?«, fragte Joe.

Annette Lerchenmüllers helle Augen bekamen einen vorwurfsvollen Ausdruck.

»Sie lebt vor allem in der Vergangenheit. Aber manchmal ist sie doch noch ganz klar.«

»Könnte sie Ihr Alibi bestätigen?«, erkundigte sich Mick.

»Welches Alibi?«, fragte sie zurück.

Ihr Kinn zitterte.

»Ich brauche doch kein Alibi!«

»Doch, das brauchen Sie, Frau Lerchenmüller«, sagte Joe. »Sie hatten eine ganz spezielle Beziehung zu Herrn Roßhaupter, haben die Trennung von ihm nie ganz verwunden, und als Nathalie Grimm tot war, sahen Sie Ihre Chance und schöpften neue Hoffnung. Aus Freundschaft kann auch wieder Liebe werden, an diese Illusion haben Sie sich geklammert. Sie haben Tobias getröstet und umsorgt – vor allem, als auch noch seine Mutter umkam. Dabei hatte der Herr Roßhaupter längst andere Pläne mit einer gewissen Carlotta Pelzig …«

Annette Lerchenmüller presste sich die Hände auf die Ohren. »Ich will das nicht hören«, stöhnte sie. »Seien Sie doch endlich still!«

»Doch«, sagte Joe. »Sie werden mich anhören!« Mit wenigen Schritten war er bei ihr, um ihr sanft, aber bestimmt die Hände wegzuziehen. Dabei stieß er versehentlich gegen eine Plastiktüte, die neben ihrem Stuhl stand. Die Tüte fiel um. Etwas Buntes ragte heraus.

»Schau mal einer an!«

Joe zog eine verbeulte Maske aus der Tüte und legte sie auf den Schreibtisch. »Ein Clownsgesicht. Gehört die Maske Ihnen?«

Stummes, verzweifeltes Kopfschütteln.

»Ich glaube doch. Warum wäre sie sonst hier, in Ihrem Büro? Aber was ist da, beim Mund, da fehlt doch etwas?«

Er griff in seine Tasche. »Das hier vielleicht?«

Das Fundstück aus Roßhaupters Haus ergänzte die Maske perfekt. Annette wurde aschfahl, doch ehe sie etwas sagen konnte, klopfte es an der Tür, und Simone Steinbauers brauner Lockenkopf schob sich herein.

»Kann ich Sie kurz sprechen, Herr Kommissar?«, fragte sie. »Könnte wichtig sein!«

Joe stand auf und folgte ihr, während Mick Frau Lerchenmüller nicht aus den Augen ließ.

»Sie *waren* bei Tobias Roßhaupter«, sagte er beschwörend. »Jedes Leugnen ist zwecklos. Jetzt sagen Sie uns, wie Sie …«

In diesem Moment kam Joe wieder zurück, nun mit einem weiteren Plastiktütchen in der Hand, das er ihr unter die Nase hielt.

»Dieser Knopf ist von Ihrem Mantel«, hielt er ihr vor. »Die

Zeugin ist sich ganz sicher. Den haben Sie ebenfalls am Tatort verloren.«

»An meinem Mantel fehlt nichts«, murmelte sie. »Sehen Sie doch selbst nach. Dort drüben!«

Mick zog sich Einmalhandschuhe an, hob ihn hoch und untersuchte ihn.

»Ja, die Knöpfe sind vollständig, aber einer passt nicht ganz dazu«, meinte er. »Die anderen sind exakt das gleiche Modell wie der aus Roßhaupters Haus. Für wie dumm halten Sie uns eigentlich? Ihre DNA haftet ohnehin daran!«

»Das möchte ich auch gern wissen!«

Joe stand breitbeinig vor ihr. »Gab es einen Kampf, bevor Sie Tobias Roßhaupter erschlagen haben? Ist der Knopf dabei abgerissen?«

»Nein, nein ...«

»Wo haben Sie die Tatwaffe versteckt?«, bohrte er nach. »Reden Sie!«

»Welche Tatwaffe? Ich weiß von keiner Tatwaffe«, rief Annette Lerchenmüller. »Ja, ich war im Haus, aber ich hab ihn nicht einmal angerührt. Niemals könnte ich Tobias wehtun! Wann geht das endlich in Ihren Schädel?«

»Was ist dann passiert?«

»Ich wollte ihn besuchen und ein wenig Zeit mit ihm verbringen, aber er war schon verabredet. Da bin ich wieder gegangen.«

»Mit wem war er denn verabredet?«, fragte Mick.

»Das hat er nicht gesagt. Ich weiß es wirklich nicht!«

»Sie lügen doch!«, warf Joe ihr an den Kopf.

»Nein, das ist die Wahrheit! Als ich von ihm weg bin, war er so lebendig wie Sie und ich. Das schwöre ich. Beim Leben meiner Mutter.«

»Und der Knopf ist einfach so abgefallen?«

Mick sah sie spöttisch an.

»Ebenso wie Ihre Maske entzweiging, allein vom Hinschauen?«

»Nein, so war es nicht. Ich bin nur aus Versehen gegen die Tür gestoßen …«

»Also gab es doch einen Kampf«, stellte Mick fest. »Wie ist der ausgegangen? Mit einem Schlag auf Roßhaupters Kopf, aus lauter Enttäuschung und Wut, weil er sich nicht mehr auf Sie einlassen wollte?«

»Nein, nein …«

Sie presste die Lippen aufeinander.

»Sie haben ja keine Ahnung. Ich sag jetzt gar nichts mehr!«

»Das reicht auch schon«, meinte Joe kategorisch. »Von Ihren Lügen und Widersprüchen haben wir jetzt mehr als genug! Sie waren bei Roßhaupter, wie die Fundstücke eindeutig beweisen, und ein Tatmotiv haben Sie auch. Sie sind vorläufig festgenommen, Frau Lerchenmüller. Wegen Verdachts der Tötung von Herrn Tobias Roßhaupter. Wir nehmen Sie jetzt mit ins Präsidium. Dort erhalten Sie Gelegenheit, in Ruhe über alles nachzudenken. Und wenn Sie aussagen wollen – vielleicht zur Abwechslung mal die Wahrheit, wie ich Ihnen dringend empfehlen würde –, stehen wir Ihnen gern zur Verfügung.«

»Sie wollen mich verhaften?«

Annette Lerchenmüller riss die Augen auf wie ein waidwundes Reh.

»Aber das können Sie nicht! Ich bin unschuldig. Ich habe doch den Tobias nicht getötet …«

»Und ob wir das können!«, sagte Joe in schneidendem Ton. »Wir können Sie auch in Handschellen abführen lassen, wenn

Sie nicht freiwillig mitgehen. Das liegt ganz bei Ihnen! Ihre reizenden Kolleginnen hätten sicher ihre Freude daran.«

Annette schien sich endlich in ihr Schicksal zu ergeben. Sie nickte, und Joe klang gleich wieder freundlicher: »Warum nicht gleich so? Sie werden allerdings kurz frieren müssen, bis wir im Auto sind, denn Ihren Mantel bringen wir in die KTU, ebenso die Clownsmaske. Mike, wenn du so freundlich wärst?«

Lorenz nahm die Sachen an sich.

»Und meine Mutter?«, flüsterte sie tränenerstickt. »Sie ist alt und krank. Wenn sie das erfährt – das wird sie umbringen!«

»Das hätten Sie sich früher überlegen müssen, Frau Lerchenmüller. Und jetzt kommen Sie!«

36

Ois ned gsund

Da hatte sie ihn nun auf dem Sektionstisch – Tobias Roßhaupter, Uschis heiß geliebten »Bua«, der so viele Frauenherzen gebrochen hatte. Elke Falk hatte sich nach ihrer Rückkehr in das Institut sofort in ihr Büro verzogen, Unverständliches murmelnd. Wer weiß, was sie schon wieder ausbrütete, nachdem es mit dem Südtiroler Ötzi nicht geklappt hatte!

Spike war an Sofies Seite und freute sich, dass die Falk nicht mit dabei war – so konnte er den Sektionsraum mal wieder mit Musik beschallen. Mit Musik von seiner eigenen Band, diesmal – Sofie erkannte ihre Coverversionen von Coldplay natürlich sofort und nickte anerkennend. Shirins aufregende Stimme machte den grauen Tag heller, und sie beschloss, Spikes Freundin bald mal wieder in ihrem Tattooladen zu besuchen, bevor der Nachwuchs auf der Welt war.

»Männliche Leiche, 34 Jahre, einen Meter zweiundachtzig groß, 78 Kilogramm schwer, von schlanker Statur …«

Nein, dieser Tobias Roßhaupter war beileibe kein klassischer Adonis, an den Waden eigentlich zu mager, die Schenkel nicht trainiert genug, und am Bauch fand sich ein leichter Fettansatz, der mit den Jahren wohl eher noch zugenommen hätte. Trotzdem war er alles in allem durchaus ein attraktiver

Mann, und irgendetwas musste er schon an sich gehabt haben, das manche Frauen wie magisch anzog.

Das CT hatte inzwischen bestätigt, was Elke Falk schon am Tatort vermutete: mehrere Bruchzentren am Schädeldach sowie eine Unterkieferfraktur – er war offenbar auf das Gesicht gestürzt. Auch die von Falk diagnostizierte Fraktur hatte sich als richtig erwiesen.

Die Verletzungen am Kopf waren von einer Blutkruste verborgen. Zudem bedeckte blondes, stark blutverklebtes Kopfhaar die Wunden. Zwischen den Wundrändern fanden sich kleine braune Gewebspartikelchen, die sich nicht ohne Weiteres zuordnen ließen. Weitere Aufschlüsse mussten die Laborergebnisse bringen. Vor der Öffnung der Kopfhöhle wurden auch die Haare abrasiert. Proben davon kamen ebenfalls ins Labor, da sich an den Haaren beispielsweise die Einnahme verbotener Substanzen nachweisen ließ.

»Epidurales Hämatom zwischen Schädeldach und harter Hirnhaut. Schädelbruch am Ort der Gewalteinwirkung. Frakturen der Schläfenschuppe mit Zerreißung der mittleren Hirnhautschlagader als Blutungsquelle. Zertrümmerung beider Schädelbeine mit massiver Verletzung der weichen Hirnhäute. Hirngewebszerstörungen und kleine Einblutungen in der Umgebung. Blutiger Inhalt im Hirnkammersystem. Massive Zeichen von Hirndruck mit unterer Einklemmung und Mittellinienverschiebung durch das Epiduralhämatom.«

Roßhaupters Leber war, wie die anschließende Öffnung der Bauchhöhle zeigte, stark vergrößert und zeigte alle Anzeichen einer beginnenden Fettleber.

»Da hat jemand aber nicht sehr gesund gelebt«, murmelte Sofie. »Sport war offenbar ein Fremdwort für ihn, es sei denn, man zählt Cabrio fahren dazu. Und als zukünftiger Brauereichef kam er um den Alkoholkonsum wohl kaum herum. Aber an all dem wäre er so schnell noch nicht gestorben. So eine Leber hält in der Regel eine ganze Menge aus.«

Im Magen fand Sofie vor allem eine beachtliche Menge Rotwein.

»Schau einer an«, überlegte sie laut. »Offiziell Bier brauen und daheim heimlich Rotwein trinken – so einer war er also!«

Spike brachte den Inhalt ins Labor, wo er so schnell wie möglich analysiert werden sollte.

»Tod durch stumpfe Gewalt gegen den Kopf«, lautete das bisherige Untersuchungsergebnis. Aber durch welche Waffe war Tobias Roßhaupter denn nun zu Tode gekommen?

Diese Frage stellte sich dann am nächsten Morgen auch Joe: »Da schneidet ihr nun stundenlang an den Leichen rum, und dann kommt meistens nur das raus, was man vorher schon vermutet hatte«, grummelte er, nachdem er Sofies Obduktionsbericht überflogen hatte. Bevor sie ihm den Bericht gab, hatte sie lange telefoniert und sich dabei immer wieder den rechten Nasenflügel gerieben, als würde es sie da heftig jucken.

Joe konnte es gar nicht leiden, wenn Sofie schon in aller Früh so lange am Telefon saß, und dass es auch noch der Charly Loessl war, mit dem sie sprach, machte ihn richtig grantig.

Ohnehin befand sich seine Stimmung auf dem Tiefpunkt. Annette Lerchenmüller war nämlich schon wieder auf freiem Fuß: Dem Haftrichter erschien die Beweislage vorerst noch zu dünn, um eine Frau, die noch nie mit dem Gesetz in Konflikt geraten war, einen festen Wohnsitz und eine pflegebedürftige Mutter hatte, um die sie sich kümmern musste, länger zu inhaftieren. Daraufhin hatte Annette zwar mit Tränen in den

Augen, aber doch auch mit hocherhobenem Haupt die Polizeizelle in der Ettstraße verlassen.

»An der bleib ich dran!«

Joes Stimme klang bedrohlich. Das noch immer leicht rosa schimmernde Lieblingshemd, das sich trotzig allen Bleichungsversuchen widersetzt hatte, verstaute er mit resignierter Geste zurück in den Schrank. Jetzt musste er wieder mal erst zu sich nach Hause, um sich ein neues Hemd zu holen – dieses ganze Hin und Her ging ihm genauso auf die Nerven wie die Tatsache, dass sie mit ihrer gemeinsamen Wohnungssuche im Moment einfach nicht weiterkamen.

Sakradi, so ein gemeinsam gestemmter Alltag war eben auch eine Herausforderung! Wie einfach war es da gewesen, sich abends frisch geduscht und gut gelaunt beim Gianni auf eine Pizza zu treffen …

»Vielleicht wird deine Laune ja damit besser.«

Sofie winkte ihn zu ihrem Laptop, der auf dem Küchentisch stand. Murmel, der den Stuhl davor besetzt gehalten hatte, musste widerwillig weichen.

»Ja, und?«, fragte Joe bockig. »Ein Mann mit einer Mütze. Und weiter?«

»Der Mann heißt Beppo Heusinger und ist Schorsch Heusingers Onkel.«

»Und?«

»Alle seine Mützen stammen aus der *Hutbar* in der Türkenstraße. Die Modistin heißt Angie Hellerer, die beiden waren unzertrennlich. ›Meine Lover kommen und gehen‹, soll Beppo zu ihr gesagt haben, ›aber du bleibst mein *soulmate*, die wichtigste Konstante in meinem Leben. Würde ich auf Frauen stehen, würde ich dich auf der Stelle heiraten!‹«

»Wie rührend! Und was sagt uns das jetzt?«

»Nur nicht hudeln.«

Sofie lächelte wie eine Sphinx.

»Wenn man sich so nah ist wie die beiden, empfiehlt man sich gegenseitig alles, erst recht Ärzte. Vor allem, wenn man eine ähnliche Schwäche hat. Angie hatte ständig mit den Bronchien zu tun, Beppo ein ausgewachsenes Nebenhöhlenproblem. Deshalb auch die Mützen. Die trug er nicht nur aus optischen Gründen wegen seiner Glatze, sondern auch, weil er es am Kopf warm haben musste. Die beiden waren in Behandlung bei einem Professor Krapp. Theatinerstraße. Man gönnt sich ja sonst nix.«

»Professor Krapp? Da waren unsere Leute doch längst! Glaubst du vielleicht, wir beherrschen nicht auch unser Einmaleins? Dafür brauchen wir keinen Mister Loessl Neunmalschlau! Der Professor hat schon vor Jahren aufgehört. In seiner ehemaligen Praxis arbeitet jetzt ein Internist. Nix mehr mit HNO!«

»Professor Krapp ist in seinem letzten Praxisjahr nach Oberschleißheim gezogen«, erläuterte Sofie seelenruhig. »Kein Problem für seine Patienten, die wären ihm nämlich überallhin gefolgt. Und sein Neffe, der dort wohnt, ist ebenfalls ein Facharzt für HNO. Der hat den Patientenstamm übernommen, heißt ebenfalls Krapp, Adam Krapp, und praktiziert heute in unmittelbarer Schlossnähe. Dort findet ihr auch die Röntgenunterlagen der letzten dreißig Jahre.«

Jetzt besaß sie Joes ungeteilte Aufmerksamkeit.

»Du meinst also ernsthaft, die Überreste im Laugentank könnten vom Beppo Heusinger sein?«, fragte er sie.

Sofie zuckte die Schultern.

»Ein Mensch, der einem so wichtig ist, dass man ihn *soulmate* nennt und alles mit ihm teilt, mit dem man über Jahre durch dick und dünn geht, gerade weil er kein Liebespartner, sondern der allerwichtigste Lebensmensch für einen ist? Genau das war die Angie Hellerer für den Beppo Heusinger. So einen Menschen lässt man nicht von heute auf morgen wie eine heiße Kartoffel fallen, nur weil man sich mal eben für ein neues Leben in einem fernen Paradies entscheidet. Inzwischen sind fünfzehn lange Jahre vergangen, und Angie hat nicht eine Karte, keinen Anruf, nicht mal eine Mail von ihm erhalten. Ist das nicht seltsam? Ich finde, ein Besuch beim jungen Dr. Krapp in Oberschleißheim könnte sich echt rentieren!«

37

Figaro. Figaro! Figaro!!

Nein, das mit Mozart und ihr würde leider doch nichts werden. Zumindest, sobald gesungen wurde. Obwohl: Gegen die Solisten konnte man eigentlich nichts sagen, die machten ihren Job ziemlich gut. Die Sängerin, die Figaros Verlobte, Susanna, verkörperte, stahl den Männern auf der Bühne ordentlich die Show. Auch Gina Matteo, Charlys neue Nachbarin, die nun in der traumhaften Wohnung lebte, in die Sofie so gern eingezogen wäre, war in der berühmten Hosenrolle als Cherubino höchst sehenswert. Aber diese endlosen Arien, dieses Gezwitschere und Tirilieren in den höchsten Tönen waren so gar nichts für Sofies angespannte Nerven. Ohnehin war sie vor allem Charly zuliebe mitgegangen – und weil sie natürlich wissen wollte, wie gut sich diese Gina machte. Dass sich Charlys neue Nachbarin im Lauf des Abends als zweiter Star neben der bezaubernden Susanna profilieren konnte, gefiel ihr ganz und gar nicht.

Charly dagegen war hingerissen, keine Frage. Sein dunkler, perfekt sitzender Anzug hatte den sonst so lässig gekleideten Reporter, den sie bisher gekannt hatte, in einen Gentleman alter Schule verwandelt. Man sah ihm den noblen Stall, aus dem er stammte, einfach an. Zumindest Sofie tat das und fühlte sich in ihrem nicht mehr ganz so neuen fliederfarbenen Georgettekleid, das sie gar nicht so eng in Erinnerung hatte, ungefähr so sexy wie ein leicht in die Jahre gekommener Kaffeewärmer.

Zefix! Warum hatte sie nicht den dunkelblauen Hosenanzug mit dem hellgrauen Seidenshirt angezogen, der ihre Taille so vorteilhaft umschmeichelte? Dann müsste sie sich jetzt auch nicht die Füße in diesen mörderischen silbernen High Heels zusammendrücken lassen, die sie sich am liebsten von den Füßen gerissen hätte, sondern könnte stattdessen ihre kleinen schwarzen Lackstiefeletten tragen, in denen es sich bequem kilometerweit laufen ließ.

Weil du eben ein Trampel bleibst, keifte ihre unverschämte innere Stimme. *Eine, der nicht zu helfen ist – und wenn sie sich noch so viele neue Klamotten in den Schrank hängt! Im entscheidenden Moment wirst du eben doch immer wieder die falsche Wahl treffen und damit öffentlich demonstrieren, dass du nur ein geschertes Giesinger Pflanzerl ohne jegliches Gespür für Stil bist! Er hat dich lediglich aus Mitleid mitgenommen, eine Art Alibi, damit diese Mezzosopranschnepfe nicht gleich mitbekommt, wie sehr er auf sie steht. Von wegen – nach der Aufführung noch alle zusammen gemütlich ein Glas Wein trinken! Du schnappst dir ein Taxi – und dann nichts wie ab nach Hause!*

Wenn es doch nur endlich so weit gewesen wäre. Sofies Interesse an den amourösen Verwicklungen des Grafen Almaviva war längst erloschen, die Luft in der Staatsoper war staubtrocken, ihre Pumps drückten höllisch, und Hunger hatte sie auch, weil sie sich aus der Sorge heraus, der Reißverschluss ihres Kleids könne Probleme bereiten, sogar einen kleinen Abendimbiss verkniffen hatte.

Dabei hätten die Karten, die Charly von seiner neuen Nachbarin vermittelt bekommen hatte, kaum besser sein können. Sie saßen auf dem ersten Rang direkt neben der Königsloge, und der Blick von hier auf die Bühne war schlichtweg fantastisch.

»Alles in Ordnung?«, flüsterte Charly, dem ihre innere Unruhe nicht entging.

»Mhm«, machte sie. »Ich bin nur nicht so der klassische Opernbesucher! Diese Stühle …«

»… sind viel komfortabler als die alten, findest du nicht?«

»Mag sein«, antwortete Sofie zögerlich, »aber drei Stunden lang darauf sitzen …«

»Ist ohnehin gleich Pause«, erwiderte Charly. »Dann trinken wir was, und dann kannst du dir ein bisschen die Beine vertreten.«

Oder still und heimlich verschwinden, dachte Sofie für sich, denn das wäre ihr am liebsten gewesen. Sie wusste längst nicht mehr, wohin mit den Beinen, mit den Armen, und rutschte auf ihrem Stuhl hin und her. »Nackeln« hatte Tante Vroni das früher genannt, mit der sie vor dem Opernbesuch noch telefoniert hatte. Die theaterhaft karge Inszenierung mit einem starren, dunklen, die meiste Zeit in gleißendes Licht getauchten Bühnenbild war auch nicht gerade dazu angetan, Sofies Aufmerksamkeit länger zu fesseln. Es mochte ja sein, dass es dem Regisseur darum ging, mit einer besonders spartanischen Inszenierung die zeitlose Dimension der Oper herauszuarbeiten. Dennoch schweifte ihr Blick immer wieder von der Bühne ab, hinauf zu den beiden überdimensionierten Engeln ganz oben links und rechts davon, seitlich zu den bis auf die letzten Stehplätze besetzten Rängen und hinunter ins ebenfalls komplett ausverkaufte Parkett, wo sie auf einmal stutzte: War das nicht *er*? Sein markantes Profil verriet ihn ebenso wie sein stark gelichtetes Haupthaar.

Und die Frau im roten Kleid links von ihm: Gehörte die zu ihm? So aufgetakelt, wie sie war, mit ihren dicken Rüschenreihen und funkelnden Brillis, hätte sie gut zu ihm gepasst.

Sofie starrte gebannt hinunter. Im Gegensatz zu ihr schien ihn das Spektakel auf der Bühne durchaus zu fesseln – zumindest tat er so. Betrügen und Täuschen waren ihm ja wohl längst zur zweiten Natur geworden, überlegte Sofie. Seine Ziele verfolgte er jedenfalls ohne jeden Skrupel. Wehe dem, der sich ihm dabei in den Weg stellte!

Sofie bekam eine Gänsehaut. Nein, sie durften nicht unterschätzen, wozu dieser Mann fähig war, wenn sie morgen ...

Die letzten Akkorde. Der Vorhang fiel. Die Menschen strömten hinaus in die Pause.

»Was ist mit dir?«, fragte Charly besorgt, als sie im Vorraum standen. »Du bist ja auf einmal ganz weiß im Gesicht!«

»Ich muss heim«, erklärte Sofie.

»Jetzt?«

Sie nickte.

Seine graugrünen Augen ruhten liebevoll auf ihr.

»Du magst diese Oper nicht wirklich, richtig? Schade. Ich wollte mein ganzes Leben immer so sein wie dieser Figaro!«

»Als Charly bist du mir doch viel lieber«, antwortete Sofie. »So ein Hans Dampf in allen Gassen nervt nur. Vielleicht ist heute ja auch einfach nicht der richtige Tag für mich. Joe und ich, wir müssen morgen ...«

Sie stockte.

»Geheimaktion«, sagte Charly schmunzelnd. »Verstehe!«

»So etwas in der Art«, erwiderte Sofie ernst. »Und ich könnte liebend gern darauf verzichten.«

»Du willst nicht mehr darüber sagen?«

»Später. Wenn wir mit allem durch sind, okay?«

»Okay.«

Charly beugte sich zu ihr hinunter, küsste sie zart auf die Wange. Sie hätte ihn gern länger festgehalten, aber sie tat es nicht.

»Dann hol ich dir jetzt deine Garderobe.«

Charly wollte los, aber Sofie hielt ihn zurück.

»Und du bist mir wirklich nicht böse, wenn ich jetzt gehe? Es war so lieb von dir, mich mitzunehmen. Ich will dir doch nicht den Abend verderben!«

»Wie könnte ich?«, antwortete er. »Du weißt doch, dass du fast alles bei mir darfst. Außerdem fängt der Abend doch gerade erst an.«

38

Eine Leiche zu viel

Südwestföhn hatte die Temperaturen ansteigen lassen, das Thermometer war fast bis null geklettert. Langsam wurden die Straßen wieder frei, in der ganzen Stadt räumte man eifrig, auf den Gehsteigen rann und tropfte es überall. Zu nah an den Häusern vorbeizugehen konnte gefährlich sein, weil sich dicke Eiszapfen lösten und in die Tiefe stürzten.

München taute.

Als am Vormittag die Sonne von einem wolkenlosen, emailleblauen Himmel strahlte, lag zum ersten Mal seit Wochen ein Hauch von Frühling in der Luft, obwohl alle wussten, dass es noch lange dauern würde, bis es wirklich so weit sein würde.

Ob es am Föhn lag oder an ihrer inneren Anspannung? Sofie hatte einen dicken Kopf. Deshalb hockte sie ziemlich schweigsam auf der Rückbank des Dienstwagens, während sie mit Joe am Steuer und Mick auf dem Beifahrersitz hinaus nach Oberhaching fuhren. In einiger Entfernung folgten ihnen zwei Streifenwagen, die Joe zur Vorsicht noch angefordert hatte, um den heiklen Einsatz sicherer zu machen.

»Ich sollte gar nicht hier sein«, sagte sie plötzlich. »Könnte intern ein Riesenaufstand werden …«

»Alles rein wissenschaftlich«, meinte Joe. »Du bist doch die Ärztin und kannst das mit den Röntgenbildern viel besser.«

Seine Stimme hatte auch schon mal sonorer geklungen. Joes Nerven lagen offenbar ebenfalls blank.

Das Gelände der Brauerei Heusinger wirkte verwaist. Ein führerloser Bagger, daneben das tiefe Erdloch, das noch nicht wieder zugeschüttet worden war, lediglich eine Handvoll Autos auf dem Firmenparkplatz. Joe stieg aus und wies die Streifenpolizisten an, erst einmal außerhalb der Umzäunung zu warten, um keinen vorschnellen Verdacht zu erregen.

Mick und Sofie stiegen ebenfalls aus, sie mit der großen grauen Pappmappe unter dem Arm. Vor dem Sudhaus lief ihnen ein junger Mann in Jeans und dickem Pullover über den Weg.

»Wir möchten zu Herrn Heusinger«, sagte Joe. »Wo finden wir den?«

Der junge Mann zuckte die Achseln. »Hab ich heute noch nicht gesehen«, sagte er. »Sein Wagen ist auch nicht da. Aber manchmal kutschiert ihn jetzt auch der Braumeister. Fragen Sie am besten im Büro nach!«

Er wollte schon weiter, da sprach Sofie ihn an.

»Nicht gerade viel los bei Ihnen, oder?«

Er schüttelte den Kopf.

»Das reinste Trauerspiel. Wir rechnen jeden Tag damit, dass er uns feuert. Wer will denn schon Ekelbier trinken?«

Auch die Büroräume waren nur spärlich besetzt, und die wenigen Leute, die sie antrafen, wirkten bedrückt oder gehetzt.

»Sieht so aus, als würde die Brauerei bald ganz geschlossen«, meinte eine zierliche junge Sekretärin. »Viele haben sich erst mal krankschreiben lassen. Aber von mir haben Sie das nicht.«

»Wo finden wir den Herrn Heusinger?«

»Der müsste drüben im Rössl-Bräu sein. Fragen Sie am besten bei Herrn Wölfel nach. Dritte Tür rechts.«

Der Braumeister erschrak, als sie zu dritt den kleinen Raum betraten, wo er vor einem Computer saß.

»Ich hab Ihnen bereits alles gesagt«, stieß er hervor. »Mehr weiß ich nicht. Und der Chef ist drüben bei den Roßhaupters.«

Sein flächiges Gesicht bekam hektische rote Flecken.

»Das bezweifle ich aber«, meinte Joe, bevor er ganz förmlich wurde: »Frau Dr. Rosenhuth, wenn ich Sie bitten dürfte?«

Sofie öffnete die Mappe und holte zu einer etwas längeren Erklärung aus: »Die Stirnhöhle jedes Menschen ist etwas so Einmaliges wie ein Fingerabdruck«, sagte sie. »Unverwechselbar. Auch wenn die meisten das nicht wissen. Die linken Aufnahmen, die Sie hier sehen, stammen von der Stirnhöhle des Opfers aus dem Laugentank ...«

Sie hatte lange an den Ausdrucken gebastelt, bis sie auch für Laien anschaulich waren.

»Die rechten stammen von Beppo Heusinger. Und beide sind, wie sich unschwer erkennen lässt, identisch.«

Braumeister Wölfel starrte sie fassungslos an.

»Aber das hieße ja, dass der Onkel vom Chef ...«

»Ganz genau«, bestätigte Mick Lorenz. »Es gibt keinerlei Zweifel.«

Der Braumeister fuhr sich mit der Hand über das Gesicht, als wolle er etwas Lästiges wegwischen.

»Das ist jetzt die letzte Gelegenheit für Sie, Herr Wölfel«, fuhr Joe fort, »sich noch einmal ganz genau an den Abend zu erinnern, an dem Uschi Roßhaupter im Jungbier ertrunken ist. Wir hatten Sie damals als Zeuge befragt, und falsche

Zeugenaussagen sind strafbar, es sei denn, Sie würden sich selbst belasten. Sie hatten damals ausgesagt, dass Sie …«

»Halt!«, rief er. »Mit so etwas will ich nichts zu schaffen haben. Der Chef hatte mich dringend gebeten, es so zu sagen. Und den Gefallen hab ich ihm auch getan. Aber in Wirklichkeit war es ganz anders.«

»Dann reden Sie«, befahl Joe.

Wenig später saßen vier Personen in dem Dienstwagen, der zurück nach Giesing fuhr. Braumeister Wölfel schaute angestrengt aus dem Fenster, um seine Aufregung zu verbergen. Der Anblick der ihnen nachfolgenden Streifenwagen war allerdings auch nicht gerade dazu angetan, ihn zu beruhigen.

»Er kann Ihnen nichts tun«, versicherte Mick Lorenz, der mit Sofie den Platz getauscht hatte und nun neben Wölfel saß. »Dafür sind wir ja schließlich da!«

»Er kann bald gar niemandem mehr etwas tun«, fügte Joe hinzu. »Aber dazu brauchen wir Ihre Hilfe, Herr Wölfel. Sie bleiben doch bei Ihrer neuen Aussage?«

»Ja«, sagte er dumpf. »Das werde ich. Weil es die Wahrheit ist.«

Als sie in den Hof des Rössl-Bräus einbogen, erklang das Zwölfuhrläuten von Heilig Kreuz. Eigentlich wäre die stattliche Kirche am Giesinger Berg auch für Tante Vronis Seelenheil zuständig gewesen, doch die hatte von Anfang die Madonna von Maria Hilf vorgezogen.

Eine ordentliche Portion himmlischen Beistands könnten wir jetzt auch gebrauchen, dachte Sofie beim Aussteigen. Aber es hilft ja nur, wenn man auch daran glaubt!

»High Noon«, sagte Joe grimmig, als sie die Büroräume betraten. »Bringen wirs hinter uns!«

So oft waren sie hier schon durch die Flure gegangen, dass

sie sich fast wie zu Hause fühlten. Joe öffnete die Tür zur Buchhaltung, aber heute war nicht nur Nathalie Grimms Platz leer – auch Annette Lerchenmüller war offensichtlich nicht zur Arbeit erschienen.

»Sie bleiben erst einmal hier.« Er schob Wölfel hinein. »Wir holen Sie dann, wenn es so weit ist.«

Dann gingen sie zu dritt weiter zum Vorzimmer des Chefs, in dem Ricarda Gantert saß.

»Ja, er ist da«, sagte sie, noch bevor Joe seine Frage stellen konnte. »Und ausnahmsweise nicht am Telefon. Gehen Sie einfach rein.«

Schorsch Heusinger saß an seinem Schreibtisch und blickte die Eintretenden unwirsch an. »Sie müssen schon gute Gründe haben, um fleißige Menschen von der Arbeit abzuhalten«, belferte er los. »Sehr gute!«

Sein Blick fiel auf Sofie.

»Und die Frau Doktor ist auch schon wieder dabei. Ich fürchte, da haben Sie sich in der Adresse geirrt. Leichen führen wir hier nämlich keine.«

»Mal sehen«, sagte Joe betont ruhig. »Frau Dr. Rosenhuth?«

Sofie öffnete die Mappe, blätterte die Ausdrucke vor Heusinger auf den Schreibtisch und wollte erneut mit ihrem Vortrag beginnen. Doch Heusinger unterbrach sie sofort: »Was soll der Schmarrn?«, belferte er.

»Die menschliche Stirnhöhle ist so einmalig und einzigartig wie unser Fingerabdruck.«

Sofie ließ sich nicht aufhalten.

»Unverwechselbar. Sozusagen ein Solitär. Die linken Aufnahmen stammen von dem Leichenfund auf Ihrem Grundstück. Die rechten sind von Ihrem Onkel Beppo. Fällt Ihnen dabei etwas auf, Herr Heusinger?«

Er schaute nicht einmal genau hin.

»Sie packen jetzt Ihr Glump zusammen, und …«

Sofies Stimme klang fast wie Stahl, als sie sagte: »Dann will ich es Ihnen gern verdeutlichen: Die beiden Aufnahmen sind identisch. Womit bewiesen wäre, dass es sich bei dem Leichenfund um Ihren Onkel handelt, Herrn Beppo Heusinger.«

»Sie spinnen doch!«

Schorsch Heusinger sprang auf. »Mein Onkel erfreut sich bester Gesundheit und genießt sein Leben in der Karibik. Dafür gibt es Beweise!«

Er drehte sich um, riss einige der Ansichtskarten von der Pinnwand hinter sich und schleuderte sie auf den Schreibtisch. »Da! Weihnachten 2007. Und hier: Weihnachten 2012. Jedes Jahr hat er an mich gedacht. Die letzte Karte für 2016 ist erst vor ein paar Tagen angekommen.«

Seine Augen verengten sich. »Seit wann schreiben denn Tote Karten? Das wäre mir allerdings neu!«

Joe und Sofie warfen nur einen kurzen Blick auf die Karten.

»*Frohes Fest – Dein Onkel Beppo*«, sagte Joe. »Immer nur die gleichen fünf Worte. Da hat Ihnen jemand einen Gefallen getan. Darin sind Sie ja offenbar ganz stark – andere Menschen für sich aktiv werden zu lassen. Ihr Onkel ist tot. Das beweisen die Aufnahmen, die wir Ihnen gerade gezeigt haben. Einwandfrei! Sie haben also vor fünfzehn Jahren Ihren Onkel um die Ecke gebracht. Auf brutalste Weise! Um an die Brauerei zu kommen. Und die Karten, die Sie uns da zeigen, machen Sie nur noch verdächtiger. Wer hängt sich schon Weihnachtsgrüße von 2007 an die Wand?«

Auf Heusingers Stirn bildeten sich feine Schweißperlen.

»Und wie, bitte schön, soll ich das gemacht haben? Ich bin Bierbrauer, kein Chemiker!«

»Von Angie Hellerer, der alten Freundin Ihres Onkels, haben wir erfahren, dass Sie vier Semester lang Chemie studiert haben, bevor Sie auf Brauwesen umsattelten. Angaben übrigens, die uns die TU München bereits bestätigt hat. Auf dem Grundstück konnte sich niemand so frei bewegen wie Sie, der neue Chef. Sie haben Ihren Onkel ermordet, in die Tonne gesteckt und wollten dann seine Leiche mittels Laugenmischung für immer entsorgen. Ein Motiv hatten Sie auch: Ihr Onkel war nämlich ganz und gar nicht bereit, Ihnen seine Brauerei zu überlassen. ›Der Schorsch ist einfach nicht der Richtige‹, hat er zu seiner Freundin gesagt. ›Der hat keine Hand für unser Geschäft! Da vermache ich sie doch lieber eines Tages meiner treuen Belegschaft.‹ Die Sie dann ja auch zum größten Teil gegen neue Mitarbeiter ausgetauscht haben, als Sie das Ruder übernahmen.«

»Diese alte Schlampe!«, rief Heusinger. »Eine, die sich jahrelang nur mit Schwulen herumtreibt, wer soll der schon glauben?«

»Wir«, sagte Mick Lorenz. »Und der Richter wird es auch tun, darauf können Sie sich verlassen. Kommen wir nun zum Mord an Uschi Roßhaupter.«

»Soll ich die etwa auch noch umgebracht haben? Das wird ja immer toller!«, japste Heusinger, während Mick das Büro verließ, um kurz danach mit Braumeister Wölfel zurückzukommen.

»Gut, dass jetzt wenigstens ein vernünftiger Mensch da ist, Heinz«, meinte er. »Bestätige doch bitte noch einmal, dass ich der Alten kein Haar krümmen konnte, weil wir ja beide zusammen in meinem Haus Bier getrunken haben!«

»Aber des stimmt so nicht, Chef«, erwiderte Wölfel mutig. »Ich hab Sie nach Hause gefahren, aber als wir dort ankamen, wollten Sie auf einmal ganz dringend zurück zum Rössl-Bräu.

Weil Sie dort etwas vergessen hatten. Ich hab Sie also wieder dorthin zurückgebracht und gefragt, ob ich auf Sie warten soll. Aber Sie meinten, es könne länger dauern. Und so bin ich dann nach Hause. Ohne Sie. Und die Taxiquittung, die hat mir ein alter Kumpel ausgestellt. Sogar das war gelogen.«

Heusinger schluckte und bekam einen roten Kopf.

»Das beweist doch noch gar nichts!«, sagte er. »Ja, ich hatte was vergessen und war noch mal in meinem Büro. Die Roßhaupterin habe ich gar nicht gesehen. Und als ich dann am Morgen hörte, was geschehen war, dachte ich mir, dass es vielleicht nicht gut aussieht, wenn ich zur selben Zeit in der Brauerei war …«

»Ein falsches Alibi haben Sie sich geben lassen«, sagte Joe. »Und das ist jetzt geplatzt. Sie wollten die Frau Roßhaupter loswerden, weil Ihr Brauhaus längst nicht so gut dasteht, wie Sie ihr weisgemacht hatten. Über kurz oder lang hätte sie das gemerkt und vielleicht sogar die Fusion rückgängig machen können. Weil sie von Ihnen mutwillig getäuscht worden war! Für Sie und Ihre Brauerei hätte das den sicheren Bankrott bedeutet. Dieses Risiko wollten Sie nicht eingehen.«

Schorsch Heusinger verdrehte verächtlich die Augen, als berührten ihn diese Anschuldigungen gar nicht.

»Ach, und dann hab ich den Sohn wahrscheinlich auch gleich um die Ecke gebracht? Wo ich schon mal dabei war?«

In seinem Blick lag ein unheilvolles Glitzern. »Haben Sie vielleicht noch mehr Morde, die Sie mir in die Schuhe schieben wollen?«

»Ja, davon gehen wir inzwischen aus«, sagte Joe. »Nachbarn haben gesehen, wie ein Mann, auf den Ihre Beschreibung passt, am Mordabend Roßhaupters Haus betreten und es circa eine Stunde später wieder verlassen hat. Ein anderer Zeuge hat sich Ihre Autonummer notiert, weil Sie so ungünstig vor seiner Einfahrt standen, dass er kaum herauskam.«

»Na und? Dann war ich eben bei ihm! Das sagt doch gar nichts!«

»Finden Sie nicht auch«, mischte sich Sofie wieder ein, »dass das ein paar Zufälle zu viel sind, Herr Heusinger? Immer am Tatort, aber nie als Täter? Welche Lügen tischen Sie uns als Nächstes auf?«

Sie hielt einen Moment inne, als müsse sie kurz nachdenken, dann sagte sie: »Apropos auftischen. Mögen Sie Geflügel? Truthahn zum Beispiel?«

Heusingers Gesicht schwamm inzwischen im Schweiß. Er zog ein Taschentuch aus der Jackentasche, wischte sich trocken, doch es half alles nichts.

»Ich weiß gar nicht«, japste er mit hochrotem Kopf, »was das jetzt …«

»O doch, das wissen Sie ganz genau«, fiel Sofie ihm sogleich ins Wort. »Sehen Sie – kaum etwas, das wir tun, bleibt ohne Spuren. Die moderne Technik ist inzwischen so weit fortgeschritten, dass wir auch feinste Reste auswerten können.«

Sie klang jetzt fast so kühl und nüchtern wie die Falk, wenn die mal wieder ins Dozieren kam.

»Und so haben wir in der Kopfwunde von Herrn Roßhaupter fremdes Gewebe gefunden, das unser Labor erfolgreich analysieren konnte. Es handelte sich um Truthahnpartikel, Herr Heusinger. Eindeutig zuzuordnen!«

Heusinger ließ die Schultern sinken. Alle Energie schien aus seinem Körper zu weichen. Stumpf stierte er sie an.

»Sie kamen sich wohl besonders schlau vor«, übernahm nun wieder Joe das Wort, »Ihr Opfer erst mit der gefrorenen Keule zu erschlagen, die Tobias Roßhaupter schon mal aus der Tiefkühltruhe herausgenommen hatte, und sie dann in den Ofen zu stecken ...«

Mick wurde auf einmal ganz grün im Gesicht: Hatte er etwa von einem Beweismittel genascht?

»Eine zur Mordwaffe umfunktionierte Keule also, die sich dank neuester Küchentechnik – mit der sich ein Herd so programmieren lässt, dass er sich zum Ende der vorgegebenen Garzeit selbst ausschaltet – in ein unverdächtig aussehendes Abendessen verwandelt. Und damit verschwindet: wie praktisch! Nur dass wir die Geflügelpartikel an Roßhaupters Kopf asservieren konnten, damit haben Sie nicht gerechnet. Das wird die Staatsanwaltschaft sehr interessieren!«

Joe machte einen Schritt auf Heusingers Schreibtisch zu.

»Wollen Sie nicht endlich gestehen? Aus dieser Nummer kommen Sie nicht mehr heraus: Mord in drei Fällen. Das gibt lebenslänglich, unter Umständen sogar mit anschließender Sicherungsverwahrung.«

Dann zog er die Handschellen heraus und wurde ganz förmlich: »Herr Heusinger, wir nehmen Sie vorläufig fest wegen des dringenden Verdachts des Mordes an Ihrem Onkel, Beppo Heusinger, sowie der Tötung von Uschi und Tobias Roßhaupter.«

Heusinger sackte in seinem Stuhl zusammen und schloss die Augen. Sofie musste unwillkürlich an ein Tier denken, das in einer Falle saß, die für immer zugeschnappt war.

Für ein paar Augenblicke war es ganz still im Büro.

»Ich will meinen Anwalt sprechen«, nuschelte er auf einmal. »Die Nummer habe ich ...«

Er zog die Schublade auf, machte eine blitzartige Bewegung und beugte sich nach vorn. Die Sportpistole sahen sie erst, als sie schon in seinem Mund steckte.

»Nein!«, schrie Sofie. »Nicht …«

Ein lauter Knall. Hinter ihm wurde alles rot. Dann tropften Blut und Hirnmasse von der Pinnwand.

39

Maria Hilf

Kaum hatte Sofie das Tattoostudio am Walchenseeplatz betreten, strichen schon die Samtpfoten der beiden Katzen um ihre Füße. Die weiße begnügte sich mit einem kurzen Schnüffeln und stolzierte dann gleich wieder zurück zu ihrem schon reichlich zerfetzten Kuschelkissen, während der graue Kater seinen dicken Kopf so ausgiebig an ihren Stiefeln rieb, dass es Sofie zu viel wurde und sie ihn sanft wegschob.

»Typisch Kerl«, meinte Shirin, die von ihrem großen Korbsessel aus alles genau beobachtet hatte.

»Feli weiß eben nie, wann es genug ist, während Miri schon lange elegant die Biege gemacht hat.«

»Feli und Miri?«

Sofie stutzte. Hießen die beiden Katzen, die Shirin geerbt hatte, als Charlys Tante, Amalie von Loessl, im letzten Sommer festgenommen worden war, nicht anders?

Die hochschwangere Shirin schien ihre Gedanken zu erraten.

»Ja, Feli und Miri. Ich kann doch meine Katzen nicht ›Hannibal‹ und ›Semiramis‹ nennen. Wer bin ich denn? Eine Frau von …? Hören tun sie auf ihre neuen Namen genauso, jedenfalls wenn es was zum Fressen gibt. Und da tuts inzwischen auch was vom Aldi. Delikatessengeschäft war gestern!«

»Ich wollte Sie schon so lange besuchen«, meinte Sofie und überreichte ihr ein kleines Paket. »Aber in letzter Zeit war es mal wieder ziemlich stressig bei uns. Hochbetrieb in Sachen Mord, sozusagen.«

Shirin übernahm das Paket, und Sofie erläuterte dazu: »Eine Stoffkatze für die ersten Monate. Ohne gefährliche Augen, die ein Baby rausreißen und runterschlucken kann. Haben wir alles schon gehabt! Deshalb nur gestickt.«

»Danke schön«, sagte Shirin lächelnd. »Von Ihrem Stress hat mir der Spike schon erzählt. Echt der Hammer, dieser Typ, der seinen eigenen Onkel in einer Laugentonne entsorgt und dann auch noch seine Geschäftspartnerin nebst Sohn umbringt. Was für kranke Leute es doch gibt!«

»Jetzt ist er selbst tot«, erwiderte Sofie und schüttelte sich innerlich, um die neuerlich auftauchenden Bilder zu verdrängen. »Aber lassen Sie uns lieber von etwas Schönerem reden: Wie geht es Ihnen und der Kleinen denn?«

»Ihr?« Shirin legte die Hände auf ihren stattlichen Bauch. »Prächtig. Vielleicht wird Daria ja mal eine Boxerin, so fest, wie sie mich jetzt schon tritt.«

»Daria soll sie heißen? Wie schön!«

»Nach unserer Großmutter. Ich hoffe, sie wird den Namen mögen. Einen ganz eigenen Kopf hat sie nämlich schon. An Schlafen ist kaum noch zu denken, so oft weckt sie mich immer wieder auf. Eine kleine Nachteule scheint sie auch noch zu sein.« Ihr Gesicht wurde weich vor Glück. »Das hat sie eindeutig von ihrem Vater!«

»Vielleicht muten Sie sich aber auch ein wenig zu viel zu«, gab Sofie zu bedenken. »So kurz vor der Niederkunft sollten Sie nicht mehr hier im Laden rumhängen, sondern es sich lieber daheim gemütlich machen. Der Gesetzgeber geht wirklich nicht zu verschwenderisch mit seinem Mutterschutz um. An das bisschen, das Ihnen zusteht, sollten Sie sich schon halten.«

»Ach, mir geht es prima!«, versicherte Shirin. »Und der Laden ist doch meine Welt. Am Anfang der Schwangerschaft war es scheußlich. Ständig wurde mir übel, auch wenn ich gar nichts gegessen hatte. Ich hing praktisch nur noch über der Kloschüssel. Aber so geht es ja vielen in den ersten Wochen.«

Ihr strahlendes Lächeln war bezaubernd.

»Und dann dieser Geruch!«

Shirin zog die Nase kraus.

»Man riecht es einfach, wenn sich jemand übergeben hat. Ganz egal, wie sehr man sich danach wieder mit Parfum einnebelt. Sogar einige Kunden haben mich darauf angesprochen – das war mir vielleicht peinlich!«

Sofie konnte Spikes Begeisterung für diese so erfrischend offene junge Frau gut verstehen.

»Außerdem kommt man auf die seltsamsten Ideen, wenn man ein Baby im Bauch hat«, fuhr Shirin fort. »Vor einiger Zeit war ich sogar in der Kirche, in die Ihre Tante so gern geht.«

»Maria Hilf?«, fragte Sofie nach. »Sie als … Was genau sind Sie denn nun eigentlich?«

»Eigentlich glaube ich nur an die Liebe«, antwortete Shirin. »Und das aus ganzem Herzen. Aber lassen Sie das bloß nicht meine Mutter hören! Die hofft noch immer, Spike würde eines Tages zum Islam konvertieren. Ich fürchte, daraus wird bei meinem rebellischen Drummer nichts!«

Beide lachten.

»Ich war ganz allein in der Kirche«, fuhr Shirin fort. »Die Sonne schien durch die Fenster. Sehr stimmungsvoll. Dann bin ich in die Ecke gegangen, wo diese Statue mit dem Kind steht. Eine Mutter für alle Menschen, das glauben die Christen doch, oder?«

»Ja«, sagte Sofie. »Zumindest die katholischen.«

»Ich hab ihr von meiner Kleinen erzählt«, sagte Shirin. »Das war nämlich genau an jenem Tag, an dem der Ultraschall uns verraten hatte, dass es ein Mädchen wird. Natürlich ohne Worte, nur hier drinnen.« Sie tippte sich an die Brust. »Ich habe sie um Unterstützung gebeten und um Zuversicht. Und darum, dass ich mit meiner Tochter alles gut machen werde, dass sie gesund zur Welt kommt und klug und glücklich wird. Dann habe ich noch sieben kleine Kerzen angezündet, weil die Sieben schon seit jeher meine Lieblingszahl gewesen ist. Und wissen Sie was? Danach war mir plötzlich ganz leicht ums Herz!«

So eindringlich hatte Shirin von ihrer Begegnung mit der Madonna erzählt, dass Sofie noch immer an ihre Worte denken musste, als sie jetzt selbst die Kirchentür zu Maria Hilf aufstieß. Hinter ihr lag eine rasante, ziemlich feuchte Partie auf dem Fahrrad, weil auf den Straßen große Pfützen standen, die nach allen Seiten spritzten, wenn man durch sie fuhr. Das sonnige warme Wetter sollte sich halten, so die Vorhersage. Zumindest noch über den Faschingsendspurt, der unmittelbar bevorstand.

Dann fiel ihr die Tante Vroni wieder ein, die beim letzten Telefonat so ungewohnt nachdrücklich gewesen war. »Die Muttergottes, die wart auf di, des woaß i gwiss«, hatte sie gesagt und Sofie beschworen: »Jetzt reiß di schon zamm und geh hi. Wenigstens a oanzigs Moi. Mir zuliebe.«

Langsam ging sie nach vorn. Die einfallende Sonne machte das Kirchenschiff hell und luftig. In der ersten Bankreihe vor dem Altar saß eine schwarz gekleidete Frau, die heftig schluchzte. Sofie wollte schnell weitergehen, um sie nicht in ihrer Trauer zu stören. Doch dann stutzte sie plötzlich.

Dieses verhuschte Etwas kannte sie doch!

Sofie setzte sich neben die Frau.

»Sie?«

Annette Lerchenmüllers Gesicht war tränenüberströmt.

»Sie hätte ich hier niemals vermutet!«

»Ich Sie auch nicht«, erwiderte Sofie.

Annette konnte ihren Weinkrampf kaum noch verbergen.

»Er kommt niemals wieder zurück«, schluchzte sie. »Dieser widerliche Heusinger hat ihn einfach umgebracht!«

»Ja, er hat große Schuld auf sich geladen«, sagte Sofie. Das wäre sonst nicht gerade ihre übliche Wortwahl gewesen, aber irgendwas hatte diese Kirche an sich, dass sie sich gewählter ausdrücken wollte. »Und er hat sich seiner gerechten Strafe durch Selbsttötung entzogen.«

»Kommt er jetzt in die Hölle?«, wisperte Annette.

»Das müssen Sie andere fragen«, entgegnete Sofie. »Aber Schuld ist sicher kein sanftes Ruhekissen, das steht fest. Schuld verursacht innerliche Schmerzen. Zumindest sagen das viele. Sie lässt dich niemals wieder los. Immer ist sie da, egal, ob du wach bist oder schläfst. Du starrst auf einen leeren Stuhl und denkst: Was hab ich getan …«

Annettes Schluchzen stockte, als halte sie den Atem an.

»Wenn man sich dagegen schuldig bekennt«, sprach Sofie leise weiter, »wird es deutlich leichter. Nur für den Heusinger ist jetzt alles zu spät.«

In diesem Moment fiel es Sofie wie Schuppen von den Augen. Warum war sie nicht früher darauf gekommen? In ihrem Kopf wummerten Shirins Sätze von vorhin wie ein unaufhörlich hämmernder Bass. Ihre Nase begann zu jucken, und sie musste niesen, einmal, zweimal, dreimal …

»Sind Sie krank?«, flüsterte Annette neben ihr.

»Ganz im Gegenteil«, sagte Sofie und suchte ihren Blick. »Ich bin kerngesund, und Nathalie Grimm war auch nicht wirklich krank, sondern schwanger!«

Sie ließ Annette jetzt nicht mehr aus den Augen.

»Natürlich haben Sie von Nathalies Schwangerschaft gewusst. Sie saßen ihr direkt gegenüber, Tag für Tag, in diesem beengten Büro. Da mussten Sie es doch mitbekommen, dass sie ständig aufs Klo gerannt ist. Ganz bestimmt haben Sie auch gerochen, dass sie sich dort immer wieder übergab. Es war ein strenger Winter, da reißt man nicht ständig das Fenster auf, und selbst wenn, würde einen das doch erst recht stutzig machen.«

Konnte es sein, dass Annette jetzt zum ersten Mal ein klein wenig mit dem Kopf nickte?

Jetzt wollte sie Annette Lerchenmüller nicht mehr von der Angel lassen: »Wann haben Sie beschlossen, ihr das Kind wegzunehmen? Seien Sie ehrlich, Frau Lerchenmüller, und gestehen Sie Ihre Schuld! Danach wird es Ihnen besser gehen.«

»Sie hat ihn doch mit diesem Schwarzen betrogen«, stieß Annette hervor. »Ich hab die beiden gesehen, in diesem widerlichen Abstellraum, zwischen lauter Kübeln und Putzmitteln. Wie sie gestöhnt hat, als er …«

Annette Lerchenmüller biss sich auf die Lippen.

»Und danach diese peinliche Show mit Tobi auf der Tanzfläche, als sei alles in bester Ordnung! Ich wollte mit ihm reden, ihm sagen, welchem Flittchen er da seinen Verlobungsring an die Hand gesteckt hat, aber er hat mich einfach weggeschoben, wie ein Stück Dreck …«

»Ein paar Wochen später ist Ihnen dann aufgefallen, dass Nathalie sich dauernd übergeben hat.« Sofies Stimme war ruhig. »Da haben Sie eins und eins zusammengezählt.«

»Sie war so unruhig, fast panisch. Das hätte sie doch nicht sein müssen, wenn sie von ihrem Verlobten ein Kind erwartet. Oder?«

»Es kann bis zur Geburt spannend bleiben, ob das Kind schwarz oder weiß ist, darauf wollten Sie doch hinaus. Die Natur geht ihre ganz eigenen Wege. Nathalie hätte auch Glück haben und ein weißes Kind gebären können.«

»Einen Narren hat sie aus Tobi gemacht, einen Hahnrei – das hat er nicht verdient. Ich wollte sie bestrafen. Ja, sie hätte wahrscheinlich auch da noch Glück gehabt, so wie immer. Aber sie sollte nicht alles haben … Nicht auch noch das!«

Annette schlug die Hände vors Gesicht.

»Sie haben sich über das Internet Abtreibungspillen besorgt?«

Diesmal war das Nicken eindeutig.

»Und sie dann Nathalie an jenem Junggesellinnenabend untergemischt. Worin genau?«

»In Riccis Kakao. Als die anderen schon aus der Küche waren. Der war so süß, da dachte ich, sie merkt es nicht.«

Annette ließ die Hände sinken.

»Ja, ich wollte, dass sie das Kind verliert. Aber doch nicht, dass sie verblutet und selbst daran stirbt!«

»Ich nehme mal an, keine von Ihnen wusste, dass Frau Grimm aus einer Familie von Blutern stammt?«

»Sie hat nie ein Wort darüber verloren«, sagte Annette. »Wir hatten doch alle gar keine Ahnung!«

»Das macht Ihre Schuld nicht geringer, Frau Lerchenmüller. Sie sollten sich stellen, sonst werden Sie Ihres Lebens nicht mehr froh.«

»Aber dann muss ich doch ins Gefängnis …«

»Ja, das müssen Sie.«

»Und wie lange?«

Ihre Stimme erstarb.

»Über das Strafmaß entscheidet der Richter«, sagte Sofie. »Aber wenn Sie tröstlichen Beistand brauchen, sollten Sie sich an diesen Mann wenden.« Sie drehte den Kopf zur Seite, wo David Karisimbi gerade in einem weißen Anzug aus der Sakristei kam.

»Frau Rosenhuth«, sagte er verblüfft und begann zu lächeln. »Sie hier bei uns? Welch freudige Überraschung!«

Sofie lächelte zurück.

»Ich hätte mir eigentlich denken können, wie gut Ihnen Weiß steht«, meinte sie. »Machen Sie sich jetzt auf den Weg?«

»Bald«, sagte er. »Ich hoffe nur, mein Plan geht auch auf. Sonst sehen wir drei anschließend vielleicht ganz anders aus. Deshalb wollte ich zuvor unbedingt noch um Ihren Segen beten.« Sein Kinn deutete zur Gnadenkapelle.

»Das trifft sich gut«, meinte Sofie. »Denn ich habe hier jemanden, der *Ihren* Beistand braucht. Hochwürden Karisimbi, das ist Annette Lerchenmüller. Und ich glaube, sie hat Ihnen einiges zu erzählen!«

40

Black or White

Sangl Installation und Heizungsbau betrieb im Erdgeschoss der Deisenhofener Straße ein kleines Ladengeschäft, das im Moment allerdings geschlossen hatte. Im Stockwerk darüber lag die Wohnung, in der die Familie mit ihren beiden erwachsenen Kindern lebte.

»Wir kommen pfeilgrad zur Mittagszeit«, meinte Joe, während sie die knarzende Treppe hinaufstiegen. »Also ich, ich würd da sofort sauer werden …«

»Passt doch prima«, konterte Max von Loessl. »Dann sind wenigstens alle da.«

Mecki, wie Charlys Onkel am liebsten genannt wurde, war es gewesen, der die Gewohnheiten der Familie ausspioniert hatte. Und von ihm stammte auch der ungewöhnliche Plan, den sie nun gemeinsam in die Realität umsetzen wollten.

»Sollte es Ärger geben, dann lasst am besten mich vor«, sagte David. »Die Mutter ist fromm, die kennt ihren Pfarrer, auch wenn ihr sicherlich lieber wäre, er hätte eine hellere Hautfarbe.«

Inzwischen standen sie zu dritt vor der Wohnungstür.

»Und wie sehen wir aus?«, fragte Mecki.

»Bombig.« Das kam natürlich von Joe. »*The Good, the Bad*

and the Ugly, die waren ja auch zu dritt unterwegs, falls ihr euch noch an den alten Spaghettiwestern erinnert. Na ja, passt vielleicht doch nicht so ganz. Irgendwie gut sind wir ja alle, und so richtig hässlich ist natürlich keiner von uns. Vielleicht eher wie die Heiligen Drei Könige …«

Joe zupfte sein Jackett zurecht.

»Ich bin vielleicht froh, wenn ich diese Zwangsjacke wieder los bin, das kann ich euch sagen!«

Mecki und David hatten offenbar kein Problem mit ihrem Aufzug.

»Ich hatte ganz vergessen, wie sich das anfühlt«, sagte Mecki. »Dabei mussten wir damals im Internat ständig Jackett und Schlips tragen. Verleiht dir irgendwie Haltung, da hatten unsere Pauker schon recht. Plötzlich stehst du viel aufrechter da. Wirklich interessant, diese Erfahrung nach so vielen Jahren!«

»Der Schönste von euch bin eindeutig ich.«

David Karisimbi strahlte über das ganze Gesicht. »Ein weißer Schwan zwischen zwei schwarzen Krähen. Wenn das nicht zieht, dann weiß ich auch nicht!«

»Dann klingle doch mal, du weißer Schwan«, forderte Mecki ihn auf. »Damit wir unsere Botschaft endlich loswerden.«

Gesagt, getan – ein kräftiger junger Mann mit sehr kurzen, sehr blonden Haaren öffnete die Tür und beäugte die drei Männer mit äußerstem Misstrauen, das erkennbar noch größer wurde, als er David entdeckte.

»Ja?«, sagte er feindselig. »Verschwinden Sie! Wir kaufen nichts.«

Er wollte schon die Tür zuschlagen, aber Joes Fuß hinderte ihn daran.

»Wir müssen etwas mit Ihnen und Ihren Eltern besprechen«, sagte er. »Lassen Sie uns bitte kurz rein?«

»Ich denke ja nicht daran!«

Joe drückte sanft, aber unnachgiebig gegen die Tür.

»Was ist denn, Hardy?«, kam eine genervte Frauenstimme von drinnen. »Doch nicht wieder diese aufdringlichen Zeugen Jehovas? Sag ihnen, dass wir Christen sind und nichts mit ihnen zu tun haben wollen! Vielleicht kapieren sie das ja endlich …«

Mittlerweile standen die drei Männer im Flur.

»Das trifft sich gut, Frau Sangl, dass Sie da sind«, rief David zurück. »Hier sind nämlich auch lauter Christen. Ihr Stadtpfarrer Karisimbi und seine Freunde, Kriminalhauptkommissar Lederer und Herr von Loessl. Wir müssten etwas mit Ihnen und Ihrem Mann besprechen. Und mit Ihrem Sohn und Ihrer Tochter ebenfalls.«

Breitbeinig kam Ferdi Sangl aus dem Wohnzimmer.

»Hast scho wieder was ausgfressn, Bua?«

Sein kräftiger Schlag traf den jungen Mann in den Nacken. Der zuckte zusammen und hob schützend die Hände, doch ehe sein Vater ein weiteres Mal zuschlagen konnte, fiel Joe ihm in den Arm.

»Keine Gewalt«, sagte er nachdrücklich. »Gegen niemanden. Genau deshalb sind wir doch hier. Dürfen wir vielleicht noch weiter hereinkommen?«

Der Vater nickte verblüfft und ging voraus, gefolgt von Hardy und den drei Überraschungsgästen.

»Hochwürden!«

Hardys Mutter sprang augenblicklich auf, als sie David Karisimbi sah. »Dass *Sie* sich zu uns bemühen! Aber ich verstehe nicht ganz, weshalb …«

Irritiert schaute sie zu Sigi, die weiterhin am Esstisch saß und eine betont unbeteiligte Miene aufgesetzt hatte.

»Und ich sag dir, er hat doch etwas ausgefressen!«

Vater Sangl wollte erneut die Hand gegen seinen Sohn erheben, doch Mecki stellte sich ihm in den Weg.

»Ich weiß, was Ausgrenzung heißt«, sagte er. »Jahrelang hab ich als Nichtsesshafter gelebt und so gut wie jede Form von physischer und psychischer Erniedrigung, von Hass, Boshaftigkeit und Gewalt erfahren, die ein Mensch erleiden kann.«

Die ganze Familie Sangl starrte verblüfft den schlanken, gut aussehenden Mann an, der seinen edlen Zwirn so selbstverständlich trug, als sei er darin geboren – und genauso war es ja auch.

»Ich habe mich nicht freiwillig dazu entschlossen«, fuhr Mecki fort. »Es waren familiäre Konstellationen, die mich dazu gebracht haben. Aber irgendwann hab ich den Weg des Nomaden, der nichts besitzt, angenommen.«

»A Penner san Sie«, rief Hardy aufsässig. »Nichts als ein ganz ordinärer Penner. I kenn Sie doch – mit Ihrem Mantel und den Plastiktüten, mit denen Sie immer an der Isar rumeiern!«

»Ganz genau«, sagte David. »Und prima, dass du so aufmerksam bist, Hardy! Dann wird es dich vielleicht interessieren, dass es bei mir ganz anders war. Ich wollte niemals weg von meiner Familie, aber das hat niemanden interessiert, als wir von Rebellen überfallen und meine Mutter und meine Schwestern vergewaltigt wurden. Ich bin geflohen, um sie zu retten, und mein Weg war lang und hart. Ein schwarzer Junge ohne Geld mit nichts als ein bisschen Grips im Kopf und der Liebe zum Herrn im Herzen.«

»Sie hätten bleiben sollen, wo Sie herkommen. Dort gehören Sie hin.«

»Wie alt bist du jetzt, Hardy?«

Davids Stimme war sanft.

»Neunzehn. Fast zwanzig.«

»In deinem Alter wäre ich bereits tot gewesen. Nicht ein Mal, sondern viele Male. Aber ich lebe sehr gern. Wie du vielleicht auch.«

»Dein Leben könnte allerdings deutlich unangenehmer werden, wenn du so weitermachst«, ergriff nun Joe das Wort. »Ich arbeite bei der Mordkommission, und viele Kriminelle, die uns dort begegnen, haben als Jugendliche ganz ähnliche Dinge getan wie du.«

Er trat einen Schritt näher auf Hardy zu.

»Ich hab gar nichts gemacht …«

Hardys Unterlippe vibrierte leicht.

»Doch, hast du.«

Joe gab seiner Stimme einen fast väterlichen Klang. »Deine Freunde und du, ihr habt einen Gleichaltrigen überfallen und ihn übelst verdroschen. Dabei habt ihr noch ziemlich viel Glück gehabt, dass bei Faris keine bleibenden Schäden blieben. Nein, dieser Junge aus Aleppo hat euch nicht verpfiffen, denn er liebt deine schöne Schwester Sigi von ganzem Herzen. Und das wird er auch weiterhin tun, denn Sigi liebt ihn ebenfalls.«

Hardy rang um Fassung.

»Und deshalb haben Sie sich so fein ausstaffiert, um mir das zu sagen?«

»Nein«, sagte Mecki. »Um dir beizubringen, wie wichtig Respekt und Würde sind – jedem Menschen gegenüber. Faris ist alles andere als ein ›Kamelficker‹, wie ihr ihn nanntet, sondern ein Junge wie du. Übrigens ein Christ, aber darum geht es hier gar nicht. Er ist klug, in der Berufsschule der beste Mechatroniker seines Jahrgangs. Sein Vater hat als Ingenieur in Aleppo gearbeitet, bevor dort alles in Schutt und Asche fiel. Faris träumt davon, ihn und die Mutter herzuholen, ebenso wie die kleinen Schwestern, damit sie nicht weiter diesem schrecklichen Bombenterror ausgesetzt sind. Und jetzt sag mir hier und heute ins Gesicht, was du gegen ihn hast!«

Hardy begann sich zu winden.

»Er is halt a Ausländer …«, murmelte er schließlich.

»Zefix!«, polterte Joe. »Des ham die Münchner über die Erdinger vor hundert Jahr aa gsagt! Und heit fahrt die S-Bahn alle zwanzig Minuten raus. Die Welt is groß und rund, und sie dreht sich immer schneller. Da kann man doch ned wie du das neueste Smartphone benutzen und gleichzeitig derart hinterwäldlerisch denken!«

Sigi stand auf und ging zu ihrem Bruder. Innerlich bebte sie vor Zorn, aber sie versuchte, ganz ruhig zu bleiben.

»Ihr wart das? Ihr habt den Faris so verprügelt?«

Ihre Augen füllten sich mit Tränen, während Hardy sich innerlich wegzuducken schien.

»Ist es dir denn ganz egal, wie es mir dabei geht? Ich lieb den Faris wirklich«, sagte sie. »Und ich möchte ihn genauso wenig verlieren wie dich. Der Faris ist mein Freund, aber du bist doch mein Bruder. Immer schon. Also, Hardy?«

Sie hob die Hand mit leicht gespreizten Fingern.

»Komm, *give me five.*«

Nach kurzem Zögern schlug er ein.

»I versuchs«, murmelte er. »Mehr kann i jetzt ned versprechen.«

»Dann kommen Sie doch am besten alle zusammen am Rosenmontag in die Gaststätte *Freundschaft*«, schlug David lächelnd vor. »Dort hält die Gemeinde von Maria Hilf nämlich heuer ihren Faschingsball ab.«

Er schürzte die Lippen: »Geile Musik, gutes Essen, scharfe Kostüme, jede Menge Spaß – und der gesamte Eintritt geht an die Münchner Flüchtlingshilfe. Na, Hardy, wia schaugts aus?«

Epilog

»Mei, is des peinlich!«, hatten zuerst viele gestöhnt, als es losgehen sollte. Aber nachdem der Münchner im Himmel mit dem schwarzen Gesicht und das hochschwangere Zebra beherzt den Anfang gemacht hatten, schlossen sich nach und nach immer mehr Faschingsgäste der Polonaise an. Quer durchs Lokal *Freundschaft* gings, das die künstlerisch Begabtesten der Gemeinde Maria Hilf mit buntem Papier, Lackstreifen und Unmengen von Alufolie in eine Art Raumstation verwandelt hatten, dann weiter in die Küche, die heute geschlossen war, weil sich im Gastraum zwei Tische unter den Köstlichkeiten des kalten Buffets bereits bogen, schließlich in die Vorratskammer und wieder retour.

Spike, der den DJ machte und mit tannengrünem Iro, weiß getünchtem Gesicht und den vielen Lamettastreifen, die ihm Shirin an seine älteste Lederjacke getackert hatte, echt spacig wirkte, sorgte für den richtigen Soundtrack, und als die Polonaise vorbei war, legte er erst mal eine dröhnende Ladung AC/DC auf, sodass alle die Hände von ihrem Vordermann lösten und wild zu tanzen begannen.

Highway to Hell war jetzt nicht gerade die Musik, die David Karisimbi bei sich zu Hause aufgelegt hätte, aber der Pfarrer blickte wie ein mildtätiger Hirte auf seine fröhlich headbangenden Schäfchen.

Sofie hatte sich als bezaubernde Jeannie verkleidet, ein Kostüm, das die Tante Vroni, die endlich wieder aus der Reha zurück war und nun als Frau Holle mit konfettigefülltem Kopfkissen und sicherheitshalber noch dem Krückstock an ihrer Seite auftrat, in einer Nacht-und-Nebel-Aktion auf ihrer alten Singer runtergerattert hatte.

Das Kostüm bestand aus türkisblauer Faschingsseide, war überall mit goldenen Litzen besetzt und brachte ihre weiblichen Reize höchst vorteilhaft zur Geltung, sodass Joe, frei nach Johnny Depp als Pirat der Karibik mit Dreitagebart, Augenklappe, Ohrring und zerfetzter Lederhose ausstaffiert, seine Finger kaum von ihr lassen konnte.

»Du bist und bleibst die Allerschönste, Spatzl«, flüsterte er ihr hingerissen ins Ohr. »Und i versprech dir, i werd jetzt aa nimmer so mit der Wohnung drängen. Großes Piratenehrenwort! Du bestimmst des Tempo. Du ganz alloa.«

»Lügner!«, flüsterte sie zurück, fühlte sich aber trotzdem geschmeichelt. Denn viele der hier anwesenden Frauen konnten sich sehen lassen, allen voran Gina Matteo, eine Papagena vom Allerfeinsten, in einem Hauch von Nichts, das aus einer hautfarbenen Trikotage mit lauter bunt gefärbten Federn bestand.

»Kostümfundus-Versteigerung«, zischte sie Sofie im Vorbeitanzen zu, deren begehrliche Blicke ihr natürlich nicht entgingen. »Veranstaltet die Staatsoper einmal im Jahr – dabei finden wahre Schätze neue Besitzer. Ich geb Ihnen gern Bescheid, wenn es wieder so weit ist. Das, was unser lieber Freund Charly da trägt, hat er sich auch dort besorgt.«

Der trat natürlich als Figaro auf, was auch sonst, und trug

seine blauen Kniehosen und das weiße weite Hemd mit selbstverständlicher Eleganz.

Unser lieber Freund?

So harmlos Ginas Worte auch klingen mochten, in Sofies Kopf hallten sie sofort nach. Da half es auch nichts, dass Joe sie zum zarten Schmelz von *When a Man Loves a Woman* noch enger an sich zog. Es half auch nichts, sich zu sagen, dass ein Charly Loessl ohnehin zu perfekt für eine Chaosnudel wie sie wäre und diese hübsche Rothaarige von der Oper so viel besser zu ihm passte.

Es stach und pikste trotzdem in ihr.

Um sich von ihren Gedanken abzulenken, beobachtete sie, wie Flo als fescher Jäger seine Vroni liebevoll mit kleinen Happen vom Buffet verwöhnte, wie Babsi und Mick Lorenz als Bonnie und Clyde ausstaffiert unbeschwert abrockten, genauso wie all die Captain Kirks, Hexen, Schornsteinfeger, Matrosen, Pippi Langstrumpfs, Indianerinnen, Cowboys, Meerjungfrauen, Draculas, Ritter, Burgfräulein und Astronauten, die nun die Tanzfläche bevölkerten.

Besonders gut gefiel ihr an dem bunten Treiben, dass sich unter die Einheimischen auch eine ganze Reihe dunklerer Gesichter gemischt hatten, die den Abend genauso zu genießen schienen wie die Einheimischen.

Irgendwann fiel Sofie auf, dass sich niemand als Clown verkleidet hatte – dabei musste sie kurz an Annette Lerchenmüller denken, die sich inzwischen auf dem Kommissariat gestellt und dabei, so erzählte es Joe, einen erstaunlich gefassten Eindruck gemacht hatte.

In diesem Moment legte Spike Michael Jacksons *Black or White* auf.

Shirin, die sich mit ihrem Babybauch im schwarz-weißen

Zebralook erstaunlich tapfer auf der Tanzfläche behauptet hatte, fing sofort an, lauthals mitzusingen – bis Spike abrupt die Musik abstellte.

Jetzt erfüllte nur noch ihre außergewöhnliche Stimme den Raum.

Now I believe in miracles
And a miracle has happened tonight
But if you're thinking about my baby
It don't matter if you're black or white …

Beifall erklang, sie verbeugte sich, und es sah fast so aus, als wolle sie es damit gut sein lassen, als Gina im Federkostüm zu ihr trat und mit ihr weitersang. Ginas Mezzosopran und Shirins Reibeisenorgan ergänzten sich perfekt – es klang, als hätten die beiden schon ein Leben lang zusammen gesungen.

Magie pur.

Gänsehautfeeling.

Ein ganz besonderer Moment.

Die beiden beendeten den Song und umarmten sich.

Klatschen und Trampeln ohne Ende. Aram, in einem rot gefütterten schwarzen Umhang mit angsteinflößendem Vampirgebiss, war der Letzte, der seine Hände sinken ließ.

»Sollten wir öfters machen«, meinte Gina. »Immer nur Klassik kann auf Dauer ganz schön öde sein.«

»In der nächsten Zeit könnte es bei mir terminlich allerdings eng werden«, erwiderte Shirin und schielte hinunter zu ihrem Bauch. »Da gibt nämlich meine zukünftige Preisboxerin den Takt an. Gerade heute trainiert sie mal wieder besonders fleißig. Mir wird schon richtig schummrig. Aber, sagen wir – so in drei, vier Monaten?«

Beide lachten.

Nach dem Song ging Sofie an die Bar, setzte sich auf einen Hocker, bestellte sich ein Radler und trank durstig. Von hier aus ließ sich das Gedränge auf der Tanzfläche sehr gut beobachten. Es war wirklich proppenvoll geworden. Ein blonder Spiderman neben ihr leerte gerade sein Bierglas in einem Zug. Es war Hardy Sangl, für den es offenbar nicht leicht war, mit anzusehen, wie seine Schwester Sigi als Blumenmädchen mit einem Kranz aus echten Rosen auf dem Kopf und Faris als Sindbad der Seefahrer verliebte Küsse tauschten.

»No oans!«, verlangte er mit rauer Stimme und schob sein Glas dem Schankkellner entgegen.

»A bissl langsamer vielleicht, oder?«, sagte Sofie. »Sonst könnts später möglicherweise wieder eng werden. I hab den Faris schon amoi verarztet. Auf a Wiederholung hab i ehrlich gesagt koa Lust. Scho gar ned am Rosenmontag!«

»Is doch bleifrei«, raunzte er zurück. »Außerdem rühr i ihn nimmer o, des hab i der Sigi versprochen. Schwer is es trotzdem für mi. Sauschwer! Aber vielleicht gwohnt ma si dran.« Er räusperte sich. »Dieser Kriminaler, der jetzt a Pirat is, is des eigentlich Ihr Mo?«

Sofie nickte.

»Den Pfarrer und den Penner hätt er ned aa no mitbringen müssen. Aber er selber scheint schwer in Ordnung zu sein.«

Sofies Lächeln hielt sich, auch dann noch, als Elke Falk und ihr Begleiter zu ihr traten. Was hätte besser zu Dr. Iglu gepasst, als sich wie Marlene Dietrich zu verkleiden? Zu einem auf Figur geschneiderten schwarzen Frack mit weißem Hemd und roter Fliege trug sie lediglich schwarze Netzstrümpfe, die ihre schlanken Beine endlos wirken ließen. Dazu die blonden Haare im Stil der Zwanziger gewellt, die Brauen dünn gezupft, die Lippen blutrot. Auch der lackschwarze Zylinder durfte natürlich nicht fehlen, den sie lässig auf den Tresen legte. Daneben ging ihr Freund Bernd Hirschfeld in seinem knallbunten Hawaiihemd nebst Blütenkette fast unter. Aber das schien ihr egal zu sein, so froh war sie offensichtlich, ihn wieder zurückzuhaben. Berndi hier, Berndi da – das verliebte Geschnäbel war kaum auszuhalten.

Sofie wollte sich gerade dezent entfernen, als die Falk sie ansprach.

»Was ist das eigentlich an Ihnen?« Ihre Konsonanten klangen verwaschen. Sie schien einiges intus zu haben.

»Was meinen Sie?«

Sofie ging sofort in Habachtstellung.

»Na, irgendwie scheinen Sie die Katastrophen doch gerade anzuziehen, hab ich recht, Berndi?«

Ihr Begleiter lächelte unverbindlich und zuckte mit den Schultern.

»Ich hab recht!«, beharrte Elke Falk. »Eine Maus im Sektionssaal, ein kastrierter Rüde, nächtens gefährliche Ausflüge auf meterhohen Kränen, eine Frau ohne Kopf, eine Ekelleiche im Laugentank, um nur einige Highlights der jüngeren Vergangenheit aufzuzählen. Und dann dieser Irre, der sich vor Ihnen in den Mund schießt! Übrigens wohl mit derselben Waffe, mit der er wohl auch seinen Onkel erledigt hat. Die Jungs von der Ballistik sind sich da so gut wie sicher. Also: Was ist es?«

»Keine Ahnung«, sagte Sofie. »Sagen Sie es mir.«

»Ich?«

Für einen Moment wirkte Elke Falk leicht verwirrt.

»Das kann ich nicht. Wissen Sie, liebe Kollegin, Ihr Naturell ist dem meinigen derart diametral …«

»Schnell, Frau Rosenhuth, bitte!«

Spike zerrte Sofie fast von ihrem Hocker. »Das Baby kommt! Sie müssen uns helfen!«

»Jetzt?«, sagte Sofie erschrocken. »Ich dachte, erst in ein paar Wochen …«

»Das dachten wir auch! Aber plötzlich war alles nass unter ihr. Shirin ist in der Küche …«

»Kommen Sie, Frau Falk«, sagte Sofie. »Jetzt werden alle anwesenden Medizinerinnen gebraucht!«

Joe wollte hinterher, Charly auch und Aram erst recht, aber sie hielt alle drei zurück.

»Das is jetzt nix für euch. Sogar Brüder bleiben draußen. Nur der Vater und wir.«

Als Sofie Shirins Schreie hörte, wurde ihr klar, dass jeder Notarzt zu spät kommen würde. Daria wollte auf die Welt – und sie wollte es jetzt. Trotzdem wies sie Joe an, einen Rettungswagen zu verständigen, zur Sicherheit.

»Müllsäcke auf den Boden«, ordnete sie dann drinnen an, während sie sich die Hände gründlich mit Seife wusch.

»Aber sie kann doch nicht hier …« Elke Fall schien schockiert.

»Seit Anbeginn der Menschheit haben Frauen so ihre Kinder bekommen«, schnaubte Sofie. »Natürlich kann sie. Jetzt nicht lang fragen, sondern machen!«

»Und was?«

»Saubere Tischdecken darauf. Alles an Tüchern her, was Sie auftreiben können. Ich brauche eine Schere! Und dann: Hände waschen!«

Entschlossen schnitt sie das Zebrakostüm am Bauch auf.

»Machen Sie Wasser heiß. Und organisieren Sie einen stabilen Faden.« Das galt wieder Elke Falk, die immer noch leicht überfordert wirkte. »Schnell, verdammt!«, befahl Sofie. »Haben Sie nie *Vom Winde verweht* gesehen?«

Shirin schrie wie am Spieß.

»Das tut so weh!«, jammerte sie.

»Ist gleich vorbei«, tröstete Sofie sie. »Knie dich hin. Dann geht es leichter.«

Sofies Hand glitt zwischen Shirins Beine.

»Ich kann das Köpfchen schon spüren. – Spike, einen nassen Lappen auf ihre Stirn. Und dann die Hand am Kopf lassen. Ja, so ist es fein. Frau Falk, neben mich. Näher, verdammt! Ich beiß scho ned. Wenn das Kind kommt, fangen Sie es auf.«

Sofie schaute Shirin fest in die Augen.

»Und jetzt pressen. PRESSEN!«

Die Kleine schoss heraus in einem Schwall von Blut, der Falks weißes Hemd rot färbte. Dann hörte man einen lauten, zornigen Schrei.

»Gut bei Stimme ist sie schon mal«, sagte Shirin, immer noch heftig zitternd, aber überglücklich.

»Und sie ist tatsächlich meine Tochter!« Spikes Stimme überschlug sich fast. »Seht doch nur!«

Auf dem zarten Köpfchen standen die feinen dunklen Haare nach oben wie bei einem winzigen Irokesenschnitt.

* * *

Danksagung

Unser Dank gilt unserem Mentor und Freund Professor Dr. Oliver Peschel, der uns auch dieses Mal mit rechtsmedizinischem Rat kundig und liebevoll unterstützt hat – lieber Oliver, was täten wir ohne dich!

Wir bedanken uns bei den Juristen Christoph Unrath und Reinhard Riedl, die uns wertvolle Hinweise zu schwierigen Aspekten des Strafrechts gegeben haben.

Besonders bedanken möchten wir uns bei Simon Rossmann, Braumeister und Betriebsleiter beim Giesinger Bräu, der einfach alles weiß über die Untiefen von Maische und Jungbier. Diese innovative Privatbrauerei hat uns viele Anregungen für unseren Krimi gegeben – aber natürlich geht es dort ganz anders zu als im hier beschriebenen Rössl-Bräu – ein Besuch lohnt sich immer! Mehr dazu unter www.giesinger-braeu.de

Tausend Dank an Mama fürs Korrekturlesen und an unsere wunderbaren Erstleserinnen und -leser: Michael, Babsi, Gesine, Julie, Moni, Anka, Brigitte, Rita und Lore. Eure Kritik ist uns immer so wichtig! ☺

Zitatnachweis